环保公益性行业科研专项经费项目系列丛书

城市污水处理厂温室气体排放特征与减排策略

孙德智　主编

程　翔　孙世昌　鲍志远　副主编

中国环境出版社・北京

图书在版编目（CIP）数据

城市污水处理厂温室气体排放特征与减排策略 / 孙德智主编. —北京：中国环境出版社，2014.3

ISBN 978-7-5111-1755-7

Ⅰ. ①城… Ⅱ. ①孙… Ⅲ. ①城市污水—污水处理厂—有害气体—大气扩散—污染防治 Ⅳ. ①X505

中国版本图书馆 CIP 数据核字（2014）第 036205 号

出版人 王新程
策划编辑 付江平
责任校对 唐丽虹
封面设计 宋 瑞

出版发行 中国环境出版社
（100062 北京市东城区广渠门内大街 16 号）
网 址：http://www.cesp.com.cn
电子邮箱：bjgl@cesp.com.cn
联系电话：010-67112765（编辑管理部）
010-67112738（管理图书出版中心）
发行热线：010-67125803，010-67113405（传真）
印 刷 北京市联华印刷厂
经 销 各地新华书店
版 次 2014 年 3 月第 1 版
印 次 2014 年 3 月第 1 次印刷
开 本 787×1092 1/16
印 张 14
字 数 320 千字
定 价 42.00 元

序 言

我国作为一个发展中的人口大国，资源环境问题是长期制约经济社会可持续发展的重大问题。党中央、国务院高度重视环境保护工作，提出了建设生态文明、建设资源节约型与环境友好型社会、推进环境保护历史性转变、让江河湖泊休养生息、节能减排是转方式调结构的重要抓手、环境保护是重大民生问题、探索中国环保新道路等一系列新理念新举措。在科学发展观的指导下，“十一五”环境保护工作成效显著，在经济增长超过预期的情况下，主要污染物减排任务超额完成，环境质量持续改善。

随着当前经济的高速增长，资源环境约束进一步强化，环境保护正处于负重爬坡的艰难阶段。治污减排的压力有增无减，环境质量改善的压力不断加大，防范环境风险的压力持续增加，确保核与辐射安全的压力继续加大，应对全球环境问题的压力急剧加大。要破解发展经济与保护环境的难点，解决影响可持续发展和群众健康的突出环境问题，确保环保工作不断上台阶出亮点，必须充分依靠科技创新和科技进步，构建强大坚实的科技支撑体系。

2006 年，我国发布了《国家中长期科学和技术发展规划纲要（2006—2020 年）》（以下简称《规划纲要》），提出了建设创新型国家战略，科技事业进入了发展的快车道，环保科技也迎来了蓬勃发展的春天。为适应环境保护历史性转变和创新型国家建设的要求，原国家环境保护总局于 2006 年召开了第一次全国环保科技大会，出台了《关于增强环境科技创新能力的若干意见》，确立了科技兴环保战略，建设了环境科技创新体系、环境标准体系、环境技术管理体系三大工程。五年来，在广大环境科技工作者的努力下，水体污染控制与治理科技重大专项启动实施，科技投入持续增加，科技创新能力显著增强；发布了 502 项新标准，现行国家标准达 1 263 项，环境标准体系建设实现了跨越式发展；完成了 100 余项环保技术文件的制（修）订工作，初步建成以重点行业污染防治技术政策、技术指南和工程技术规范为主要内容的国家环境技术管理体系。环境科技为全面完成“十一五”环保规划的各项任务起到了重要的引领和支撑作用。

为优化中央财政科技投入结构，支持市场机制不能有效配置资源的社会公益研究活动，“十一五”期间国家设立了公益性行业科研专项经费。根据财政部、科技部的总体部署，环保公益性行业科研专项紧密围绕《规划纲要》和《国家环境保护“十一五”科技发展规划》确定的重点领域和优先主题，立足环境管理中的科技需求，积极开展应急性、培育性、基础性科学研究。“十一五”期间，环境保护部组织实施了公益性行业科研专项项目234项，涉及大气、水、生态、土壤、固废、核与辐射等领域，共有包括中央级科研院所、高等院校、地方环保科研单位和企业等几百家单位参与，逐步形成了优势互补、团结协作、良性竞争、共同发展的环保科技“统一战线”。目前，专项取得了重要研究成果，提出了一系列控制污染和改善环境质量技术方案，形成一批环境监测预警和监督管理技术体系，研发出一批与生态环境保护、国际履约、核与辐射安全相关的关键技术，提出了一系列环境标准、指南和技术规范建议，为解决我国环境保护和环境管理中急需的成套技术和政策制定提供了重要的科技支撑。

为广泛共享“十一五”期间环保公益性行业科研专项项目研究成果，及时总结项目组织管理经验，环境保护部科技标准司组织出版“十一五”环保公益性行业科研专项经费项目系列丛书。该丛书汇集了一批专项研究的代表性成果，具有较强的学术性和实用性，可以说是环境领域不可多得的资料文献。丛书的组织出版，在科技管理上也是一次很好的尝试，我们希望通过这一尝试，能够进一步活跃环保科技的学术氛围，促进科技成果的转化与应用，为探索中国环保新道路提供有力的科技支撑。

中华人民共和国环境保护部副部长

吴晓青

2011年10月

前 言

污水处理厂是温室气体产生的大户之一。随着我国污水排放总量的不断增加和污水处理率的不断提高，污水处理过程中产生的温室气体量必将随之增加，在我国各行业温室气体排放中所占的份额也会越来越大。近些年来，污水处理过程中温室气体的排放和控制研究已经得到越来越多的重视，美国、日本、德国、澳大利亚等发达国家对污水处理过程中温室气体的产生及其减量化开展了较多研究，特别是美国已将 N_2O 作为一项污水处理的指标来进行监测，每年均发布污水处理中 N_2O 的排放量数据。然而，我国在监测和控制城市污水处理厂排放温室气体方面的研究还不够深入，基础数据严重缺乏，既没有规定相关的监测方法，也没有相应的减排技术策略，这种情况必然会导致我国政府在温室气体减排国际谈判中处于被动的局面。因此，开展城市污水处理厂温室气体排放特征及减排技术策略的研究刻不容缓。

我们从 2010 年开始承担了国家环境保护行业科研专项“城市污水处理厂温室气体排放特征与减排策略”的课题，针对目前我国城市污水处理厂排放的温室气体（包括 N_2O、CH_4 和 CO_2）开展了系统研究，建立了我国城市污水处理厂排放温室气体的现场监测方法，确定了我国城市污水处理厂 4 种典型工艺（A^2/O、A/O、氧化沟和 SBR）3 种温室气体产生与排放的关键点位和排放特征，构建了我国城市污水处理厂 4 种典型处理工艺中温室气体排放量的计算模型，并提出了减少城市污水处理厂温室气体排放的控制对策。

课题组在上述研究的基础上，将研究成果进行了整理，编辑成为此书，希望能为相关研究和我国政府制定温室气体减排策略和环境管理提供参考依据、为控制温室气体排放及有关温室气体国际谈判提供技术支撑。参加本书编写的主要为孙德智、程翔、孙世昌和鲍志远，此外，齐飞、郭慧文、党岩、柳岩和李若愚等参加了本书部分章节的编写。

本书在编写过程中参考了不少相关领域的论著和文献，借鉴了国内外许多专家学者发表的研究成果，在此向有关作者致以谢忱。

由于编者水平有限，加之时间仓促，书中的错误、疏漏之处在所难免，希望得到专家、学者及广大读者的批评指教。

编　者

2014 年 1 月于北京

目 录

第1章　绪　论

1.1　温室气体及特点

温室气体（Greenhouse Gases，GHG）是一类能够吸收来自于地球表面的长波辐射，并将其中的一部分辐射返回到地面，以使地表热量不致大量损失的一类气体。大气中温室气体的浓度升高，其对长波辐射的吸收和反射能力就会加强，可使地表温度升高，造成温室效应，从而导致全球变暖和生态退化等自然灾害[1]。《联合国气候变化框架公约》京都议定书列举了大气中 6 种温室气体的具体特征，见表 1.1。

表 1.1　6 种温室气体的特征

种类	增温效应/%	生命期/a	100 年全球增温潜势（GWP）
N_2O	4	120	300
CH_4	15	12～17	25
CO_2	63	50～200	1
HFCs	11	13.3	1 200
PFCs		50 000	—
SF_6及其他	7	3 200	22 200

图 1.1 为政府间气候变化委员会（Intergovernmental Panel on Climate Change，IPCC）第四次评估报告[2]所显示的全球温室气体总量分布的统计结果。

从大气中各种温室气体浓度的增长速度来看，由于受人类活动的影响，全球大气中 N_2O、CH_4 和 CO_2 的质量浓度已经明显增加。尤其自 1970 年以来，人类活动导致的大气中 N_2O、CH_4 和 CO_2 的质量浓度和总量增长速度要远远大于氢氟烃（HFCs）、全氟烃（PFCs）以及 SF_6 等温室气体；从大气中各种温室气体的总量来看，N_2O、CH_4 和 CO_2 的总量要远大于其他 3 类温室气体总量之和。由此可见，N_2O、CH_4 和 CO_2 已成为目前全球最为主要的 3 种温室气体。研究这 3 种气体的排放源及排放量对于有效缓解全球温室气体的总排放至关重要。

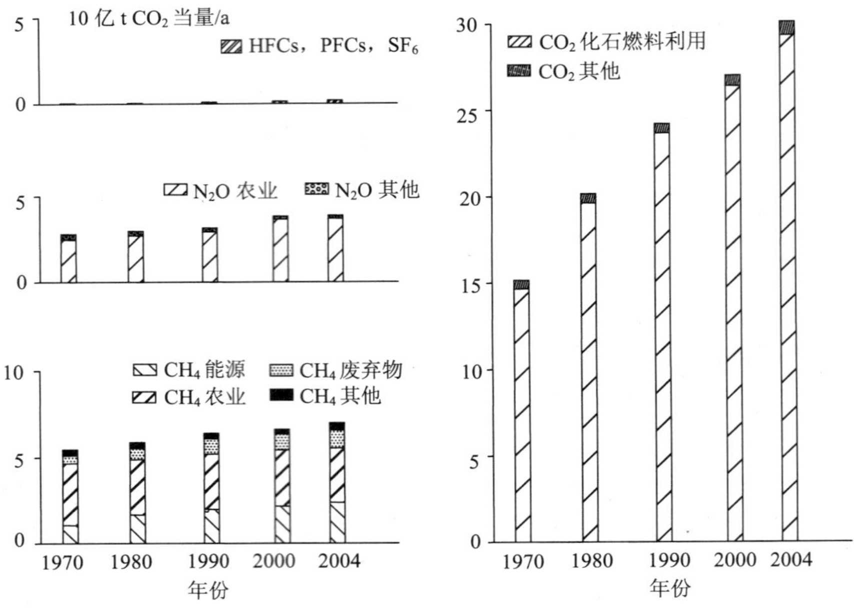

图 1.1 IPCC 第四次评估报告给出的全球温室气体排放总量统计结果[2]

1.2 温室气体的危害

1.2.1 N_2O 气体的危害

N_2O 作为三大重要的温室气体之一，尽管其绝对量较 CO_2 和 CH_4 低很多，但 N_2O 的增温潜势为 CO_2 的 190～300 倍，为 CH_4 的 4～21 倍，对全球温室效应的贡献可占 5%～6%[3]。IPCC 发布的资料显示，N_2O 性质极其稳定，在大气中既不会下沉，也不会被冲洗，平均停留时间达 120 年左右[4]。N_2O 能够吸收中心波长为 7.78 μm、8.56 μm 和 16.98 μm 的长波红外辐射[5]。由于 N_2O 的致温效应最强，对环境潜在影响很大，因此受到了人类的密切关注。IPCC 已将全球 N_2O 排放列为影响自然生态系统[4]、威胁人类生存基础的重大问题之一[6]。大气中 N_2O 浓度的增加与全球变暖、臭氧层破坏和酸雨三大环境问题密切相关[7,8]，具有很强的环境破坏能力，可给人类生存环境带来直接或者间接的影响与危害。研究表明，大气中 N_2O 的体积分数每增加一倍，将会使地球表面的温度增加 0.4℃[9]，导致全球气候的日益变暖以及海平面的不断上升。因此，控制 N_2O 的排放及其温室效应已刻不容缓。另外，对流层中稳定的 N_2O 随着气流的输送进入平流层之后，会与平流层中的臭氧发生光化学反应，生成 NO 和 NO_2 等物质，并可进一步发生一系列自由基反应，消耗臭氧层中大量的 O_3，导致臭氧层的破坏[10,11]；大气中 N_2O 的体积分数每增加一倍，可能导致平流层中臭氧的体积分数减少 10%～16%[12]。因此，N_2O 被预言将会成为 21 世纪造成臭氧层空洞的主要因素之一[13,14]。同时，上述自由基反应的产物（如 HNO_2、HNO_3 等）会随着大气中水汽的流动而降落到地面，形成酸雨[7]。由此可见，减少全球 N_2O 的排放，能很大程度上缓解由 N_2O 排放所造成的温室效应、臭氧层破坏以及酸雨等环境危害。

1.2.2 CH_4 气体的危害

CH_4 是大气中仅次于 CO_2 的第二大温室气体，其全球增温潜势约为 CO_2 的 25 倍[15]，引起的致温效应约占所有温室气体的 20% [16]。CH_4 作为大气中重要的温室气体之一，其含量的增长引起了人们的高度重视，随着人类活动的不断加强，大气中 CH_4 的体积分数有了很大的提高，目前正以每年 0.008 μl/L 的速度不断增长[17–19]。自人类进入工业时代以来，大气中 CH_4 体积分数大约增长了 154.7%[20]。CH_4 的高致温效应和在大气中的长期存在性，引发了人类对大气中 CH_4 源和汇的深入探索[5,21]。

1.2.3 CO_2 气体的危害

CO_2 作为大气中最重要的温室气体，其增温潜势被 IPCC 定义为全球增温潜势（Global Warming Potential，GWP）的参考值。CO_2 对太阳短波辐射吸收少，但能强烈吸收地面长波辐射，对地面起到保温的作用。CO_2 性质稳定且不易分解，在大气中的平均寿命为 50～200 年[22]。虽然 CO_2 的 GWP 值仅为 1，小于 CH_4（GWP = 25）和 N_2O（GWP = 300），但其释放总量却占了全球 GHG 释放总量的 45%～61%，是大气中最重要、浓度增长最快的温室气体[23]。人类活动大量使用各种化石能源增加了 CO_2 的排放量，导致大气中 CO_2 的过量积累，加剧了其温室效应。

1.3 大气中温室气体的来源

大气中温室气体的排放源分为人为源和自然源两大类，其中自然排放源包括土壤、海洋；人为排放源包括农业生产、化石燃料的燃烧以及工业过程等[12]。研究表明，人类活动是近年来导致全球大气中 N_2O、CH_4 和 CO_2 这 3 种主要温室气体浓度升高的最主要原因[24]。

从 IPCC 发布的资料来看，1970—2004 年，由于受人类活动的影响，全球温室气体的年排放总量由 280 亿 t 左右增长到了 500 亿 t 左右，增加了将近 70%[2]。就中国而言，仅在 1978—2008 年，CO_2 的年排放总量从 14.83 亿 t 增加至 68.96 亿 t，年均增长 5.2%。2010 年，我国温室气体排放量已居世界第一[25]，对我国和全球的气候与环境带来十分不利的影响。

从世界范围来看，虽然各国已采取了大量措施以缓解温室气体排放的增长势头，但目前全球温室气体的年排放总量依然处于较高的水平，全球气候变暖和海平面上升的现象日趋明显。可见，确定温室气体的排放源及排放状况，采取有效措施缓解温室气体的排放量已变得刻不容缓。

1.3.1 大气中 N_2O 的来源及污水生物处理的贡献

IPCC 报告显示，自然源排放的和人为源排放的 N_2O 分别占全球 N_2O 总排放量的 62%和 38%左右[2]。

工业革命前期，由于人类活动排放的温室气体量较低，加之自然界自身的降解作用，大气中的 N_2O 浓度一直维持在一个相对稳定的水平。但自从工业革命以来，由于人类活动排放 N_2O 的速度明显高于自然环境对 N_2O 的转化速度，N_2O 在大气中所占的体积分数由工业革命前期的 280 nl/L 大幅上升至目前的 480 nl/L，其总量每年以 0.25%～0.3%的速度急增[18]。IPCC 报告指出[2]，全球每年人为释放 N_2O 的量达 17.7 Mt，占人为温室气体总排放量的 7.9%（以 CO_2 当量计）。全球 N_2O 排放所导致的温室效应已占温室气体总排放所产生的温室效应 10%[26]。

在 N_2O 的人为各排放源中，农业、化石燃料的燃烧以及工业过程这些主要排放源占 N_2O 人为排放的 77%，生物质燃烧过程占 10%，大气沉积过程占 9%、污水处理过程占 3%，IPCC 给出了大气中 N_2O 的人为贡献情况[24]，如图 1.2 所示。

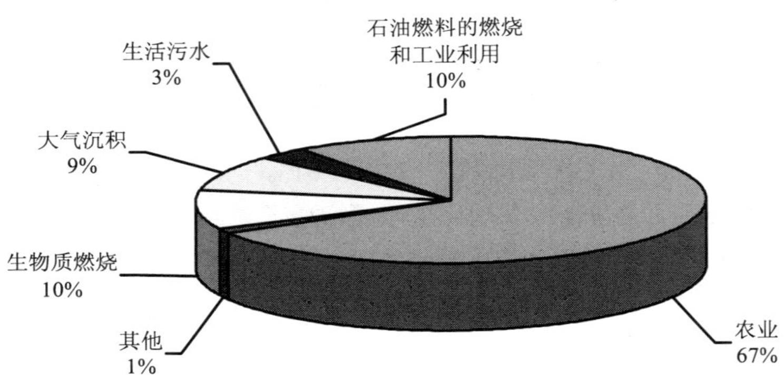

图 1.2 大气中 N_2O 人为排放源的贡献情况

城市污水处理厂作为最主要的污水收集和处理系统，由于大量使用微生物处理技术，为生物产 N_2O 过程提供了合适的环境和条件，因此成为 N_2O 一个重要的人为排放源。1999 年 Mosier 等[27]估算了污水处理过程中 N_2O 年度排放总量为 22 万 t，占当年人为 N_2O 排放量的 3.2%，占 N_2O 总排放量的 1.3%。2007 年，IPCC 估计全球城市污水处理厂年排放 N_2O 总量大约有 20 万 t，占 N_2O 人为排放的 3%[2]。美国国家环境保护局（Environmental Protection Agency，EPA）[28]也指出，污水处理过程中排放的 N_2O 占人为排放的 3%，是第六大人为排放源。

然而，这些估算结果基本上是基于发达国家污水处理过程中 N_2O 的排放情况，其对全球污水处理过程中 N_2O 排放总量估算的适用性仍不清楚。对于发展中国家而言，由于与发达国家之间存在着人口总量与水使用量的差异以及污水的处理能力与处理效率的差异，污水处理过程中 N_2O 的排放量也有一定差别。所以，目前污水处理过程排放的 N_2O 占人为总排放的比例仍未得到准确评估。

1.3.2 大气中 CH_4 的来源及污水生物处理的贡献

据测算，全球每年的 CH_4 排放达 5.35 亿 t，其中人为排放的 CH_4 约为 3.75 亿 t，占 CH_4 总排放量的 70%。CH_4 的人为排放源包括废弃物填埋、天然气和石油系统、污水处理、农业和某些工业生产过程[29]。生活污水的处理与处置是 CH_4 的一个重要的排放源[1,30,31]。在污水厌氧处理过程中，CH_4 是有机物微生物厌氧降解的产物，可通过表面扩散和机械曝气释放到大气中。另外，污水处理过程中产生的剩余污泥在厌氧消化的过程中可产生大量的 CH_4[32–34]，也造成 CH_4 的大量释放，但是这部分 CH_4 大多经提纯后作为燃料得以回收利用。

Orlich[35]的研究指出，全球范围内城市污水处理过程每年所排放 CH_4 的量约为 230 万 t。Khalil 等[18]通过研究又将这一数值修正为 130 万 t/a，相当于全球 CH_4 年排放总量的 5%。目前，全球范围内对于城市污水处理过程 CH_4 的排放量只有估算值，并没有可靠的实测和统计数据。因此，需要通过大量的现场监测研究，获得更多关于城市污水处理厂 CH_4 排放特征的可靠数据，为更加准确地计算污水处理领域 CH_4 的排放量提供基础。

1.3.3 大气中 CO_2 的来源及污水生物处理的贡献

随着人类社会经济的快速发展，化石能源的使用还将在较长的时间内保持快速增长，而可再生能源技术进展缓慢，将不可避免地造成大气中 CO_2 质量浓度持续增加。目前，国内外对全球 CO_2 排放十分重视。其中，城市污水处理厂生物处理过程所产生的碳排放也受到越来越多的关注和研究[36]。Weiss[37]对 1990—2003 年全球 CO_2 的排放情况进行了调查，结果表明，除化石燃料燃烧所排放 CO_2 之外，污水处理领域排放的 CO_2 可占全球 CO_2 总释放量的 4%。据报道，我国的城市污水处理厂每年至少向大气中排放 CO_2 为 0.1 亿 t[38]。

城市污水处理厂运行过程中排放 CO_2 可以分为直接排放和间接排放两种途径。直接排放指在污水、污泥处理过程中所排放的 CO_2；间接排放包括在污水处理过程中消耗的电能、燃料和化学物质（絮凝剂、除磷剂等）以及运输过程引起的 CO_2 排放（以 CO_2 当量计）。城市污水处理厂消耗的电能主要用于进水提升泵和对曝气池进行曝气所使用的鼓风机，这些都会带来 CO_2 的间接排放[39]。除此之外，有的学者认为污水处理厂 CO_2 间接排放的计算还要含污水处理厂建设过程中的能源消耗、化学药剂消耗而间接产生的 CO_2[40]。

近年来，我国城市污水处理领域的发展非常迅速，城镇污水处理厂的建成与运行数量迅速增加。根据中国住房和城乡建设部的统计结果，截至 2012 年底，我国建成在运行的城镇污水处理厂为 3 340 座，污水日处理能力达到 1.49 亿 t[41]。统计表明，2010 年全国因处理城市废水所消耗的电量占整个社会总用电量的 0.37%，而污水处理所消耗的电费约占我国 GDP 的 0.025%[42]。随着我国城市化进程的进一步加快，城市污水处理厂的数量和规模还会逐步增加和扩大，由此造成的温室气体的直接和间接排放总量也必然会随之增加。同时，随着我国对污水处理行业的 COD、氮和磷等指标处理后排放要求日益严格，污水处理过程中能源的消耗量也必将随之增加，这也就导致 CO_2 的当量排放随之增加[43]。因此，城市污水处理厂运行过程中不同途径的 CO_2 排放必将得到越来越多的重视。

1.4 污水处理过程中温室气体产生与排放的研究进展

1.4.1 污水处理过程中温室气体的产生机理研究进展

1.4.1.1 污水处理过程中 N_2O 产生机理的研究进展

传统的生物脱氮理论认为，污水中氮的去除通过硝化过程和反硝化过程两步完成。硝化过程中，污水中的氨氮一般先被氨氧化细菌（Ammonia oxidizing bacteria，AOB）转化为亚硝酸盐，亚硝酸盐又被亚硝酸盐氧化菌（Nitrite oxidizing bacteria，NOB）氧化成硝酸盐；在反硝化过程中，硝酸盐被一系列异养型微生物逐步还原，经过亚硝酸盐、NO 和 N_2O，最终被还原为 N_2[44]。以往的研究认为，N_2O 作为反硝化过程的中间产物，只产生于污水的反硝化阶段，而不产生于硝化阶段。自从 Bremner 和 Blackmer[45]报道称在土壤硝化过程中发现了 N_2O 排放之后，人们开始着手研究污水处理硝化阶段是否有 N_2O 的产生和排放，而随后大量研究表明，污水的硝化过程和反硝化过程都是污水处理过程中 N_2O 的主要来源[46]。

1. 硝化过程中 N_2O 产生机理的研究进展

污水处理过程中，能够催化硝化作用的微生物大多数是专性自养型硝化类细菌[47]。在污水硝化过程中，AOB 和 NOB 会利用水中 CO_2 作为碳源，分别氧化水中的氨氮或亚硝酸盐，产生能量供自身生长，完成氨氧化过程和亚硝酸盐氧化过程。氨氧化阶段，*Nitrosomonas* 菌属的自养氨氧化细菌能生成氨单加氧酶（Ammonia mono oxygenase，AMO，位于细胞膜上）和羟胺氧化还原酶（Hydroxyl amine oxidoreductase，HAO，位于细胞周质当中），这两种酶可分别催化氨氧化过程和羟胺的氧化过程；在亚硝酸盐氧化过程中，*Nitrobacter* 菌属的亚硝酸盐氧化菌能生成亚硝酸盐氧化酶（Nitrite oxido reductase，NOR）催化完成亚硝酸盐向硝酸盐的氧化过程。

自养氨氧化菌 AOB 在硝化过程中产生 N_2O 的多少与细菌菌属和环境条件有关。在低溶解氧（DO）及高底物浓度（高浓度氨氮）条件下，*Nitrosomonas europaea* 纯菌株在氨和羟氨氧化过程中能够产生 N_2O，而在其他环境条件下，几乎不产生 N_2O；亚硝酸盐氧化菌 NOB 的 *Nitrobacter winogradskyi* 菌种在硝化过程中受水中低 DO 浓度及高氨氮浓度的影响较小，产生 N_2O 也较少[48]。此外，Anderson 等[49]研究发现一些异养氨氧化细菌也会在特定条件下产生一定量的 N_2O，如低 DO、短污泥龄或偏酸性条件等，且异养氨氧化细菌纯菌种氨氧化过程产生的 N_2O 要多于自养氨氧化细菌纯菌种产生的 N_2O。表 1.2 给出了污水硝化过程中能产生 N_2O 的细菌种类[48,50]。

表 1.2 污水硝化过程中产生 N_2O 的细菌种类

分类	名称
自养型硝化细菌	*Nitrosomonas europaea*
	Nitrobacter winogradskyi
	Nitrosomonas europaea
异养型硝化细菌	*Alcaligenes faecalis*

Colliver 和 Stephenson[51]指出，在硝化过程中，由自养氨氧化过程中硝化中间产物之间发生的化学反应和羟胺氧化反应所排放的 N_2O 量仅占硝化过程 N_2O 排放量的小部分，而硝化细菌的反硝化作用则是 N_2O 的最主要来源，这一观点随后又得到证实[26,52]。一般认为，硝化过程中 DO 浓度过低以及亚硝酸盐的积累是造成 N_2O 产生的最主要原因[53]。硝化过程中 N_2O 产生的具体途径如图 1.3 所示。

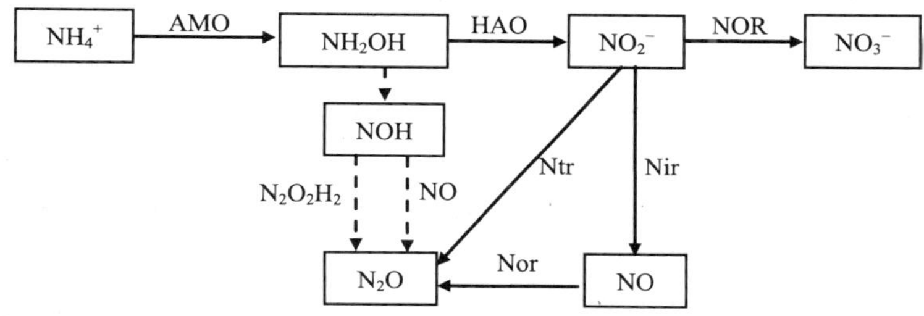

注：AMO，氨单加氧酶；HAO，羟胺氧化还原酶；NOR，亚硝酸盐氧化酶；Nir，亚硝酸盐还原酶；Nor，一氧化氮还原酶；Ntr，异构亚硝酸盐还原酶

图 1.3 硝化过程中 N_2O 产生的具体途径

由图 1.3 可知，硝化过程中 N_2O 的产生主要包括以下两个途径：

（1）自养氨氧化过程中 N_2O 的产生途径 专性自养氨氧化细菌分两步将氨氧化为亚硝酸盐，分别为氨氧化为羟胺和羟胺氧化为亚硝酸盐。将氨氧化为羟胺的过程，是由单氨加氧酶完成的[54]；把羟胺氧化为亚硝酸盐的过程则是由羟胺氧化还原酶完成的，该过程释放两对电子[55,56]，其中一对电子在第一步进行的氨的氧化过程中被利用，另一对电子则是用于将分子氧还原为水的过程[55,57]。一般认为，氨向羟胺的氧化过程是不产生微生物生长所需能量的，这部分能量一般取自于羟胺向亚硝酸盐的氧化过程[55]。

将氨氮氧化为亚硝酸盐的氨氧化过程中，有不稳定的中间产物羟胺生成，其中大部分羟胺会被羟胺氧化还原酶进一步氧化为亚硝酸盐，少量的羟胺被氧化成不稳定中间物质 NOH。研究表明，N_2O 可以由 NOH 进行化学降解而产生[58]。NOH 在缺氧条件下会聚合生成 $N_2O_2H_2$，进而发生水解反应产生 N_2O。近些年来，越来越多的研究指出，该过程对于污水处理过程中 N_2O 的排放确实存在着一定的影响。Law 等[59]研究了氨氧化速率与 N_2O 产生速率之间的关系，发现 N_2O 的产生速率与氨的氧化速率之间呈指数关系，并指出这个指数关系可以用一个基于 NOH 化学降解的产 N_2O 模型来表示，这就表明 N_2O 可以在高的氨氧化速率条件下产生，而且很有可能是产生于羟胺氧化过程产生的不稳定中间物质 NOH

的降解，当然这个假设尚需更多的研究结果来证明。

除了 NOH 的化学降解之外，羟胺氧化过程中产生的 NO 的生物还原过程也是 N_2O 的潜在来源[60]。在羟胺的氧化过程中，AOB 能释放两个细胞色素 c 分子，其中细胞色素之一的 c554 分子，可以作为一种 NO 还原酶，把由羟胺氧化还原酶催化产生的 NO 还原为 N_2O，而且大多数 AOB 中都能检测到一氧化氮还原酶（Nitric oxide reductase，Nor）基因组[61]。

因此，对于以高 N 转化率为特征的城市污水处理系统，在羟胺氧化过程中，由 NOH 的直接降解过程或者由不稳定物质 NOH 产生的 NO 的还原过程所产生的 N_2O 可在城市污水处理厂的 N_2O 排放中起重要作用。对于大多数城市污水处理厂而言，污水处理过程的突然扰动导致的氨氧化速率暂时性提高也会导致 N_2O 排放的增加。

（2）硝化细菌反硝化作用中 N_2O 的产生途径　自养氨氧化细菌可以在 O_2 不足时把亚硝酸盐还原为 N_2O[58,62,63]，这个过程被称作是硝化细菌的反硝化作用。低 DO 质量浓度会对亚硝酸盐氧化菌产生明显的抑制作用，使亚硝酸盐的进一步氧化受阻，造成亚硝酸盐的积累。在这种情况下，AOB 会分泌一系列亚硝酸还原酶[例如，亚硝酸还原酶（Nitrite reductase，Nir）、一氧化氮还原酶（Nor）]和异构亚硝酸盐还原酶，将亚硝酸盐还原为 N_2O[56]。

亚硝酸盐氧化菌的反硝化能力很弱，大量被分离出的 *Nitrobacter* 被证明不能发生反硝化作用[48,58,64]。因此，硝化细菌的反硝化作用大多指 AOB 对于亚硝酸盐的反硝化作用。然而，AOB 不进行彻底的反硝化作用，一般只将亚硝酸盐还原为 N_2O。在 AOB 的基因组中，只发现了亚硝酸盐还原酶和 NO 还原酶的基因编码，并没有发现 N_2O 还原酶的基因编码[65]。这就是说，AOB 反硝化过程的终产物是 N_2O，而不是 N_2。羟胺[58]、氢气[58]，以及氨[62]均可以作为电子供体，参与 AOB 还原亚硝酸盐为 N_2O 的过程。到目前为止，只有两种 *nitrosomonas* 类细菌被证明其反硝化终产物为 N_2[66,67]。

硝化细菌的反硝化作用是 AOB 产生 N_2O 的重要方式之一，尤其在缺氧或低氧的条件下更为明显[26,68,69]。现场实验的研究结果表明，由硝化细菌的反硝化作用排放的 N_2O 能达到水厂总 N_2O 排放的 83%，且排放量与好氧池 DO 的质量浓度有关[70]。Kim 等[71]指出，硝化过程中发生的硝化细菌反硝化作用是活性污泥系统产生 N_2O 的主要途径，他们同样也发现 AOB 能表现出与亚硝酸盐还原酶同样的反硝化能力。

通常地，当氧气不足时，硝化细菌排放的 N_2O 量显著增加。当 DO 质量浓度为 0.1～0.3 mg/L 时，硝化细菌的产 N_2O 速率最大[48]。AOB 的反硝化作用被认为是 N_2O 的最大来源，但需要以系统中有亚硝酸盐和铵盐同时存在为前提[70,72,73]。Yu 和 Chandran[47]在基因表达和基因转录的水平上进一步研究了 AOB 对低 DO 与亚硝酸盐积累的反应，指出在序批式培养 *Nitorsomonas europaea* 的指数增长阶段，当系统处于低 DO 条件下时，单氨加氧酶和羟胺氧化还原酶的 mRNA 浓度更高，*N. europaea* 代谢氨与羟胺的能力得到增强，在低 DO 条件下有利于 N_2O 的产生；当系统中的亚硝酸盐的质量浓度升高到 280 mg/L 时，反硝化作用进一步加强，产生更多的 N_2O。

2. 反硝化过程中 N_2O 产生机理的研究进展

反硝化过程是由大量进行新陈代谢不同种类的微生物群体、细菌、古菌氧化无机物或有机物产生能量，将硝酸盐、亚硝酸盐、NO 与 N_2O 最终还原为 N_2 而完成的。由于

N_2O 是反硝化过程的中间物质之一，因此不彻底的反硝化过程能够导致 N_2O 的积累与排放。

在污水的反硝化处理过程当中，兼性异养厌氧微生物能够利用有机碳源作为电子供体把硝酸盐或亚硝酸盐还原为氮气和气态氮氧化物。理论上，气态氮氧化物包括 N_2O 和 NO 两种物质，但是由于 NO 具有强烈毒性，以 NO 作为最终还原物质的酶不易存活。

因此，认为反硝化过程的终产物只包含 N_2 和 N_2O 两种物质[63,74–76]。能够催化反硝化过程的酶包括硝酸还原酶（nitrate reductase，Nar）、亚硝酸还原酶、一氧化氮还原酶和氧化亚氮还原酶（nitrous oxidereductase，Nos）。反硝化过程中 N_2O 产生的途径如图 1.4 所示。

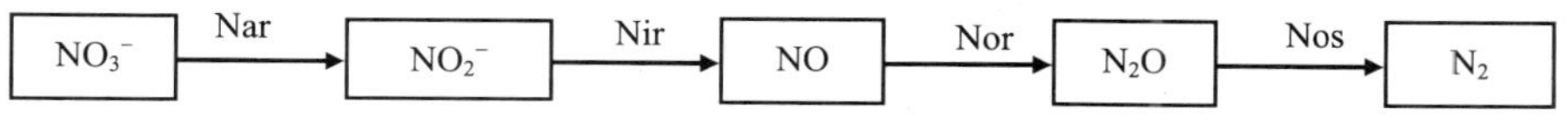

图 1.4 反硝化过程中 N_2O 的产生途径

由图 1.4 可见，这 4 类还原酶的活性及浓度直接决定了反硝化过程的终产物，不同酶的生物活性会受到各阶段反应产物浓度和环境因素的影响[77]。通常情况下，在污水处理生物反硝化条件下，N_2O 还原酶比硝酸盐及亚硝酸盐还原酶具有更大的氮转换能力。据估计[78]，N_2O 的最大还原速率大约是硝酸盐或亚硝酸盐还原速率的 4 倍，这表明在缺氧和厌氧条件下，N_2O 可以被彻底的还原，不会发生 N_2O 的积累和排放。然而，许多反硝化微生物菌群本身就是兼性微生物，它们更倾向于以 O_2 作为电子受体，因为该过程产能要比以硝酸盐作为电子受体产生的能量更多，而 N_2O 还原酶受 O_2 的抑制作用要明显强于其他反硝化作用酶。因此，在有 O_2 存在的条件下，容易发生 N_2O 的积累。

决定反硝化过程 N_2O 排放最主要的酶是 N_2O 还原酶，它是一种可溶性蛋白质，其活性中心大多数含有铜组分，N_2O 还原酶含有一个 CuA 电子进入点位和一个 CuZ 催化中心，其中 CuZ 中心与 N_2O 还原酶的催化活性密切相关，但活性中心的结构形式多样，其氧化还原性、光谱特性、酶活性等有较大差异[79,80]。

传统的反硝化理论只把 N_2 当做生物反硝化过程的最终产物，N_2O 只是反硝化过程的中间产物之一。但在 N_2O 还原酶的活性因外界因素的影响降低或失活的情况下，N_2O 的还原受阻，就会发生 N_2O 的积累和排放[79,81]。环境条件的波动也会使 N_2O 还原酶的活性受到抑制，造成 N_2O 积累。例如，当系统从好氧条件进入厌氧条件时，反硝化作用酶的活性将会得到促进。在多数条件下，N_2O 还原酶活性受厌氧条件的促进作用不及其他还原酶，导致了 N_2O 的短暂积累[80]。另外，有些反硝化细菌不具备还原 N_2O 的功能，只能把反硝化过程进行到以 N_2O 为终产物的阶段[82–84]，这是因为即使反硝化作用只进行到 N_2O 阶段，反硝化细菌所获得的能量达到了完全反硝化过程（至 N_2）获得总能量的 80%左右，这些能量足以维持反硝化细菌的生长。表 1.3 给出了污水反硝化过程中可能产生 N_2O 的细菌种类[82,83,85]。

表 1.3 反硝化过程中可能产生 N_2O 的细菌种类

反硝化终产物	名称
N_2	*Alcaligenes faecalis* *Pseudomonas. stutzeri* TR2 *Pseudomonas* sp.*strain* K50
N_2O	*Roseobacter denitrificans* *Fluorescent Pseudomonads* *Pseudomonas stutzeri* *Paracoccus denitrificans*

一些兼性微生物菌群能够在好氧条件下发生反硝化过程，即所谓的好氧反硝化过程[86]。一般认为，缺氧条件下发生的异养反硝化过程是污水处理过程中反硝化的主导过程，也就是说，好氧反硝化过程与硝化细菌的反硝化作用所占的比重较小。这个假设是否也适用于反硝化过程中 N_2O 的排放不得而知。而 Otte 等[87]与 Colliver 和 Stephenson[51]的研究结果显示，好氧反硝化过程与硝化细菌的反硝化作用似乎均比传统的异养反硝化过程更能导致 N_2O 的排放。

1.4.1.2 污水处理过程中 CH_4 产生机理的研究进展

污水厌氧处理过程中，水中的有机物在厌氧细菌与兼性细菌的作用下，经历了从复杂组分到简单组分的分解变化过程。在这个分解过程中，有一部分有机物经一系列生化过程后转化为 CH_4。在污水厌氧处理过程中，有机物的分解由一系列细菌群体共同完成，而产甲烷菌可以利用之前生成的简单有机底物产生 CH_4。

人们对产甲烷菌的认识约有 150 年的历史。产甲烷菌（*Methanogenus*）属于古菌域，广域古菌界，宽广古生菌门。产甲烷细菌的种类很多，有杆菌、球菌，也有螺旋菌，多数喜中性温度（25℃左右），少数高温型，革兰氏染色反应不定，无芽孢。产甲烷菌能够把氢和二氧化碳氧化还原成甲烷，也可以利用乙酸、甲醇来产甲烷。由于沼气中的甲烷含量可达 70%，因此产甲烷菌在沼气发酵中起重要作用，高效地利用产甲烷菌来产甲烷对发展生物能源有重要意义。

产甲烷菌是专性厌氧菌，不能呼吸氧气，因为氧气对产甲烷菌具有致命的毒性，所以产甲烷菌不能在有氧条件下生存，它们只能在完全缺乏氧气的环境中被发现。产甲烷菌的适宜生境是有机物被迅速降解的地方，如湿地土壤、动物消化道和水底沉积物等。产甲烷作用也可发生在氧气和腐烂有机物都不存在的地方，如地面下深处、深海热水口和油库等。产甲烷作用是有机物降解的最后一步。在有机物降解过程中，电子受体，如 O_2、Fe（III）、SO_4^{2-}、NO_3^-和 Mn（IV）等都被耗尽，而 H_2 和 CO_2 得到积累，为产 CH_4 过程创造了十分有利的条件。

产甲烷菌代谢有机底物产 CH_4 的主要途径有 3 种：甲醇转化为 CH_4；H_2 和 CO_2 合成 CH_4；乙酸分解产生 CH_4[88]。

产甲烷菌利用甲醇产 CH_4 是一种比较常见的 CH_4 代谢途径，是产甲烷菌体内一系列酶的共同作用的结果，产物为 CH_4、CO_2 和 H_2O，如式（1-1）：

$$4CH_3OH \longrightarrow 3CH_4+CO_2+2H_2O \tag{1-1}$$

利用 H_2 和 CO_2 产甲烷的途径如式（1-2）：

$$CO_2 + 4H_2 \longrightarrow CH_4 + 2H_2O \tag{1-2}$$

乙酸也可经产甲烷菌代谢生成 CH_4，主要产生途径是将乙酸中的甲基代谢为 CH_4，总反应如式（1-3）：

$$CH_3COOH \longrightarrow CH_4+CO_2 \tag{1-3}$$

1.4.1.3 污水处理过程中 CO_2 产生机理的研究进展

在污水生物处理过程中，活性污泥中的微生物对污水中的有机污染物主要的作用形式为吸附和降解。活性污泥中的微生物主要是细菌，占微生物总数的 90%～95%[89]。这些细菌在利用污水中有机物合成细胞物质的同时产生 CO_2 并释放到大气之中。微生物通过两种途径将污水中的有机物质转化为 CO_2：一种途径是将有机物直接氧化产生 CO_2；另一种途径则是先将有机物质转化为胞内储能物质，然后通过内源呼吸作用再转化为 CO_2。不论通过何种方式，微生物降解污水中的有机物质都将产生 CO_2 气体。

在污水处理厂，污水的好氧、厌氧和缺氧处理过程中都会产生 CO_2 的直接排放[90]。但是，CO_2 产生最主要的阶段是好氧反应阶段，该阶段在整个污水处理系统中起去除污水中的 COD、硝化作用和好氧吸磷的作用。CO_2 在好氧池/阶段中的产生途径主要包括微生物对污水中有机物的好氧呼吸过程（式 1-4）以及微生物细胞转化合成过程（式 1-5）。细菌等微生物为主体的活性污泥因为好氧单元中剧烈的曝气作用形成的泥水混合液，污水中的有机物在很短时间内被吸附到活性污泥上，小分子的可溶性有机物直接通过细胞膜进入细胞内，大分子有机物则通过胞外酶的作用，先转变为小分子物质后再进入细胞体内。经微生物体内一系列的生化反应，有机物转化为 CO_2、H_2O 等简单无机物，同时产生能量。微生物利用呼吸放出的能量和氧化过程中产生的中间产物合成细胞物质，使菌体大量繁殖，形成菌胶团絮状体，并构成活性污泥骨架，丝状细菌与真菌交织在一起，形成颗粒状活跃的微生物群体。微生物不断进行生物氧化，环境中有机物不断减少，从而使污水得到净化。

在缺氧池/阶段主要发生的是反硝化细菌对硝酸盐进行的反硝化作用（如式（1-6）和式（1-7）所示），目的是将污水中的硝态氮转化为 N_2 或 N_2O 并排入大气中，完成生物脱氮过程。反硝化细菌进行反硝化作用时需要消耗有机碳源，并产生一定量的 CO_2。

$$C_xH_yO_z + (x + \frac{y}{4} - \frac{z}{2})O_2 \longrightarrow xCO_2 + \frac{y}{2}H_2O \tag{1-4}$$

$$nC_xH_yO + nNH_3 + n(x + \frac{y}{4} - \frac{z}{2} - 5)O_2 \longrightarrow (C_5H_7NO_2)_n + n(x-5)CO_2 + \frac{n}{2}(y-4)H_2O \tag{1-5}$$

$$C_6H_{12}O_6 + 12NO_3^- \longrightarrow 6H_2O + 6CO_2 + 12NO_2^- \quad (1\text{-}6)$$

$$5CH_3COOH + 8NO_3^- \longrightarrow 6H_2O + 10CO_2 + 4N_2 + 8OH^- \quad (1\text{-}7)$$

微生物在厌氧池/阶段进行的呼吸作用也会产生 CO_2。该阶段主要进行微生物的释磷过程和有机污染物的进一步去除过程。聚磷菌在厌氧条件下消耗污水中或体内的有机物产生能量，并将体内的磷酸盐释放到水中，为好氧阶段的大量吸磷做准备。其他类微生物所进行的厌氧呼吸作用可以将污水中或微生物体内的有机物转化为 CO_2 和 CH_4，如式（1-1）所示。

此外，在曝气池的末端，由于营养物质的缺乏，微生物氧化细胞内贮藏物质，并产生能量，进行内源呼吸作用。如式（1-8）所示。

$$(C_5H_7NO_2)_n + 5nO_2 \longrightarrow 5nCO_2 + 2nH_2O + nNH_3 \quad (1\text{-}8)$$

1.4.2 污水处理过程中温室气体产生的影响因素研究进展

1.4.2.1 污水处理过程中 N_2O 产生的影响因素研究进展

影响污水硝化和反硝化处理过程中 N_2O 产生的主要环境因素包括直接影响污水处理过程中 N_2O 产生的因素和间接导致污水处理过程中 N_2O 产生的因素两方面[26,91]。其中，直接影响因素包括：溶解氧（DO）浓度、底物种类与其浓度、亚硝酸盐浓度、进水碳氮比和 pH 值等；间接影响因素则包括污泥龄（SRT）、水温和盐度等，间接影响因素作用于 N_2O 的排放主要是通过影响 DO 浓度和亚硝酸盐浓度来实现的[78,92]。Foley[93]通过污水处理厂和实验室的研究，指出对于一个中等规模的城市污水处理系统，N_2O 排放因子（N_2O/TN）的均值为 0.01 kg/kg（变化范围：0.000 3～0.03）。更重要的是，这些污水处理过程之间存在的 N_2O 排放的差异也表明，不同控制参数条件、不同环境因素对 N_2O 的排放存在明显的影响。

1. 硝化过程中 N_2O 产生的影响因素研究进展

大多数种类硝化细菌的最适生长条件是：25～30℃，pH 7.5～8.0。氨氧化细菌所需的氨浓度为 2～10 mmol/L；亚硝酸盐氧化菌生长所需的亚硝酸盐浓度为 2～30 mmol/L[58]。在同一 DO 水平下，氨氧化细菌和亚硝酸盐氧化菌无法同时处于最佳生长条件。虽然 DO 质量浓度的提高会使呼吸作用得到加强，但是过高的 DO 质量浓度也会抑制这两类细菌的生长[54,58]，适合这两类细菌生长的最佳 DO 质量浓度在 3～4 mg/L[54]。硝化细菌即使在最优的条件下生长也是缓慢的，氨氧化细菌的世代时间是 8 h，亚硝酸盐氧化菌的世代时间是 10 h[58]。当硝化细菌没有处于最优生长条件下时，硝化过程就会受到影响或是抑制，导致硝化过程进行不彻底，造成 N_2O 的产生和排放。影响硝化过程中 N_2O 产生的因素如下：

（1）DO 质量浓度　DO 质量浓度被认为是影响硝化过程中 N_2O 排放的最重要因素之

一，其浓度越低，N_2O 排放量越大[69,70,72]。低 DO 质量浓度能显著改变氨氧化细菌和亚硝酸盐氧化细菌的反应活性[52,94–96]，既影响硝化过程的反应速率，也影响硝化细菌的产 N_2O 速率[63,68,97,98]。Lipschultz 等[98]及 Kester 等[99]认为硝化细菌产 N_2O 的最佳 DO 在 0.1～0.3 mg/L，最优值大约为 0.2 mg/L，这个发现被大多数人所赞同[48,68,100]。

不同的硝化细菌对 DO 的敏感程度有一定差别，通常自养氨氧化菌的氧饱和常数为 0.20～0.40 mg/L，而亚硝酸盐氧化菌为 1.20～1.50 mg/L。因此，当污水中的 DO<1 mg/L 时，往往导致亚硝酸盐的积累[101]。而在此条件下，自养氨氧化菌会利用亚硝酸盐来代替分子氧作为电子接受体将氨氧化成羟胺，这个反应过程会导致 N_2O 的大量产生[72]。Hu 等[102]研究发现，在 SBR 反应器中 N_2O 的排放量随着曝气量的增加而减小。当曝气量为 1 L/（L·h）时，曝气阶段（4 h）N_2O 的排放量达到了 11.51 mg，当曝气量增加到 4.4 L/（L·h）时，曝气阶段 N_2O 的排放量减少到 2.92 mg。

硝化细菌的反硝化作用导致的 N_2O 大量排放多数是由于 DO 的限制所引起的[69,70,103,104]。在 DO 不足的条件下，专性自养硝化细菌以亚硝酸盐作为最终电子受体而不是使用氧气来进行氨氧化反应，把铵盐氧化成羟胺。Goreau 等[68]的研究表明，好氧阶段 DO 质量浓度低于 1 mg/L 时，排放的 N_2O 的量（以 N 计）可占进水 TN 的 10%。Kester 等[99]研究恒化培养 *N. europaea* 的 N_2O 产生受曝气速率变化的影响程度时发现，当 DO 由 7 mg/L 降低至 1 mg/L 时，N_2O 产生量增加了 4.5 倍。鉴于 DO 对于 N_2O 的排放有着如此大的影响，科学地控制硝化阶段 DO 质量浓度对于减少污水处理厂 N_2O 的排放来说是十分必要的。

（2）亚硝酸盐浓度　亚硝酸盐的积累会对硝化过程中 N_2O 的排放产生直接的影响[105-108]。硝化过程中亚硝酸盐的积累能够增加 N_2O 的排放，这是因为亚硝酸盐的存在会导致 AOB 在 DO 不足条件下合成大量的亚硝酸还原酶，发生反硝化作用，产生 N_2O[48,51,58,109]。Yang 等[110]发现，在 SBR 工艺中 N_2O 主要产生于氨氧化阶段，当底物中亚硝酸盐和氨盐共同存在时，会产生大量的 N_2O。Tallec 等[70]研究表明，硝化过程中氨氧化细菌受 NO_2^- 影响十分明显。当水中的 NO_2^- 质量浓度由 10 mg/L 增至 20 mg/L 时，硝化过程中 N_2O 的排放量增加了 4～8 倍，具体值与 DO 质量浓度有关。

大量的污水处理厂 N_2O 排放的监测结果表明，当污水处理系统中发生亚硝酸盐的积累时，N_2O 产量将会有所增加[26,111-114]。一些实验室的研究结果也表明，当外加 10 mg/L 的亚硝酸盐时，混合硝化菌群的 N_2O 产量将会明显增加，尤其在高 DO 条件下时，其 N_2O 产量分别比 DO 为 1.0 mg/L 时增长 8 倍，比 DO 为 0.1 mg/L 时增长 4 倍[70]。Kampschreur 等[69]指出好氧条件下外加亚硝酸盐能增加富集培养的 AOB 细菌群的 N_2O 产量。Osada 等[115]、Kishida 等[116]分别研究了 SBR 工艺处理养猪废水过程中 N_2O 的排放情况，发现 N_2O 产量分别占进水总氮负荷的 0.7%～36%和 1.1%～44%，采用间歇曝气的方式能有效地降低亚硝酸盐的积累，从而降低 N_2O 的排放量。可以说，只要有效抑制污水处理过程中亚硝酸盐的积累，就能明显地减少 N_2O 的产生与排放。

（3）pH 值　pH 值是影响 N_2O 产生的因素之一，它可以对废水处理系统中微生物的活性产生影响，并影响废水中氮元素的存在形态，从而影响反硝化过程的最终产物。催化硝化过程的氨氧化菌与亚硝酸盐氧化菌的适宜 pH 值分别为 7.0～8.5 与 6.5～7.5。当 pH 值大于 8 或者小于 6.5 时，NOB 活性较 AOB 更能受到 pH 值抑制，促使亚硝酸盐大量积累，

导致 N_2O 的排放[48]。

Thoern 等[76]研究发现，当 pH 值在 5～6 之间时，N_2O 排放量达到最大，而当 pH 值大于 6.8 时，系统中几乎没有 N_2O 产生。朱萍萍等[117]研究了 SBR 生物脱氮体系中 pH 值对硝化过程中 N_2O 产生的影响，当把 pH 值从 6 逐渐升高时，N_2O 的排放量逐渐降低，在 pH 值为 8 时达到最小值。黎秋华等[118]在研究 SBR 脱氮系统中 pH 值对硝化过程 N_2O 产生的影响的过程中也发现了相似的变化规律，不同的是，当系统的 pH 值达到 9 时，N_2O 的排放量达到最大。

pH 值的变化还会打破气液两相中 N_2O 的动态平衡，高 pH 值会减少 N_2O 的逸出，低 pH 值则会促进 N_2O 的排放[78]。因此，可以通过投加适当的缓冲剂的方式把系统的 pH 值控制在一定范围内（6～8），以减少 N_2O 的排放。另外，使用不同种类的缓冲溶液也会对硝化过程中 N_2O 的产生造成影响。Hynes 和 Knowles[48]发现当使用有机缓冲液代替无机缓冲液时，处于完全曝气培养环境下的 *N. europaea* 在硝化过程中 N_2O 产生量明显降低。

对于城市污水处理厂的硝化过程而言，由于 pH 值常处于 6.8～8 之间，pH 对于 N_2O 排放的影响很小，可以忽略不计。

（4）污泥龄　污泥龄决定了污水处理系统中微生物菌群的组成。氨氧化细菌、亚硝酸盐氧化菌、反硝化细菌等共同组成了整个生物脱氮系统。不同的微生物具有不同的世代时间，氨氧化细菌、亚硝酸盐氧化菌和异养反硝化细菌的世代时间分别为 6～24 h、8～59 h 和 2～8 h。因此，可以通过控制污泥龄来优化选择合适的微生物种群，有效地抑制污水硝化过程中亚硝酸盐的积累，减少 N_2O 的排放[119,120]。

Noda 等[103]研究了 A/O 反应器污水处理过程中污泥龄对 N_2O 的排放规律的影响，发现污泥龄越短，系统的硝化效率越低，N_2O 的排放量也越大。当污泥龄为 20 d 时，系统排放的 N_2O 的量只占到进水 TN 的 0.2%，而污泥龄为 7 d 时的 N_2O 的排放速率是污泥龄为 20 d 时的 10 倍左右。尚会来等[120]研究了 SBR 生物脱氮处理系统中污泥龄对 N_2O 排放的影响。结果表明，当污泥龄从 9 d 延长至 15 d 时，N_2O 的产生量由 4.62 mg/L 降至 3.8 mg/L。

（5）进水水质条件　进水水质的快速改变也会导致 N_2O 排放的增加，如进水氨氮突然提高[121]以及亚硝酸盐浓度的显著增加[70]等。这可能是因为微生物的新陈代谢来不及适应环境条件的快速改变，使得菌体内一些关键作用酶的活性受到抑制或者彻底失活，从而导致 N_2O 排放的急剧增加。

对于微生物来说，对于进水水质的改变，再短暂的适应时间也需要数分钟[122]。Schalk-Otte 等[52]研究发现，当以脉冲式的方式增加底物亚硝酸盐浓度时，经过 10 个世代周期的适应，*Alcaligenes faecalis* 这类细菌产生的 N_2O 的量从占亚硝酸盐转化总量的 86% 降至 28%。Garrido 等[123]通过研究在暴露于致毒浓度的甲醛中细菌群对 N_2O 的产生量的变化时，也发现了相似的适应行为。Van Benthum 等[77]发现在升流式生物滤池反应器的反硝化阶段，细菌群的产 N_2O 能力对于底物浓度的改变也表现出了相似的适应行为。

硝化过程中，高氨氮浓度有助于提高 AOB 的氨氧化速率[124]，但高氨氮浓度废水中往往含有大量的游离氨，游离氨的致毒作用会降低 NOB 的活性。因此，当系统的氨氧化速率高于亚硝酸盐氧化菌的合成速率时，就会造成亚硝酸盐的积累，进而导致硝化细菌的反硝化作用，增加了 N_2O 的排放[3,101,115,116]。

（6）缺氧好氧环境之间的转换 Kampschreur 等[69]研究了硝化细菌对于好氧缺氧环境交替的反应状况，当系统由完全好氧环境转入缺氧环境时，N_2O 的排放量瞬间增加。Kester 等[99]研究表明，DO 发生暂时性的改变会立即导致 N_2O 产量的增加，尤其是 AOB 反硝化作用所产生的 N_2O。与上述研究所得结论不同的是，Yu 等[47]指出 AOB 产生 N_2O 是源于 AOB 从缺氧阶段向好氧阶段的恢复过程，而不是从好氧阶段向缺氧阶段的转变过程，在一个进行纯菌种 *N. europaea* 培养的恒化器中，N_2O 被发现只产生于由缺氧条件向好氧条件的过渡阶段。在这个短暂的恢复过程中，N_2O 的产生量与缺氧阶段铵离子的积累程度和恢复时的 DO 质量浓度呈正相关关系。

城市污水处理系统中往往设计好氧和缺氧处理单元（阶段）来分别实现硝化及反硝化过程。然而，大多数污水处理厂采用单污泥处理的方式完成上述过程，活性污泥需要在好氧池和缺氧池之间进行回流，由此导致混合微生物菌群一直处于不断变换的生存环境之中，从而不可避免地导致 N_2O 的产生与排放。如何缓解城市污水处理厂由缺氧好氧处理条件的转换所引起的 N_2O 排放尚需进一步研究。

2. 反硝化过程中 N_2O 产生的影响因素研究进展

环境因素对反硝化过程中 N_2O 排放的影响主要通过两个方面来完成：一方面，不适宜的环境条件（例如 O_2 的存在）会直接影响以 N_2 作为反硝化终产物的微生物的 Nos 的合成过程，或是抑制 Nos 的活性，导致反硝化过程不能彻底进行，造成 N_2O 的积累和排放；另一方面，不适宜的环境条件（例如碳源不足）会导致反硝化过程中亚硝酸盐的积累，从而影响整个反硝化过程的反应速率，由于 Nos 较其他反硝化作用酶更易受到亚硝酸盐积累的影响，从而导致了 N_2O 的积累与排放。下文将结合国内外已有的研究成果，逐一介绍各个环境因素对反硝化过程中 N_2O 排放的影响。

（1）DO 质量浓度 对于反硝化过程来说，较低浓度 DO 的存在可影响反硝化细菌的活性，导致反硝化作用不彻底。相对于其他类型的反硝化作用酶，N_2O 还原酶对分子氧的抑制作用更加敏感，其生物活性更容易受到影响，所以 O_2 的存在会导致反硝化过程中 N_2O 的大量的积累和排放[69,70,87,125–127]。Schulthess 等[125]发现，当 DO 为 0 mg/L 时，反硝化过程中 N_2O 排放量基本为 0；当 DO 分别为 0.5 mg/L 和 4 mg/L 时，反硝化阶段生成的 N_2O 可占总气态产物的 1%和 6%。

硝化过程中过高的 DO 质量浓度会导致反硝化过程 DO 的大量存在，造成反硝化过程 N_2O 的积累与排放。Lu 等[8]在研究以硝酸盐作为氮源、乙醇作为碳源的 SBR 反应系统中发现，当硝化过程中的 DO 为 9 mg/L 时，系统的 N_2O 总排放量达到了最大值，占总氮负荷的 7.1%，远远高于 DO 为 2 mg/L 与 5 mg/L 时的 N_2O 排放量。从这方面来讲，有学者建议采用监测硝化过程 N_2O 释放量变化的方法来控制硝化阶段的供氧量，从而有效抑制整个生物处理系统的 N_2O 的产生[128,129]。

（2）亚硝酸盐和硝酸盐质量浓度 亚硝酸盐的存在能够明显影响反硝化细菌群的 N_2O 还原酶的活性，从而增加了反硝化过程 N_2O 的排放。总体来说，N_2O 的产生量与亚硝酸盐的质量浓度呈正相关关系[95,101,130,131]。Tallec 等[70]研究表明，水中亚硝酸盐的质量浓度从 0

提高到 10 mg/L，会导致硝化过程排放的 N_2O 的量增加 4～8 倍，具体产生量与所提供的 DO 质量浓度有关。Sümer 等[111]研究发现，污水处理厂亚硝酸盐质量浓度的改变对于 N_2O 的排放也存在明显的影响，亚硝酸盐质量浓度越高，N_2O 的释放量越大。另外，反硝化过程中硝酸盐质量浓度过高也会导致 N_2O 的产生。Kim 等[71]研究了进水中硝酸盐质量浓度对反硝化过程中 N_2O 产生的影响，结果表明，当进水中硝酸盐质量浓度升高时，N_2O 的产生量会随之增加。进水中硝酸盐质量浓度为 750 mg/L 时，基本没有 N_2O 的产生，当进水中硝酸盐质量浓度升高到 1500 mg/L 时，大约有 30%的硝酸盐转化为 N_2O。

然而，目前对于亚硝酸盐的积累导致 N_2O 排放增加的看法依然存在一定的争议。Schulthess 等[125]研究指出，N_2O 还原酶的真正抑制剂并不是亚硝酸盐，而是当系统中亚硝酸盐质量浓度升高时而出现积累的 NO，这一观点准确与否尚需大量实验来论证。

（3）pH 值　催化反硝化过程的反硝化细菌适宜的 pH 值为 7.0～8.5，pH 值过低对 Nos 的抑制作用要比其他反硝化细菌强得多，当 pH 值小于 7.3 时，反硝化过程的最终产物大多为 N_2O 而不是 N_2。朱萍萍等[117]发现，当 pH 值等于 7 时，反硝化过程中 N_2O 的产生量明显比 pH 值为 8 和 9 时要大。Thoern 和 Soerensson[76]发现，在反硝化过程中只有当 pH 值低于 6.8 时，反应器中才有 N_2O 的产生。Hanaki 等[132]也发现了相似的现象，即反硝化过程中，当 pH 值由 8.5 降至 6.5 时，N_2O 的产生量有所增加，适当升高 pH 有利于减少反硝化过程 N_2O 的排放。

（4）COD/N 及碳源种类　因碳源不足而造成不彻底的反硝化过程是造成 N_2O 排放的重要影响因素之一[52,73,94,101,131,133]。当碳源不足时，反硝化速率降低，各类反硝化作用酶（硝酸盐还原酶，亚硝酸盐还原酶，NO 还原酶）就会竞争有限的电子，以 N_2 为反硝化最终产物的反硝化细菌为防止毒性物质（如 NO_2^-、NO 等）在体内的累积，将 NO_2^-或 NO_3^-还原成无毒的 N_2O，又由于 Nos 的活性受到 COD 缺乏的抑制，使反硝化过程停留在 N_2O 阶段[8,117]。

Hanaki 等[132]研究了不同 COD/N 的值对于 N_2O 产生的影响后发现，当 COD/N 降至 1.5 时，有将近 10%的进水 TN 转化为 N_2O 并得到排放。Itokawa 等[131]发现，在一个用于处理高浓度废水稳定运行的间歇曝气生物反应池内，当 COD/N 小于 3.5 时，有 20%～30%的进水 TN 将会被转化为 N_2O。Park 等[101]研究了 SBR 工艺处理人工配水过程中 N_2O 的排放情况，发现 N_2O 的排放量占进水 TN 负荷的 1%～35%，进水 COD/N 是影响 N_2O 产生的主要因素。Schalk-Otte 等[52]在 *A. faecalis* 纯菌种的反硝化实验中，当发现有机碳源不足时，有 32%～64%的进水 TN 将会被转化为 N_2O。

为了实现彻底的反硝化过程，COD/N 的比值需要在 4 以上[72]。目前，我国众多大中型城市的生活污水中的 COD/N 比值普遍较低，很容易造成污水处理过程中反硝化过程进行得不充分，导致 N_2O 的产生与排放。因此，通过调节 COD/N 比值对于控制实际污水处理过程中 N_2O 的排放具有重要的实际意义。然而，COD/N 比值太高也可能会造成 N_2O 排放量增加。研究表明，当进水中的 COD/N 比值大于 10 时，会造成系统中好氧反硝化细菌大量繁殖，很可能导致 N_2O 排放增加[134]。

使用不同种类的外加碳源对同一系统中的 N_2O 产量会造成不同的影响。从理论上来说：一方面在 COD 不足的情况下，N_2O 是容易发生积累的，因为硝酸盐与亚硝酸盐还原酶对于电子的吸引力要比 N_2O 还原酶相对高一些[135]，但也不是说这个理论对于所有种类的碳源都适用，这是因为针对不同的碳源，反硝化细菌会表现出不同的新陈代谢途径。另一方面，使用不同种类的碳源可造成不同类细菌的富集培养，并对反硝化速率造成不同的影响[136,137]。甲醇、乙醇、乙酸、甘油以及污泥发酵液等都被广泛地用作进行生物脱氮过程中外加碳源来强化反硝化过程。当以乙酸和酵母作为培养基底物时，反硝化菌群会在 COD/N 低于 1.5 时产生 N_2O，而当以乙醇和甲醇作为底物时，COD 的不足并不会对反硝化细菌的产 N_2O 有明显的影响[8]。另外，与基于乙醇培养的反硝化细菌相比，基于甲醇培养的反硝化细菌对氧的抑制作用更加敏感[8]。与此不同的是，*A. faecalis* 纯菌种的研究结果表明，碳源种类（对比分析了乙酸和丁酸）以及细菌的生长速率对 N_2O 的产生量没有明显的影响[52]，不同研究之间 N_2O 产量的差异可能是源于所培养反硝化菌群的种类不同。

（5）有毒物质及盐度　一些有毒物质（某些重金属离子、H_2S、甲醛等）的浓度越高，反硝化过程 N_2O 的排放量越大[123,138]。Schonharting 等[109]研究指出，当系统中 H_2S 的质量浓度高于 0.32 mg/L 时，反硝化细菌 N_2O 还原酶的活性受到强烈的抑制，导致反硝化过程产生了大量的 N_2O。

在好氧硝化过程中，盐度过高会阻碍 DO 从絮体外层向絮体内部渗透，导致絮体内部 DO 不足，硝化反应进行不彻底，NO_2^-得到大量积累，促使 N_2O 的产生[120]。Tsuneda 等[139]研究了盐度对好氧-缺氧污水处理系统中 N_2O 排放的影响。结果表明，高盐度会导致硝化阶段对氧的利用率降低，促使好氧段剩余 DO 向缺氧段转移，对反硝化细菌的 N_2O 还原酶系统产生了抑制作用，引起不彻底的反硝化过程，从而导致 N_2O 大量排放。当系统中的含盐量由 10 g/L 增至 20 g/L 时，N_2O 的总排放量增加了 2.2 倍。另外，盐度对酶活性，尤其是对 N_2O 还原酶的活性影响也是其导致 N_2O 排放量增大的原因之一[139]。但是盐度的影响对于一个城市污水处理厂甚至一个工业用水处理厂来说往往是可以忽略不计的，因为污水处理厂水中的盐度几乎不会增至那种程度。

（6）内源物质　污水处理过程中聚糖菌（Glucose Accumulating Organisms，GAO）的反硝化作用会导致 N_2O 的排放[84,140]。生物除磷过程一般都是由专属的聚磷菌（Phosphorus Accumulating Organisms，PAO）完成的，但在高温条件下，GAO 也会参与生物脱氮过程[141]。当内源性聚β羟基丁酸（poly-β-hydroxybutyric acid，PHB）成为 GAO 生长的最主要限制性因素时，就可能造成 N_2O 的产生与排放[142,143]。由于反硝化作用酶之间存在对于电子的竞争，且 Nos 对于电子的竞争能力有限，使得 NO 的还原速率会远远高于 N_2O 的还原速率，导致反硝化过程中 N_2O 的积累。Schalk-Otte 等[52]也发现，当 COD 不足，内源性 PHB 成为微生物生长所需底物时，N_2O 就开始积累。

然而，一个基于以 PHB 降解为主要能量来源的反硝化细菌纯菌种研究表明，当 PHB 不是以内部碳源而是以外界底物的形式参与 GAO 的反硝化过程时，并没有发现反硝化过程中有明显的 N_2O 排放[144]。从物料平衡的角度来看，尚且无法从一个生物除磷反应器中推断 N_2O 的排放情况[145]。因此，需要在探索反硝化系统中聚合物的储存与 N_2O 形成之间是否存在必然联系上开展进一步研究。

（7）铜组分　铜组分是 N_2O 还原酶进行生物合成的必需物质，并且它的含量能够影响

N_2O 的产生量[146]。铜组分供应的不足会导致反硝化过程的终产物由 N_2 向 N_2O 转变，而重新补充铜的供应会降低反硝化过程中 N_2O 的产量并增加 N_2 的产量[147]。目前，尽管有报道指出铜能够增强 N_2O 还原酶的活性，降低活性污泥处理系统 N_2O 的产生量[148]，但在实际污水处理系统中，铜组分的作用及其对反硝化过程中 N_2O 产生量的影响尚未见报道。

1.4.2.2 污水处理过程中 CH_4 产生的影响因素研究进展

1. 污水管网中 CH_4 产生的影响因素研究进展

由于存在厌氧环境，污水在管道输送过程中会产生一定量的 CH_4，这部分 CH_4 在进入污水处理厂之后，绝大部分会被释放到大气中。Guisasola 等[149]通过现场采样监测和以实际管道污水做小试实验对污水输送管网中 CH_4 产生影响因素进行了相关研究，分析了污水输送管道中管道管径、管道截面面积和水力停留时间对 CH_4 产生的影响规律。结果表明，在污水输送管道中，产甲烷菌能利用污水中可溶性有机物产生大量的 CH_4，产生量随着管网中污水的水力停留时间延长与管径的增大而增多，并且可在密闭压力管的巨大压力作用下形成过饱和状态。产生的 CH_4 气体一部分通过非压力管道扩散到大气中，另一部分已过饱和状态溶解在污水中，随污水进入污水处理厂，在污水的处理过程中因剧烈机械扰动排放到大气。

2. 污水处理过程中 CH_4 产生的影响因素研究进展

（1）污泥负荷　污泥负荷是在污水的厌氧处理过程中 CH_4 产生的重要影响因素。在厌氧条件下，污水中的有机物通过微生物的转化作用形成 CH_4，而有机物的浓度会影响 CH_4 的产量。Maya-Altamira 等[150]研究了食品加工废水在不同污泥负荷下 CH_4 的产生情况。结果表明，CH_4 的产生量随着污泥负荷的升高而升高，但 CH_4 产率随着污泥负荷的升高而降低。在实际污水厌氧处理过程中，如果污泥负荷过高，则在 CH_4 产生过程中挥发性脂肪酸会大量积累，引起 pH 改变，从而破坏产 CH_4 过程的正常进行，影响 CH_4 产率，同时也影响污水处理的效果。Wang 等[151]研究了市政污水处理厂污水处理过程中 CH_4 产生量随污泥负荷的变化情况，发现由于生活污水处理过程中的污泥负荷较低，并且在现场复杂的运行条件下，CH_4 的产生同时受到多方面因素的影响，且 CH_4 的转化率相对较低，没有得到很好的相关性。

（2）DO 质量浓度　污水处理过程中，CH_4 主要是在厌氧处理单元中产生，而好氧处理单元几乎没有 CH_4 产生[1]。Cakira 和 Stenstromb[30]研究发现，污水好氧处理所产生的温室气体以 CO_2 为主；而温室气体 CH_4 主要产生于污水的厌氧处理过程。Lin 等[152]研究了厌氧生物膜反应器处理污水过程的温室气体释放情况，指出污水厌氧处理过程中会产生大量的 CH_4，产率（CH_4/COD）为（0.24 ± 0.05）m^3/kg。

（3）亚硝酸盐和硝酸盐质量浓度　亚硝酸盐和硝酸盐是污水处理过程中氮的重要存在形式。相关研究显示，两者对于污水处理过程中 CH_4 的产生存在一定影响。Banihani 等[153]对厌氧反应器中颗粒污泥反硝化和 CH_4 产生的关系进行了相关研究，结果发现当硝态氮质量浓度为 8.3～12 mg/L 或亚硝态氮质量浓度为 7.6～10.2 mg/L 时，与没有投加两种物质时相比 CH_4 的产量减少了 95%。Jiang 等[154]发现，亚硝酸盐对产甲烷菌的产甲烷作用有一定的抑制作用，亚硝酸盐存在时间越长、质量浓度越高，抑制越明显；通过现场实验证明，间歇性投加亚硝酸盐可以对产甲烷菌的活性起到明显抑制作用。Mohanakrishnan 等[155]研究了亚硝酸盐浓度对污水处理管网中 CH_4 产生量的影响发现，污水中存在亚硝酸盐的情况下无 CH_4 积累，所形成的生物膜产 CH_4 能力显著降低；当停止加入亚硝酸盐时，生物产 CH_4 速率逐渐恢复。

（4）温度　温度是影响生化反应及微生物活性的重要因素之一。一般来讲，产甲烷菌的适宜生存温度为 5～60℃[1]。由于产甲烷菌最适宜温度范围较大，通常可将厌氧消化分为常温消化（10～30℃）、中温消化（35～38℃）和高温消化（50～55℃）。在 10～30℃区间，甲烷菌的产气能力随着温度的升高而增强，甲烷含量也随之增高。10～20℃区间因不适合产甲烷菌的生长，产甲烷菌的产气量较低，20～30℃区间适合产甲烷菌群的生长，产甲烷菌的产气量较为理想。我国污水处理厂四季水温一般在 10～26℃范围内，所以多以常温消化为主，温度越高，甲烷的产生量越大。

（5）pH　微生物生长过程需要适宜的 pH 值范围，pH 的变化会影响污水处理过程中 CH_4 的产生。产甲烷菌生长要求的 pH 范围一般为 6.7～7.4，最佳 pH 范围为 7.0～7.2。在实际运行过程中，污水处理厂内整个污水处理流程的各单元中 pH 大致在此范围内。根据其他运行工况的需要，污水处理过程中各单元之间的 pH 不会出现大波动。也有研究表明，微弱的 pH 变化仍可能影响 CH_4 的产生情况。Chen 等[156]研究了在相同污泥负荷下 pH 为 6.8～7.2 时 CH_4 的产生变化，结果表明，在此范围内 pH 越大，CH_4 产生的量越少。污水处理厂稳定运行后，污水的 pH 受进水 pH、污染物浓度和种类、生化反应过程、气-液-固的溶解平衡等因素的共同作用而保持在一定范围内。

1.4.2.3 污水处理过程中 CO_2 产生的影响因素研究进展

污水处理过程中，CO_2 的直接排放主要受 COD 去除总量的影响。在处理时间和污水总量一致的情况下，直接 CO_2 排放水平与 COD 去除量呈正相关。相对于纤维素和烃类等有机污染物而言，在污水中淀粉、蛋白质和核糖等物质更容易被生物降解，所以仅考虑 COD 的降解时，相同的进水情况下水力停留时间较长的工艺会降解更多的 COD，从而释放更多 CO_2 气体。

城市污水处理厂 CO_2 的间接排放主要源于运行厂区内污水和污泥处理设备所需的电力消耗以及絮凝沉淀过程所投加的化学药剂等。对于冬季低温地区，间接排放源还包括对污水处理过程进行供热所产生的电力消耗。污水处理厂的电力消耗主要用于污水的曝气处理单元、污水与污泥的提升单元和污泥处理单元等所消耗的电能。通常地，电能消耗占污水处理厂总能耗的 60%～90%[157]。从污水不同的处理流程来看：首先二级处理过程消耗的电能最多，占总电耗的 68.73%[158]；其次是污水的预处理过程和污泥处理过程，如图 1.5 所示[159]。从污水不同的处理单元来看：一是曝气单元的耗能最大，占总能耗的 51.58%；二是污水、污泥提升单元（17.76%）和污泥处理单元（8.78%），如图 1.6 所示。

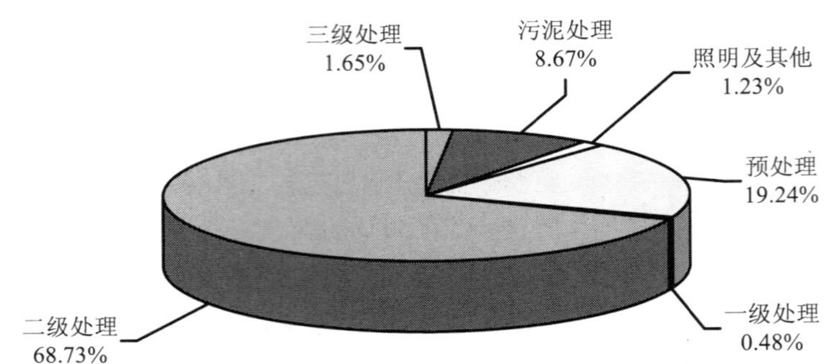

图 1.5 不同处理过程能源消耗所占比例

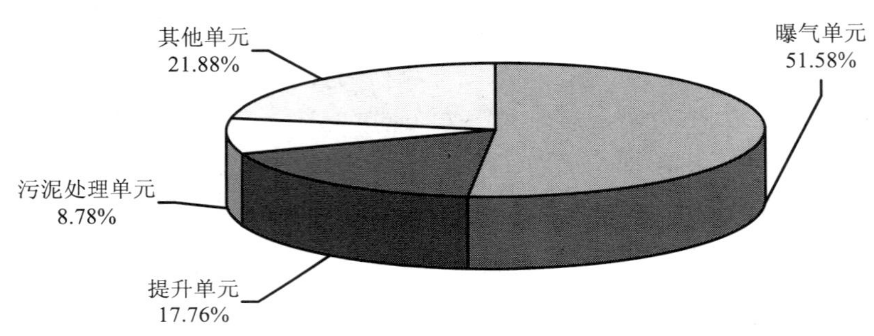

图 1.6 不同单元能源消耗所占比例

我国不同地域电耗边际 CO_2 排放因子的加权平均值是不同的[160]。2012 年该数值为 0.82～1.09 t/（MW·h），具体取值应视不同地域的综合条件而定。因此，不同地域污水处理厂相同电耗所折算的 CO_2 间接排放量也不相同。

药剂消耗所带来的 CO_2 间接排放主要是指在药剂制备过程和药剂输送过程中产生的 CO_2，如：投加石灰可用于调节污水 pH 值、加入甲醇可以合理补充碳源、投加液氯用于污水消毒、在污泥浓缩脱水过程中投加聚丙烯酰胺（PAM）、聚合氯化铝（PAC）等絮凝剂和助凝剂，这些化学药剂的使用都会造成大量的 CO_2 间接排放。供热过程所造成的 CO_2 间接排放主要来自于污水加热处理和污泥厌氧消化过程的加热，产生 CO_2 排放的原因是化石燃料燃烧和加热所造成的电耗。如果可以利用污泥厌氧处理过程产生的沼气来进行加热，则可抵消一部分 CO_2 排放量。

由于污水中有相当一部分的有机碳会转移到剩余污泥中，所以污泥处理过程中 CO_2 的排放也得到了一定的关注[161]。由于我国污水处理厂普遍采用活性污泥法处理废水，所以会产生大量的剩余污泥。剩余污泥的主要处理步骤是污泥稳定化和污泥脱水，其中污泥厌氧消化过程会排放一定量的 CO_2。另外，污泥的运输过程也会产生一定量的 CO_2 间接排放[162–164]。剩余污泥的处置方法主要是填埋、土地利用和焚烧等[165]。统计发现，污泥处理处置过程的 CO_2 排放系数（CO_2/污泥）为 12～185 kg/t[166]。

1.4.3 污水处理过程中温室气体排放的研究进展

1.4.3.1 污水处理过程中 N_2O 排放的研究进展

大量的现场监测结果表明，城市污水处理厂生物脱氮过程（Biological Nitrogen Removal，BNR）中有大量的 N_2O 产生[26,69,70,78,115]。目前，城市污水处理厂 N_2O 的排放量一般都是通过模型估算得到的。IPCC（1995）[5]导则假设污水处理过程中几乎不发生脱氮过程，因此进水中的 TN 全部被排放到河流或河口中，在自然环境条件下进行矿化、硝化和反硝化过程。在这些转化过程中，一部分水中的 N 将会被以 N_2O 的形式排放到大气中[5]。IPCC（1996）[13]建议的排放因子值（$N_2O/N_{排放}$）为 0.01 kg/kg（变化范围：0.002～0.12），IPCC（2006）[7] 又将这一值修改为 0.005 kg/kg（变化范围：0.000 5～0.25）。

对于许多国家来说，假设污水处理厂不发生任何脱氮过程是不现实的。在意识到这一点的基础上，IPCC 2007 [2]改进了 N_2O 的估算方法，把实现硝化和反硝化过程控制的污水处理厂直接排放的 N_2O 包括在内，新的 N_2O 排放因子的建议值是 0.003 2 kg/（人·a）（变化范围：0.002～0.008），该值是基于 Czepiel 等[167]对位于美国 New Hampshire 的一座以去除有机物为主要目的的二级污水处理厂的 N_2O 排放监测结果而得到的。假设发达国家废水中的 N 负荷是 16 g/（人·a），那么 N_2O 的排放因子（$N_2O/N_{进水}$）为 3.5×10^{-4} kg/kg。这套新的 N_2O 排放估算方法与之前的 IPCC（1996）导则并没有什么不同，这是因为它所使用的排放因子缺少科学的验证，Czepiel 等[167]对于这座污水处理厂的描述并不能充分地说明该污水处理厂硝化和反硝化过程进行的程度。而且，IPCC（2006）只把这一家污水处理厂的低的 N_2O 排放量作为 N_2O 排放因子来推测全球所有生物处理污水处理厂的 N_2O 排放量，显然是不太合理的。

国外城市污水处理厂温室气体 N_2O 排放量的现场监测研究始于 20 世纪 70 年代。美国每年都要发布污水生化处理过程中有关 N_2O 排放量的数据，而且已经把 N_2O 作为污水生化处理过程中的一项重要监测指标来监测。从 20 世纪 90 年代开始，人们进一步加大了对污水处理过程中 N_2O 排放的关注和研究。日本学者分别开展了关于粪便污水和养殖污水处理过程中温室气体 N_2O 排放的监测研究[116,133]，Itokawa 等[133]通过研究粪便污水处理过程中 N_2O 的排放，核算了日本全国处理粪便污水过程中 N_2O 的排放总量为 0.13×10^6～13×10^6 kg/a。美国、德国等国家对不同污水处理工艺水厂 N_2O 的产生与减排进行了大量的研究[11,140]。Frigns 等[168]指出，污水处理过程中 N_2O 的排放量占污水处理过程温室气体排放总量（以 CO_2 当量计）的 26%左右，是水再生过程、水运输过程和污泥处置过程等排放 N_2O 量的总和。Mosier 等[27]的研究结果显示，由生活污水处理所导致的全球 N_2O 排放量（以 N 计）大约为 0.22Mt/a，占全球 N_2O 人为排放 6.9Mt/a 的 3.2%和总排放（16.4Mt/a）的 1.3%。

大量研究表明，污水生物处理过程脱氮方式和控制条件的差异导致了不同工艺之间 N_2O 的排放存在排放规律性和排放总量上的差异。表 1.4 为目前开展的不同工艺城市污水处理厂 N_2O 排放因子的对比情况。

表 1.4 不同工艺污水处理厂 N_2O 排放的现场监测结果

数据来源	工艺类型	监测方法	N_2O 的排放因子	排放规律
Czepiel 等[169]，1995	活性污泥法	采样分析	0.035%	N_2O 主要排放于好氧区
Wicht and Beier[78]，1995	活性污泥法	采样分析	0%～14.6%（平均 0.6%）	N 负荷越高，N_2O 排放量越大
Sümer 等[111]，1995	活性污泥法	采样分析	0.001%	NO_x 浓度越高，N_2O 排放越多
Sommer 等[170]，1998	活性污泥法	采样分析	0.002%	
Kimochi 等[96]，1998	SBR	在线监测	0.01%～0.08%	曝气时间越短，N_2O 排放越少
Kampschreur 等[69]，2008a	硝化-ANAMMOX	在线监测	2.3%	O_2 越低，NO_2^-浓度越高，N_2O 排放越多
Kampschreur 等[26,69]，2008b	硝化-ANAMMOX	采样分析	4%	N_2O 排放量在好氧区随 DO 升高而升高，在缺氧区随 NO_2^-升高而升高
Joss 等[171]，2009	短程-厌氧氨氧化 SBR	在线监测	0.4%～0.6%	N_2O 排放量略高于传统生物脱氮工艺
Ahn 等[112]，2010	生物脱氮（12 座）	在线监测	0.003%～2.59%	N_2O 主要排放于好氧区
Foley 等[43]，2010	生物脱氮（7 座）	采样分析	0.6%～25%（平均 3.5%±2.7%）	N_2O 排放与硝酸盐、亚硝酸盐积累呈正相关关系
Desloover 等[172]，2011	4 段式短程厌氧氨氧化工艺	在线监测	5.1%～6.6%	N_2O 排放主要集中在短程硝化段
Foley 等[113]，2011	完全混合式，推流式和膜生物反应器（4 座）	在线监测	0%～0.3%	NH_4^+和 DO 影响 N_2O 排放
Wang 等[173]，2011	A^2/O	采样分析	0.10%～0.13%	
Aboobakar 等[174]，2013	硝化推流式活性污泥法	在线监测	0.036%	N_2O 排放与进水氨氮负荷相关

由表 1.4 可见，污水处理厂 N_2O 的排放因子（排放的 N_2O 占进水 TN 的百分比）处于 0～25%。

但必须注意的是，N_2O 的排放每提高 1%，就会导致污水处理厂的碳排放增加大约 30%[175]。对于所监测的水厂，N_2O 的排放之间存在的巨大差异源于进水水质的差异、不同的污水处理工艺和不同的工艺运行条件，而不同的监测方法和采样方法也会对 N_2O 排放的监测结果造成影响。这就说明：第一，可通过优化监测方法来提高 N_2O 排放现场监测结果的准确性与可靠性，第二，可通过优化水厂的设计与运行来减少 N_2O 的排放。

近年来，随着新型污水生物脱氮工艺的运用和发展，关于新型工艺污水处理过程中 N_2O 排放的研究逐渐引起人们的兴趣[176,177]。虽然新型生物脱氮工艺——如同步硝化反硝化、短程硝化反硝化、厌氧氨氧化、好氧反硝化和同步脱氮除磷等在污水生物脱氮方面较传统工艺具有节省占地面积、节约成本和减少运行环节等优势，但在污水处理过程中仍然有较多的进水总氮最终以 N_2O 的形态排放出来，且这些工艺在产 N_2O 方面同样受控制因素与环境条件的影响。

优化控制参数可能增加这些工艺的脱氮效率，但与此同时也有可能增加了 N_2O 的排放量。因此，无论是对于传统的生物脱氮工艺还是新型的生物脱氮工艺，人们在注重脱氮效率的同时，必须兼顾 N_2O 的排放情况[110]。Foley 等[113]通过物料平衡法计算了澳大利亚 7 座污水处理厂的 N_2O 释放情况，发现与只进行硝化反应而几乎没有或少有反硝化脱氮过程的污水处理厂相比，能实现高效脱氮的污水处理厂排放的 N_2O 更少，这也表明提高出水水质与实现 N_2O 减排是可能同时实现的。从这方面来说，开展典型工艺处理生活污水的相关研究，研究典型工艺在不同控制条件及环境条件下 N_2O 的排放情况与污水的脱氮效率，寻求二者之间的最优化组合，对于未来污水生物脱氮领域的创新和发展至关重要。

随着全球对污水处理出水水质要求的不断提高以及总污水处理量的不断加大，污水处理厂排放的 N_2O 总量将会不可避免的增加。我国就污水处理过程中 N_2O 排放的研究尚处于起步阶段，且大多都是以实验室小试为主[102,120,127]。因此，开展我国典型工艺城市污水处理厂 N_2O 的排放量及排放源的研究对于充分了解我国污水处理领域 N_2O 的排放情况有着十分重要的作用。迄今，只有山东大学张建等[173]开展了关于我国城市污水处理厂 A^2/O 工艺 N_2O 排放的相关研究，指出城市污水处理厂的曝气单元是 N_2O 的最大排放单元，并初步分析了导致 N_2O 排放的主要因素。可以说，在污水处理过程中 N_2O 排放的研究方面，我国与发达国家相比仍存在着较大的差距。因此，我国需要对城市污水处理厂 N_2O 的排放开展大量的现场研究，进一步了解和掌握我国城市污水处理厂温室气体 N_2O 的排放特征，加深对污水处理过程中 N_2O 产生的源、机制、排放的强度以及排放总量的了解，从而加强对污水处理领域 N_2O 排放的控制，达到减少 N_2O 人为源排放总量的目的。

以生物处理为主体的污水处理工艺也多种多样，这些工艺可通过强化不同反应池的硝化和反硝化过程来达到更高的生物脱氮需求，而这两个过程均能够导致 N_2O 的产生与排放。虽然硝化过程与反硝化过程中都有 N_2O 产生，但城市污水处理厂 N_2O 的排放基本上都是由曝气区域吹脱出来的[112]。由于反硝化过程生成的 N_2O 在曝气池中被吹脱到大气中，因此很难分辨硝化过程与反硝化过程对污水处理厂 N_2O 排放各自的贡献到底有多少。Tallec 等[104]研究表明，通过使用特殊的抑制性物质，可以发现依赖于水体中 DO 质量浓度大小发生的硝化细菌反硝化作用所产生的 N_2O 占 N_2O 总排放的 58%～83%，其他 42%～17%的 N_2O 主要来自于异养反硝化作用。然而，这一结论尚不能确定硝化过程与反硝化过程对城市污水处理厂 N_2O 排放贡献的大小。至今，这一结论仍处于争论之中[26,121,139]。

城市污水经过污水管道系统运输进入城市污水处理厂之后，一般需要经过一级处理过程（如格栅、沉砂池和初沉池等）与二级处理过程（如生化反应池、二沉池和污泥浓缩池等）处理之后排出污水处理厂。鉴于 N_2O 主要产生于硝化过程和反硝化过程，污水处理厂的生物处理单元应该是 N_2O 的最主要产生源。其他可能造成 N_2O 排放的源包括：沉砂池、初沉池、二沉池、储泥罐以及厌氧消化池等。这些处理单元排放 N_2O 有一定的前提条件，或者发生在有少量 O_2 存在的微弱的硝化过程中，或者发生在有一定量的亚硝酸盐或硝酸盐存在的反硝化过程中。Czepiel 等[167]研究了一座小型污水处理厂的 N_2O 排放情况，结果表明，90%的 N_2O 排放来自于生物处理单元，5%来自于沉砂池，其余 5%来自于储泥池。

沉砂池中排放的 N_2O 基本来自于城市污水管网运输过程中或是来自于污水处理厂内部管道设施对于污水的运输过程中硝酸盐或亚硝酸盐的还原过程，这部分 N_2O 的产生是有专属地域性的；储泥池中 N_2O 的排放可能是源于剩余污泥中较高浓度硝态氮或亚硝态氮的还原过程。Schulthess 等[125]、Schmidt 和 Bock[66]以及 Kampschreur 等[69]通过开展抑制微生物生长代谢的控制实验或是通过研究具有生物本质的微生物动态变化等实验，指出污水处理厂非生化过程产生的 N_2O 非常少，几乎可以忽略不计。

污水二级处理过程的生物反应池是污水处理厂 N_2O 最主要的产生与排放源[178]。在生物池缺氧段，异养反硝化细菌会利用进水中的 COD 对回流硝化液中的硝酸盐或亚硝酸盐进行还原。如前文所述，若存在缺氧池 DO 质量浓度过高、进水 COD/N 过低以及其他一些因素的影响，反硝化细菌的活性特别是 Nos 的生物活性受到抑制或完全失活，导致污水中 N_2O 不能进一步被还原为 N_2 而发生积累，这部分溶解于污水中的 N_2O 会在硝化段得到吹脱释放。可以说，生物池的缺氧反硝化段是城市污水处理厂 N_2O 的主要产生源之一；在生物池硝化段，异养微生物与自养硝化细菌同时利用 DO 分别对污水中的有机物和氨氮进行降解与转化，大量地消耗水中的 DO，使得硝化段 DO 的质量浓度不足以满足硝化细菌进行彻底的硝化过程，造成了亚硝酸盐的大量积累，进而产生了大量的 N_2O。硝化过程产生的 N_2O 除部分溶解于污水中之外，大部分直接被曝气作用吹脱到空气中，这就使得生物池硝化段不仅是城市污水处理厂 N_2O 的主要产生源之一，更是 N_2O 的最主要排放源。好氧区域排放 N_2O 的量比缺氧区域排放的高出 2～3 个数量级[112]。N_2O 在水中有较高的溶解性，其亨利常数是 0.024 mol/（L·atm）①，而 O_2 的亨利常数只为 0.001 3 mol/（L·atm）[179]，因此，因曝气吹脱过程导致的 N_2O 排放是比较迅速的。Law 等[59]发现在不曝气阶段，即使水中溶解的 N_2O 达到了 0.5 mg/L，反应器也几乎不排放 N_2O；相反，当处于曝气阶段时，反应器中的 N_2O 得到大量的吹脱释放，水中溶解的 N_2O 只剩下了 0.01～0.03 mg/L。

硝化液进入二沉池之后进行泥水分离，这里可能存在微弱的硝化过程和反硝化过程，可产生少量的 N_2O，一部分逸出排放，另一部分继续溶解在水中，这部分 N_2O 会随着处理后废水的排出一同进入受纳水体，并在特定条件下排放到空气中。污水处理厂出水中溶解态 N_2O 的排放将会是未来 N_2O 排放研究领域的重点之一。剩余污泥进入污泥浓缩池之后，会发生微生物的内源呼吸过程。研究表明，微生物消耗内源物质也会造成 N_2O 的排放[69,180]，但排放量不大，几乎可以忽略不计。

1.4.3.2 污水处理过程中 CH_4 排放的研究进展

迄今为止，只发现了两篇关于城市污水处理厂 CH_4 排放监测研究的报道。Czepiel 等[169]对美国的 Durham 某个日平均处理量为 3 500 t 的小型污水处理厂 CH_4 的排放在 2—9 月进行了现场监测，估算了污水处理过程中 CH_4 排放的总量，借此估算了美国所有水厂 CH_4 的年排放量，同时对水温与现场 CH_4 排放的关系作了相关研究。张建等[151]对济南某污水处理厂 A^2/O 工艺各污水处理单元的 CH_4 排放特征进行了相关研究，此污水处理厂比 Czepiel 等所研究的污水处理厂规模大，污水日处理量大约 30 万 t。现场监测实验时间是从

---

① 1atm = 101.325 kPa。

3 月份到 6 月份，同时也计算了 CH_4 的整年排放量，估算了中国所有水厂的年 CH_4 排放量。这两个污水处理厂的年排放情况如表 1.5 所示。济南和 Durham 污水处理厂都计算了单位体积污水 CH_4 排放量和年人均 CH_4 排放量，分别为 1.55×10^{-4} g/L、11.3 g/（人·a）和 1.4×10^{-4} g/L、39 g/（人·a）。可以看出，两个污水处理厂每升污水 CH_4 的排放量相差不大，但济南的人均年 CH_4 排放量要比 Durham 小得多。

表 1.5 污水处理厂年度 CH_4 排放量 单位：kg/a

处理单元	济南某污水处理厂	Durham 某污水处理厂
曝气沉砂池	791～2 411	57～92
厌氧池	4 976～8 036	—
缺氧池	253～414	—
好氧池	3 843～9 435	220
二沉池	280～514	—
污泥浓缩池	1 133～2 001	63

CH_4 在污水处理过程中的厌氧环境条件下产生，但 CH_4 的排放却发生在污水处理过程的各环节。在污水的一级处理单元，由于机械及水流快速流动的扰动，污水中溶解 CH_4 会排放出来，所以可以监测到一定大小的 CH_4 排放通量。在二级处理单元中，生物处理单元的 CH_4 排放量最高，是整个污水处理过程中 CH_4 排放的主体部分，主要原因在于：一级处理单元中，溶解态 CH_4 会在此部分排放到空气中；由于生物池中微生物含量较高，所以某些厌氧区域可能产生一定量 CH_4，这些 CH_4 连同来水中携带的 CH_4 大部分会在曝气单元由于剧烈的鼓风曝气扰动而被吹脱释放出来。

在污水处理过程中的曝气单元，CH_4 的排放量主要与曝气作用对水流的扰动或机械搅拌有关；在污水处理的非曝气单元，CH_4 的排放量主要是与 CH_4 的产生量和 CH_4 在污水中的溶解状态有关。张建等[151]研究了污水处理过程中的 CH_4 排放情况，指出曝气池和厌氧池是 CH_4 排放的主要单元，并且曝气池的曝气量大小与 CH_4 的排放通量存在一定关系。一方面在曝气池及曝气沉砂池中，曝气作用会导致水中较高的 DO 含量，从而抑制了 CH_4 的产生；另一方面剧烈的机械曝气扰动又容易导致大量的溶解态 CH_4 从污水中排放出来，得到的 CH_4 排放通量与曝气池水中 DO 的关系。在曝气池与曝气沉砂池中，CH_4 与 DO 的 R^2 分别为 0.656 和 0.772，呈现一定的线性关系，表明此二池 CH_4 的排放通量随污水处理过程中曝气量的增大而增大。而在厌氧处理过程中，由于大量 CH_4 在此过程中产生而导致较高 CH_4 排放通量。

1.4.3.3 污水处理过程中 CO_2 排放的研究进展

谢淘等[159]研究发现，污水处理厂 CO_2 排放的差异主要来自于地域、污水处理量、COD 负荷和季节差异等因素的影响。对于我国不同地域的城市污水处理厂来说，东部地区（CO_2/COD）的 kg/kg 的值比西部和中部地区都要低；对于污水处理量而言，处理量大的污水处理厂比小型的污水处理厂的 kg/kg 值低；COD 负荷和季节差异对温室气体排放的影响存在一定的波动，但可以看出，CO_2 排放随着 COD 负荷的降低总体呈下降趋势。每年 3 月至 5 月，CO_2 的排放量最低，冬季时 CO_2 的排放量最高。从 2009 年我国污水处理厂 CO_2 平均排放水平来看，南北不同省（市）的排放量相差较大，排放量最高的北京和排放量最低的海南相差数倍，吨污水 CO_2 排放量分别为 1.220 1 kg/m^3 和 0.111 4 kg/m^3。地域水质、温度的不同以及污水处理厂采用的工艺和参数的差别，造成电耗、药耗情况的不同，从而导致 CO_2 排放上的较大差异[181]。

马欣[181]还指出，不同污水处理工艺之间 CO_2 的排放也存在着明显的差异，如表 1.6 所示。从表中还可以看出，不同处理工艺 CO_2 的直接排放与间接排放的相关性不大，因为直接排放是由 COD 去除引起的，在处理时间和污水总量一致的情况下，COD 去除率高的工艺相应的直接碳排放水平就高，COD 去除率低的工艺相应的直接碳排放水平较低。CO_2 直接排放量从大到小分别是 A^2/O、A/O、AB、生物膜、SBR、氧化沟和人工湿地。对于 CO_2 的间接排放量，除 A^2/O 之外，其他工艺的 CO_2 间接排放量都大于直接排放量，而且不同处理工艺之间相差并不大。

表 1.6　不同工艺的间接排放和直接排放的 CO_2[181]

处理工艺	间接排放（CO_2/污水）/（kg/m^3）	直接排放（CO_2/污水）/（kg/m^3）
A/O	0.482 5	0.360 2
A^2/O	0.396 6	0.502 4
AB	0.232 6	0.258 5
SBR	0.375 6	0.214 1
人工湿地	0.386 4	0.195 9
生物膜	0.382 1	0.218 9
氧化沟	0.368	0.201 2

Rosso 和 Stenstrom[178]对以往的 CO_2 释放量数据进行了研究，预测出全球污水处理厂 2015 年的每日 CO_2 释放量为 48.8×10^3 t，如表 1.7 所示。

表 1.7　污水处理厂 CO_2 释放量及预测[178]

年份	亚洲/（kt/d）	全球/（kt/d）
1990	9.52	27
2000	14.6	34.6
2015	23.9	48.8

1.4.4　污水处理过程中温室气体减排的研究进展

目前，人们主要通过以下 3 个方面减少城市污水处理过程中温室气体的排放量：①减少城市污水处理过程中 N_2O 的直接排放量；②回收利用城市污水处理过程中产生的 CH_4 以减少其直接排放量；③减少城市污水处理过程中 CO_2 的间接排放量。本小节将对目前城市污水处理过程中 3 种温室气体减排措施的研究进展进行论述。

1.4.4.1 污水处理过程中 N_2O 减排的研究进展

实现城市污水处理厂温室气体 N_2O 减排的关键是减少曝气过程中 N_2O 的释放量。研究表明，进行城市污水处理厂 N_2O 的减排研究需要从以下 3 个方面入手：减少硝化过程中 N_2O 的产生量、减少反硝化过程中 N_2O 的产生量以及减少曝气过程中 N_2O 的释放量[114]。

许多实验室研究也提出了一些相关的 N_2O 减排方法。Yang 等[110]指出，可以通过间歇性进水的方式把反应器中铵盐和亚硝酸盐的浓度控制在一个较低的水平，这样就可以把 N_2O 的产量降低 50%。通过低流速进水而不是采用脉冲式进水的方式来避免好氧条件下 pH 的瞬时波动被证明可大大降低经富集培养 AOB 菌群的 N_2O 产生量[59]。采用延长污泥龄（SRT＞5 d）来增加 AOB 生物质的浓度并控制 DO 在 0.5 mg/L 以上也被认为能降低硝化过程的 N_2O 产量[72]。Pellicer-Nàcher 等[182]指出在膜曝气生物反应器（membrane aeration biofilm reactor，MABR）中采用间歇曝气的方式可以降低 N_2O 产量，因为内层生物膜产生的 N_2O 能被处于生物膜外层的异养反硝化细菌还原。为了降低反硝化过程中 N_2O 的产量，可加入甲醇来降低其他还原酶与 N_2O 还原酶之间的电子竞争，从而阻止 N_2O 积累[101]。然而目前这些缓解措施只适用于实验室规模的污水处理系统，它们在实际工程中的有效性尚需通过现场实验研究来进一步验证。许多科学家正在进一步深化对污水处理系统 N_2O 产生机理的探索，这无疑将为进一步减少城市污水处理厂 N_2O 的排放提供技术支持。

1.4.4.2 污水处理过程中 CH_4 减排的研究进展

目前，关于城市污水处理厂 CH_4 排放研究的结果一致表明，城市污水处理厂释放的 CH_4 有两个来源：一是进水中溶解的 CH_4，二是污水处理过程中新生成的 CH_4[151,169]。城市污水处理厂的厌氧池和污泥浓缩池因处于厌氧环境中，是 CH_4 产生的主要单元。城市污水处理厂的曝气处理单元，包括曝气沉砂池和好氧池，是 CH_4 最主要的释放单元，且 DO 质量浓度与 CH_4 排放量呈显著的正相关关系[149]。而且，如果存在污泥消化池，可成为城市污水处理厂 CH_4 排放的一个重要来源[183,184]。当然，这个假设有两个前提：一是厌氧消化的密闭性存在问题，导致产生的 CH_4 直接从装置逸出；二是产生的 CH_4 没有或很少作为能源被回收利用，大部分继续溶于水中。这部分溶解在水中的 CH_4 会随着回流液进入曝气池，在曝气过程中被大量地吹脱出来。

虽然到目前为止仍没有较为系统的关于城市污水处理厂 CH_4 减排方法的报道，但不难发现，合理地控制曝气处理单元的 DO 质量浓度是城市污水处理厂 CH_4 减排的最主要途径。当城市污水处理厂设有剩余污泥的厌氧消化装置时，将产生的 CH_4 回收利用是进行 CH_4 减排的最经济有效的方法。另外，进行系统维护、检查装置气密性对于减少 CH_4 排放也是十分重要的。

1.4.4.3 污水处理过程中 CO_2 减排的研究进展

对于城市污水处理过程中 CO_2 的减排研究，目前主要集中在削减间接排放的 CO_2 总量。首先，减少污水处理厂碳排放的措施可从优化污水处理工艺、改善控制条件等方面来考虑，这不仅能减少温室气体的直接排放，而且还可以减少能源消耗，从而降低污水处理的成本。目前，城市污水处理厂生物处理工艺的曝气过程多采用通过控制曝气量来降低电能消耗，从而减少污水处理的 CO_2 间接排放。但是需要注意的是若曝气量变小，DO 处于较低水平，则会抑制微生物对 COD 的降解过程，影响出水水质。

其次，污泥的再利用也给减少 CO_2 的排放提供新思路[30,185]。生物量封存和沼气回收是减少温室气体排放的两大手段。研究表明，沼气回收并作为燃料利用可以有效地减少温室气体的当量排放，当进水 BOD 为 2 000 kg/d 时，所排放的 7 640 kg CO_2 当量可减少为 1 023 kg CO_2 当量[153]。在我国，每年有大约 2 000 万 t 污泥（含水量 80%）产生，如果不妥善处理，会造成严重的温室气体排放，而通过污泥厌氧消化再利用产沼气可以减少 24% 的 CO_2 当量排放水平[186]。另外，利用污泥本身热值和无机物，代替水泥黏土用量，也可以减少 CO_2 当量的排放[187]。污泥还可以经处理转换为生物柴油[188]。研究发现，利用生物柴油代替柴油作为燃料可以减少约 45%的温室气体排放[189,190]，而科学界已经成功利用非均相催化剂与镁渣将污泥转化为生物柴油[191]。

1.5 污水处理温室气体排放研究目前存在的问题

目前，全球对于污水处理过程中温室气体排放的研究大多集中在 N_2O 排放的研究上，且多数以实验室小试研究为主，并侧重于研究 N_2O 的产生机理与抑控方法，且已比较成熟。但是，受污水处理厂运行控制条件以及监测条件限制的影响，城市污水处理厂 N_2O 排放的现场监测研究相对较少，所获得 N_2O 排放的监测数据也比较缺乏。相对而言，无论是实验室小试还是现场监测研究，污水处理过程中 CH_4 与 CO_2 排放规律的研究则要少许多，数据相当匮乏。

我国对于城市污水处理厂不同处理工艺温室气体排放特征及排放量的研究尚处于起步阶段，对于城市污水处理厂温室气体减排策略方面的研究仍处于空白之中，基础数据严重缺乏，既没有相关的监测方法，也没有任何减排策略，这必将对合理控制和削减我国城市污水处理厂温室气体的排放量带来不可忽视的影响，使我国在全球温室气体减排谈判中处于被动局面。因此，开展我国城市污水处理厂温室气体排放特征及减排策略研究已经变得刻不容缓。

1.6 编写本书的目的与内容

污水处理厂是温室气体产生的大户之一。随着我国污水排放总量的不断增加、污水处理率和排放标准的不断提高，污水处理过程中温室气体的产生与排放量必将随之增加，在我国各行业温室气体排放中所占的份额也会越来越大。我国政府在《国家中长期科技发展规划纲要（2006—2020 年）》（以下简称《纲要》）中明确提出“开发全球环境变化监测和温室气体减排技术，提升应对环境变化及履约能力”。在《纲要》环境优先主题“全球环境变化监测与对策”中指出，要重点研究开发大尺度环境变化准确监测技术，主要行业温室气体的排放控制与处置利用技术。环境保护部在《国家环境保护“十一五”科技发展规划》"全球化的环境影响和国际环境履约科技需求"中指出："十一五"期间要重点解决温室气体减排技术；针对温室效应等全球环境问题，开展相关气体污染物的观测与科学研究，加强温室气体排放的监测与统计分析，研究温室气体减排技术，努力减缓温室气体排放。

可见，针对我国城市污水处理厂排放的温室气体开展系统研究，建立城市污水典型处理工艺的温室气体排放的现场监测方法，研究城市污水典型处理工艺温室气体的排放特征（排放强度、排放规律和减排关键控制位点），构建出城市污水典型处理工艺中温室气体排放量的计算模型，并预测未来10年（至2023年）我国城市污水处理厂温室气体的排放总量，提出适合我国国情的城市污水处理厂温室气体的减排策略是非常必要的，是与国家科技规划纲要、环保行业科技计划紧密结合的，这些研究成果可为我国政府制定城市污水处理厂温室气体减排的政策和环境管理提供科学准确的参考数据，为我国进行与温室气体有关的外交谈判和履行国际公约提供技术支持。

本书的内容主要涉及以下几个方面：

（1）城市污水处理厂温室气体监测方法体系的建立 通过现场调研和文献收集，归纳总结国内外已有的有关污水处理中温室气体的监测采样方法。在此基础上，建立城市污水处理厂温室气体监测方法体系，包括：温室气体采样装置的研发和采样布点及采样频率、采样方法、样品的保存及预处理、样品分析方法与数据处理及质量保证体系等方面内容。其中，对于城市污水处理厂不曝气水面逸出的温室气体采用静态平衡箱法采集；对于城市污水处理厂曝气水面逸出的温室气体采用气袋法采集；对于城市污水处理厂水中溶解的温室气体采用静态顶空法采集。

（2）城市污水处理厂典型工艺温室气体排放特征的研究 在对城市污水处理厂4种典型工艺（A^2/O、A/O、氧化沟和 SBR）各处理单元气液界面释放的和水中溶解态温室气体的采样监测的基础上，分析总结了4种污水处理工艺中不同处理单元 N_2O、CH_4的产生与排放和 CO_2的直接排放的规律，确定了4种典型工艺温室气体的排放强度和关键控制点位。

（3）城市污水处理典型工艺温室气体排放影响因素研究 通过中试和小试研究，确定4种典型污水处理工艺影响3种温室气体排放的主要因素。在出水水质达标的前提下，分别给出了4种典型工艺3种温室气体减排控制的最佳运行参数组合。

（4）城市污水处理厂温室气体排放量预测研究 在归纳总结已有温室气体排放预测方法的基础上，建立基于遗传算法优化的 GA-BP 人工神经网络模型，用于预测城市污水处理厂典型工艺温室气体的排放量。该模型具有结构简单、可塑性强、非线性回归能力强、所需数据量少等特点，利用城市污水处理厂温室气体排放的现场监测及中试研究结果作为输入端和输出端，通过优化隐含层神经元个数和人工神经网络的权值，可以实现我国典型工艺城市污水处理厂温室气体排放量的准确预测。利用所建立的预测模型，计算出未来10年我国城市污水处理厂温室气体的排放量。

（5）城市污水处理典型工艺温室气体减排策略研究 通过大量的现场监测及中试、小试研究，优选污水处理工艺、优化工艺参数，并结合我国城市污水处理厂温室气体减排监管技术的需要，分别从国家层面和污水处理厂层面提出适合我国国情的城市污水处理典型工艺温室气体的减排技术策略和管理策略；综合考虑我国的基本国情和污水处理行业的现状，提出促进我国城市污水处理厂温室气体减排的政策策略。根据我国不同类型城市的实际情况，相应地提出了控制城市污水处理过程中温室气体排放的策略方法。

参考文献

[1] El-Fadel M，Massoud M. Methane emissions from wastewater management[J]. Environmental Pollution，2001，114（2）：177-185.

[2] IPCC. Summary for Policymakers[M]. Cambridge University Press，2007.

[3] Béline F，Martinez J，Chadwick D，et al. Factors affecting nitrogen transformations and related nitrous oxide emissions from aerobically treated piggery slurry[J]. Journal of Agricultural Engineering Research，1999，73（3）：235-243.

[4] IPCC. Climate change 2001：the scientific basis[M]. Cambridge University Press，2001.

[5] IPCC. Climate Change，1995-science of climate change，Technical Summary[M]. Cambridge University Press，1996.

[6] IPCC. 2006 IPCC guidelines for national greenhouse gas inventories：industrial processes and product use[R]. Kanagawa，JP：Institute for Global Environmental Strategies，2006.

[7] Crutzen P J. The role of NO and NO_2 in the chemistry of the troposphere and stratosphere[J]. Annual Review of Earth and Planetary Sciences，1979，7：443-472.

[8] Lu H，Chandran K. Factors promoting emissions of nitrous oxide and nitric oxide from denitrifying sequencing batch reactors operated with methanol and ethanol as electron donors[J]. Biotechnology and Bioengineering，2010，106（3）：390-398.

[9] IPCC. Special report on emissions scenarios：a special report of Working Group III of the Intergovernmental Panel on Climate Change[R]. Pacific Northwest National Laboratory，Richland，WA（US），Environmental Molecular Sciences Laboratory（US），2000.

[10] Conrad R. Soil microorganisms as controllers of atmospheric trace gases（H_2，CO，CH_4，OCS，N_2O，and NO）[J]. Microbiological Reviews，1996，60（4）：609-640.

[11] Kramlich J C，Linak W P. Nitrous oxide behavior in the atmosphere，and in combustion and industrial systems[J]. Progress in Energy and Combustion Science，1994，20（2）：149-202.

[12] IPCC. Module 6-Waste in Revised 1996 IPCC Guidelines for National Greenhouse Gas Inventories[M]. Intergovernmental Panel on Climate Change，1997.

[13] Ravishankara A，Daniel J S，Portmann R W. Nitrous oxide（N_2O）：The dominant ozone-depleting substance emitted in the 21st century[J]. Science，2009，326（5949）：123-125.

[14] Montzka S，Reimann S，O'Doherty S，et al. Ozone-depleting substances（ODSs）and related chemicals，in Chapter 1 in Scientific Assessment of Ozone Depletion：2010[F]. Global Ozone Research and Monitoring Project，Geneva，Switzerland，2011.

[15] Wuebbles D J，Hayhoe K. Atmospheric methane and global change[J]. Earth-science Reviews，2002，57（3）：177-210.

[16] Shindell D T，Faluvegi G，Koch D M，et al. Improved attribution of climate forcing to emissions[J]. Science，2009，326（5953）：716-718.

[17] Wahlen M. The global methane cycle[J]. Annual Review of Earth and Planetary Sciences，1993，21：407-426.

[18] Khalil M A K. Atmospheric methane：Its role in the global environment[M]. Springer，2000.

[19] Pipatti R，Savolainen I，Sinisalo J. Greenhouse impacts of anthropogenic CH_4 and N_2O emissions in Finland[J]. Environmental Management，1996，20（2）：219-233.

[20] Dlugokencky E，Houweling S，Bruhwiler L，et al. Atmospheric methane levels off：Temporary pause or a new steady-state？[J]. Geophysical research Letters，2003，30（19）.

[21] Callander B. Scientific aspects of the framework convention on climate change and national greenhouse gas inventories[J]. Environmental Monitoring and Assessment，1995，38（2-3）：129-140.

[22] Préndez M，Lara-González S. Application of strategies for sanitation management in wastewater treatment plants in order to control/reduce greenhouse gas emissions[J]. Journal of Environmental Management，2008，88（4）：658-664.

[23] Lexmond M，Zeeman G. Potential of controlled anaerobic wastewater treatment in order to reduce the global emissions of the greenhouse gases methane and carbon dioxide[R]. Food and agriculture organization of the United Nations，1995.

[24] What are greenhouse gases？http：//www. whatsyourimpact. eu. org/greenhouse-gases. php.

[25] 我国温室气体排放已居世界第一，http：//www. sme. gov. cn/web/assembly/action/browse.page. do？channelID= 1201615897776.

[26] Kampschreur M J，Temmink H，Kleerebezem R，et al. Nitrous oxide emission during wastewater treatment[J]. Water Research，2009，43（17）：4093-4103.

[27] Mosier A，Kroeze C，Nevison C，et al. An overview of the revised 1996 IPCC guidelines for national greenhouse gas inventory methodology for nitrous oxide from agriculture[J]. Environmental Science and Policy，1999，2（3）：325-333.

[28] EPA. Inventory of US greenhouse gas emissions and sinks：1990-2009[R]. EPA，430-R-11-005，2011.

[29] Whiting G，Chanton J. Primary production control of methane emission from wetlands[J]. Nature，1993，364：794-795.

[30] Cakir F，Stenstrom M. Greenhouse gas production：a comparison between aerobic and anaerobic wastewater treatment technology[J]. Water Research，2005，39（17）：4197-4203.

[31] Bousquet P，Ciais P，Miller J，et al. Contribution of anthropogenic and natural sources to atmospheric methane variability[J]. Nature，2006，443（7110）：439-443.

[32] Forster-Carneiro T，Pérez M，Romer O L. Thermophilic anaerobic digestion of source-sorted organic fraction of municipal solid waste[J]. Bioresource Technology，2008，99（15）：6763-6770.

[33] Yoshida H，Tokumoto H，Ishii K，et al. Efficient，high-speed methane fermentation for sewage sludge using subcritical water hydrolysis as pretreatment[J]. Bioresource Technology，2009，100（12）：2933-2939.

[34] Zhu B，Gikas P，Zhang R. Characteristics and biogas production potential of municipal solid wastes pretreated with a rotary drum reactor[J]. Bioresource Technology，2009，100（3）：1122-1129.

[35] Coal O J. Mining and waste management systems: Methane emissions from landfills sites and wastewater lagoons[R]. International Workshop on Methane Emissions from Natural Gas Systems, 1990.

[36] Sahely H R, MacLean H L, Monteith H D, et al. Comparison of on-site and upstream greenhouse gas emissions from Canadian municipal wastewater treatment facilities[J]. Journal of Environmental Engineering and Science, 2006, 5（5）: 405-415.

[37] Weiss M, Neelis M L, Blok K, et al. Non-energy use and related carbon dioxide emissions in Germany: a carbon flow analysis with the NEAT model for the period of 1990-2003[J]. Resources, Conservation and Recycling, 2008, 52（11）: 1252-1265.

[38] 王丽艳，张靳超. 城市污水处理中的二氧化碳排放与碳资源化利用研究[J]. 绿色科技，2012（6）: 198-198.

[39] Flores-Alsina X, Corominas L, Snip L, et al. Including greenhouse gas emissions during benchmarking of wastewater treatment plant control strategies[J]. Water Research, 2011, 45（16）: 4700-4710.

[40] Venkatesh G, Brattebø H. Energy consumption, costs and environmental impacts for urban water cycle services: Case study of Oslo（Norway）[J]. Energy, 2011, 36（2）: 792-800.

[41] 关于公布 2012 年全国城镇污水处理设施名单的公告[EB/OL] http://www. zhb. gov. cn/gkml/hbb/bgg/201305/t20130508_251788. htm.

[42] 2010 年中国统计年鉴[Z]. 中华人民共和国国家统计局，2011.

[43] Foley J, de Haas D, Hartley K, et al. Comprehensive life cycle inventories of alternative wastewater treatment systems[J]. Water Research, 2010, 44（5）: 1654-1666.

[44] Ahn Y H. Sustainable nitrogen elimination biotechnologies: A review[J]. Process Biochemistry, 2006, 41（8）: 1709-1721.

[45] Bremner J M, Blackmer A M. Terrestrial Nitrification as a source of atmospheric nitrous oxide[M]. Chichester John Wiley and sons Ltd., 1981.

[46] 张朝晖，吕锡武. 污水生物处理过程中 N_2O 的逸出控制[J]. 给水排水，2004，30（4）: 32-36.

[47] Yu R, Kampschreur M J, van Loosdrecht M C, et al. Mechanisms and specific directionality of autotrophic nitrous oxide and nitric oxide generation during transient anoxia[J]. Environmental Science and Technology, 2010, 44（4）: 1313-1319.

[48] Hynes R K, Knowles R. Production of nitrous oxide by Nitrosomonas europaea: effects of acetylene, pH, and oxygen[J]. Canadian Journal of Microbiology, 1984, 30（11）: 1397-1404.

[49] Inamori Y, Wu X L, Mizuochi M. A comparison of NO and N_2O production by the autotrophic nitrifier Nitrosomonas europaea and the heterotrophic nitrifier Alcaligenes faecalis[J]. Applied and Environmental Microbiology, 1993, 59（11）: 3525-3533.

[50] Anderson I C, Poth M, Homstead J, et al. N_2O producing capability of Nitrosomonas europaea, Nitrobacter winogradskyi and Alcaligenes faecalis[J]. Water Science and Technology, 1997, 36（10）: 65-72.

[51] Colliver B, Stephenson T. Production of nitrogen oxide and dinitrogen oxide by autotrophic nitrifiers[J]. Biotechnology Advances, 2000, 18（3）: 219-232.

[52] Schalk-Otte S, Seviour R J, Kuenen J, et al. Nitrous oxide（N_2O） production by Alcaligenes faecalis during feast and famine regimes[J]. Water Research, 2000, 34（7）: 2080-2088.

[53] Butler M, Wang Y, Cartmell E, et al. Nitrous oxide emissions for early warning of biological nitrification failure in activated sludge[J]. Water Research, 2009, 43（5）: 1265-1272.

[54] Prosser I. Autotrophic Nitrification in Bacteria[J]. Advance in Microbial Physiology, 1989（30）: 125-181.

[55] Hooper A. Biochemistry of the nitrifying lithoautotrophic bacteria[J]. Autotrophic Bacteria, 1989（30）: 239-265.

[56] Poth M. Dinitrogen production from nitrite by a Nitrosomonas isolate[J]. Applied and Environmental Microbiology, 1986, 52（4）: 957-959.

[57] Muller E B, Stouthamer A H, van Verseveld H W. Simultaneous NH_3 oxidation and N_2 production at reduced O_2 tensions by sewage sludge subcultured with chemolithotrophic medium[J]. Biodegradation, 1995, 6（4）: 339-349.

[58] Bock E, Schmidt I, Stüven R, et al. Nitrogen loss caused by denitrifying Nitrosomonas cells using ammonium or hydrogen as electron donors and nitrite as electron acceptor[J]. Archives of Microbiology, 1995, 163（1）: 16-20.

[59] Law Y, Ye L, Pan Y, et al. Nitrous oxide emissions from wastewater treatment processes[J]. Philosophical Transactions of the Royal Society B: Biological Sciences, 2012, 367（1593）: 1265-1277.

[60] Poughon L, Dussap C G, Gros J B. Energy model and metabolic flux analysis for autotrophic nitrifiers[J]. Biotechnology and Bioengineering, 2001, 72（4）: 416-433.

[61] Stein L Y. Surveying-producing pathways in bacteria[J]. Methods in Enzymology, 2011, 486: 131-152.

[62] Poth M, Focht D D. ^{15}N kinetic analysis of N_2O production by Nitrosomonas europaea: an examination of nitrifier denitrification[J]. Applied and Environmental Microbiology, 1985, 49（5）: 1134-1141.

[63] Remde A, Conrad R. Production of nitric oxide in Nitrosomonas europaea by reduction of nitrite[J]. Archives of Microbiology, 1990, 154（2）: 187-191.

[64] Freitag A, Rudert M, Bock E. Growth of Nitrobacter by dissimilatoric nitrate reduction[J]. FEMS Microbiology Letters, 1987, 48（1）: 105-109.

[65] Casciotti K L, Sigman D M, Ward B B. Linking diversity and stable isotope fractionation in ammonia-oxidizing bacteria[J]. Geomicrobiology Journal, 2003, 20（4）: 335-353.

[66] Schmidt I, Bock E. Anaerobic ammonia oxidation with nitrogen dioxide by Nitrosomonas eutropha[J]. Archives of Microbiology, 1997, 167（2-3）: 106-111.

[67] Zart D, Bock E. High rate of aerobic nitrification and denitrification by Nitrosomonas eutropha grown in a fermentor with complete biomass retention in the presence of gaseous N_2O or NO[J]. Archives of Microbiology, 1998, 169（4）: 282-286.

[68] Goreau T J, Kaplan W A, Wofsy S C, et al. Production of NO_2 and N_2O by nitrifying bacteria at reduced concentrations of oxygen[J]. Applied and Environmental Microbiology, 1980, 40（3）: 526-532.

[69] Kampschreur M J, van der Star W R, Wielders H A, et al. Dynamics of nitric oxide and nitrous oxide emission during full-scale reject water treatment[J]. Water Research, 2008, 42（3）: 812-826.

[70] Tallec G, Garnier J, Billen G, et al. Nitrous oxide emissions from secondary activated sludge in nitrifying conditions of urban wastewater treatment plants: effect of oxygenation level[J]. Water Research, 2006, 40（15）: 2972-2980.

[71] Kim S W，Miyahara M，Fushinobu S，et al. Nitrous oxide emission from nitrifying activated sludge dependent on denitrification by ammonia-oxidizing bacteria[J]. Bioresource Technology，2010，101（11）：3958-3963.

[72] Zheng H，Hanaki K，Matsuo T. Production of nitrous oxide gas during nitrification of wastewater[J]. Water Science and Technology，1994，30（6）：133-141.

[73] Chung Y，Chung M. BNP test to evaluate the influence of C/N ratio on N_2O production inbiological denitrification[J]. Water Science and Technology，2000，42（3-4）：23-27.

[74] 耿军军，王亚宜，张兆祥，等. 污水生物脱氮革新工艺中强温室气体 N_2O 的产生及微观机理[J]. 环境科学学报，2010，30（9）：1729-1738.

[75] Robertson L A，Cornelisse R，De Vos P，et al. Aerobic denitrification in various heterotrophic nitrifiers[J]. Antonie van Leeuwenhoek，1989，56（4）：289-299.

[76] Thörn M，Sörensson F. Variation of nitrous oxide formation in the denitrification basin in a wastewater treatment plant with nitrogen removal[J]. Water Research，1996，30（6）：1543-1547.

[77] Van Benthum W，Derissen B，Van Loosdrecht M，et al. Nitrogen removal using nitrifying biofilm growth and denitrifying suspended growth in a biofilm airlift suspension reactor coupled with a chemostat[J]. Water Research，1998，32（7）：2009-2018.

[78] Wicht H，Beier M. N_2O emission aus nitrifizierenden und denitrifizierenden Kläranlagen[J]. Korrespondenz Abwasser，1995，42（3）：404-413.

[79] Brown K，Tegoni M，Prudêncio M，et al. A novel type of catalytic copper cluster in nitrous oxide reductase[J]. Nature Structural and Molecular Biology，2000，7（3）：191-195.

[80] Rasmussen T，Berks B C，Sanders-Loehr J，et al. The catalytic center in nitrous oxide reductase，CuZ，is a copper-sulfide cluster[J]. Biochemistry，2000，39（42）：12753-12756.

[81] Hu Z，Zhang J，Li S，et al. Effect of aeration rate on the emission of N_2O in anoxic–aerobic sequencing batch reactors（A/O SBRs）[J]. Journal of Bioscience and Bioengineering，2010，109（5）：487-491.

[82] Greenberg E，Becker G. Nitrous oxide as end product of denitrification by strains of fluorescent pseudomonads[J]. Canadian Journal of Microbiology，1977，23（7）：903-907.

[83] Takaya N，Catalan-Sakairi M A B，Sakaguchi Y，et al. Aerobic denitrifying bacteria that produce low levels of nitrous oxide[J]. Applied and Environmental Microbiology，2003，69（6）：3152-3157.

[84] Zeng R J，Yuan Z，Keller J. Enrichment of denitrifying glycogen-accumulating organisms in anaerobic/anoxic activated sludge system[J]. Biotechnology and Bioengineering，2003，81（4）：397-404.

[85] Tsuneo S. Roseobacter litoralis gen. nov. sp. nov.，and Roseobacter denitrificans sp. nov.，aerobic pink-pigmented bacteria which contain bacterilchlorophyll a. Syst[J]. Applied Microbiology，1991，14：140-145.

[86] Robertson L A，Dalsgaard T，Revsbech N P，et al. Confirmation of 'aerobic denitrification'in batch cultures，using gas chromatography and ^{15}N mass spectrometry[J]. FEMS Microbiology Ecology，1995，18（2）：113-120.

[87] Otte S，Grobben N G，Robertson L A，et al. Nitrous oxide production by Alcaligenes faecalis under transient and dynamic aerobic and anaerobic conditions[J]. Applied and Environmental Microbiology，1996，62（7）：2421-2426.

[88] Riffat R，Sajjad M W，Dararat S. Anaerobic processes[J]. Water environment research，1998，70（4）：518-540.

[89] Dignac M F，et al. Fate of wastewater organic pollution during activated sludge treatment：nature of residual organic matter[J]. Water Research，2000，34（17）：4185-4194.

[90] 张自杰. 排水工程[M]. 北京：中国建筑工业出版社，2000.

[91] Okayasu Y，Abe I，Matsuo Y. Emission of nitrous oxide from high-rate nitrification and denitrification by mixed liquor circulating process and sequencing batch reactor process[J]. Water Science and Technology，1997，36（12）：39-45.

[92] Xie T，Wang C W. Impact of different factors on greenhouse gas generation by wastewater treatment plants in China[C]. In Water Resource and Environmental Protection（ISWREP），International Symposium on. 2011：IEEE，2011.

[93] Foley J，Lant P. Fugitive greenhouse gas emissions from wastewater systems[M]. Water Services Association of Australia，2007.

[94] Schulthess R，Gujer W. Release of nitrous oxide（N_2O） from denitrifying activated sludge：Verification and application of a mathematical model[J]. Water Research，1996，30（3）：521-530.

[95] Gejlsbjerg B，Frette L，Westermann P. Westermann Dynamics of N_2O production from activated sludge[J]. Water Research，1998，32（7）：2113-2121.

[96] Kimochi Y，Inamori Y，Mizuochi M，et al. Nitrogen removal and N_2O emission in a full-scale domestic wastewater treatment plant with intermittent aeration[J]. Journal of Fermentation and Bioengineering，1998，86（2）：202-206.

[97] Jørgensen K S，Jensen H B，Sørensen J. Nitrous oxide production from nitrification and denitrification in marine sediment at low oxygen concentrations[J]. Canadian Journal of Microbiology，1984，30（8）：1073-1078.

[98] Lipschultz F，Zafiriou O，Wofsy S，et al. Production of NO and N_2O by soil nitrifying bacteria[J]. Nature，1981，294：641-643.

[99] Kester R A，De Boer W，Laanbroek H J. Production of NO and N_2O by Pure Cultures of Nitrifying and Denitrifying Bacteria during Changes in Aeration[J]. Applied and Environmental Microbiology，1997，63（10）：3872-3877.

[100] Anderson I C，Levine J S. Relative rates of nitric oxide and nitrous oxide production by nitrifiers，denitrifiers，and nitrate respirers[J]. Applied and Environmental Microbiology，1986，51（5）：938-945.

[101] Park K Y，Inamori Y，Mizuochi M，et al. Emission and control of nitrous oxide from a biological wastewater treatment system with intermittent aeration[J]. Journal of Bioscience and Bioengineering，2000，90（3）：247-252.

[102] Hu Z，Zhang J，Li S，et al. Effect of anoxic/aerobic phase fraction on N_2O emission in a sequencing batch reactor under low temperature[J]. Bioresource Technology，2011，102（9）：5486-5491.

[103] Noda N，Kaneko N，Mikami M，et al. Effects of SRT and DO on N_2O reductase activity in an anoxic-oxic activated sludge system[J]. Water Science and Technology，2004，48（11）：363-370.

[104] Tallec G，Garnier J，Billen G，et al. Nitrous oxide emissions from denitrifying activated sludge of urban

wastewater treatment plants，under anoxia and low oxygenation[J]. Bioresource Technology，2008，99（7）：2200-2209.

[105] 刘秀红，彭永臻，马涛，等. 硝化类型对污水脱氮过程中 N_2O 产生量的影响[J]. 中国环境科学，2007，27（5）：633-637.

[106] 刘秀红，鞠然，刘立超，等. 生活污水短程生物脱氮过程中 N_2O 的产生与控制方法[J]. 中国环境科学，2011，31（1）：30-34.

[107] 王莎莎，彭永臻，巩有奎，等. 不同电子受体低氧条件下生物反硝化过程中氧化亚氮产量[J]. 水处理技术，2011，37（8）：58-60.

[108] Alinsafi A，Adouani N，Béline F，et al. Nitrite effect on nitrous oxide emission from denitrifying activated sludge[J]. Process Biochemistry，2008，43（6）：683-689.

[109] Schönharting B，Rehner R，Metzger J W，et al. Release of nitrous oxide（N_2O） from denitrifying activated sludge caused by H_2S-containing wastewater：Quantification and application of a new mathematical model[J]. Water Science and Technology，1998，38（1）：237-246.

[110] Yang Q，Liu X H，Peng C，et al. N_2O production during nitrogen removal via nitrite from domestic wastewater：main sources and control method[J]. Environmental Science and Technology，2009，43（24）：9400-9406.

[111] Sümer E，Weiske A，Benckiser G，et al. Influence of environmental conditions on the amount of N_2O released from activated sludge in a domestic waste water treatment plant[J]. Experientia，1995，51（4）：419-422.

[112] Ahn J H，Kim S，Park H，et al. N_2O emissions from activated sludge processes，2008-2009：results of a national monitoring survey in the United States[J]. Environmental Science and Technology，2010，44（12）：4505-4511.

[113] Foley J，de Haas D，Yuan Z，et al. Nitrous oxide generation in full-scale biological nutrient removal wastewater treatment plants[J]. Water Research，2010，44（3）：831-844.

[114] Desloover J，Vlaeminck S E，Clauwaert P，et al. Strategies to mitigate N_2O emissions from biological nitrogen removal systems[J]. Current Opinion in Biotechnology，2012，23（3）：474-482.

[115] Osada T，Kuroda K，Yonaga M. Reducing nitrous oxide gas emissions from fill-and-draw type activated sludge process[J]. Water Research，1995，29（6）：1607-1608.

[116] Kishida N，Kim J，Kimochi Y，et al. Effect of C/N ratio on nitrous oxide emission from swine wastewater treatment process[J]. Water Science and Technology，2004，49（5-6）：359-371.

[117] 朱萍萍，李平，吴锦华，等. SBR 生物脱氮过程中 N_2O 释放的影响因素研究[J]. 中国给水排水，2010，26（9）：18-21.

[118] 黎秋华，李平，朱萍萍，等. SBR 工艺中 pH 值与 DO 对硝化过程中 N_2O 排放的影响[J]. 水处理技术，2008，34（4）：52-56.

[119] 任南琪，马放. 水污染控制微生物与原理与应用[M]. 北京：化学工业出版社，2003.

[120] 尚会来，彭永臻，张静蓉，等. SRT 对于污水脱氮过程中 N_2O 产生的影响[J]. 环境科学学报，2009，29（4）：754-758.

[121] Burgess J，Stuetz R，Morton S，et al. Dinitrogen oxide detection for process failure early warning

systems[J]. Water Science and Technology，2002，45（4-5）：247-254.

[122] Vanrolleghem P A，Sin G，Gernaey K V. Transient response of aerobic and anoxic activated sludge activities to sudden substrate concentration changes[J]. Biotechnology and Bioengineering，2004，86（3）：277-290.

[123] Lema J. Nitrous oxide production under toxic conditions in a denitrifying anoxic filter[J]. Water Research，1998，32（8）：2550-2552.

[124] Ruiz R G，Jeison D，Chamy R. Nitrification with high nitrite accumulation for the treatment of wastewater with high ammonia concentration[J]. Water Research，2003，37（6）：1371-1377.

[125] Schulthess R，Kühni M，Gujer W. Release of nitric and nitrous oxides from denitrifying activated sludge[J]. Water Research，1995，29（1）：215-226.

[126] Liu X H，Peng Y Z，Wu C Y，et al. Nitrification and denitrification in subalpine coniferous forests of different restoration stages in western Sichuan，China[J]. Frontiers of Forestry in China，2007，2（3）：260-265.

[127] Liu X H，Peng Y Z，Wu C Y，et al. Nitrous oxide production during nitrogen removal from domestic wastewater in lab-scale sequencing batch reactor[J]. Journal of Environmental Sciences，2008，20（6）：641-645.

[128] Burgess J E，Colliver B B，Stuetz R M，et al. Dinitrogen oxide production by a mixed culture of nitrifying bacteria during ammonia shock loading and aeration failure[J]. Journal of Industrial Microbiology and Biotechnology，2002，29（6）：309-313.

[129] Sivret E C，Peirson W L，Stuetz R M. Nitrous oxide monitoring for nitrifying activated sludge aeration control：A simulation study[J]. Biotechnology and Bioengineering，2008，101（1）：109-118.

[130] Beline F，Martinez J，Marol C，et al. Application of the ^{15}N technique to determine the contributions of nitrification and denitrification to the flux of nitrous oxide from aerated pig slurry[J]. Water Research，2001，35（11）：2774-2778.

[131] Itokawa H，Hanaki K，Matsuo T. Nitrous oxide production in high-loading biological nitrogen removal process under low COD/N ratio condition[J]. Water Research，2001，35（3）：657-664.

[132] Hanaki K，Hong Z，Matsuo T. Production of nitrous oxide gas during denitrification of wastewater[J]. Water Science and Technology，1992，26（5-6）：1027-1036.

[133] Hanaki K，Hong Z，Matsuo T. Nitrous oxide emission during nitrification and denitrification in a full-scale night soil treatment plant[J]. Water Science and Technology，1996，34（1）：277-284.

[134] Van Niel E W J，Arts P，Wesselink B，et al. A Competition between heterotrophic and autotrophic nitrifiers for ammonia in chemostat cultures[J]. FEMS Microbiology Letters，1993，102（2）：109-118.

[135] Knowles R. Denitrification[J]. Microbiological Reviews，1982，46（1）：43-70.

[136] Christensson M，Lie E，Welander T. A comparison between ethanol and methanol as carbon sources for denitrification[J]. Water Science and Technology，1994，30（6）：83-90.

[137] Hallin S，Pell M. Metabolic properties of denitrifying bacteria adapting to methanol and ethanol in activated sludge[J]. Water Research，1998，32（1）：13-18.

[138] Zhou Y，Pi J M，Zeng R J，et al. Free nitrous acid inhibition on nitrous oxide reduction by a

denitrifying-enhanced biological phosphorus removal sludge[J]. Environmental Science and Technology，2008，42（22）：8260-8265.

[139] Tsuneda S，Mikami M，Kimochi Y，et al. Effect of salinity on nitrous oxide emission in the biological nitrogen removal process for industrial wastewater[J]. Journal of Hazardous Materials，2005，119（1）：93-98.

[140] Lemaire R，Meyer R，Taske A，et al. Identifying causes for N_2O accumulation in a lab-scale sequencing batch reactor performing simultaneous nitrification，denitrification and phosphorus removal[J]. Journal of Biotechnology，2006，122（1）：62-72.

[141] Lopez-Vazquez C M，Oehmen A，Hooijmans C M，et al. Modeling the PAO–GAO competition：effects of carbon source，pH and temperature[J]. Water Research，2009，43（2）：450-462.

[142] Murnleitner E，Kuba T，van Loosdrecht M，et al. An integrated metabolic model for the aerobic and denitrifying biological phosphorus removal[J]. Biotechnology and Bioengineering，1997，54（5）：434-450.

[143] Beun J，Dircks K，van Loosdrecht M，et al. Poly-β-hydroxybutyrate metabolism in dynamically fed mixed microbial cultures[J]. Water Research，2002，36（5）：1167-1180.

[144] Khan S T，Hiraishi A. Isolation and characterization of a new poly（3-hydroxybutyrate）- degrading，denitrifying bacterium from activated sludge[J]. FEMS Microbiology Letters，2001，205（2）：253-257.

[145] Kuba T，Murnleitner E，van Loosdrecht M，et al. A metabolic model for biological phosphorus removal by denitrifying organisms[J]. Biotechnology and Bioengineering，1996，52（6）：685-695.

[146] Richardson D，Felgate H，Watmough N，et al. Mitigating release of the potent greenhouse gas N_2O from the nitrogen cycle–could enzymic regulation hold the key？[J]. Trends in Biotechnology，2009，27（7）：388-397.

[147] Granger J，Ward B B. Accumulation of nitrogen oxides in copper-limited cultures of denitrifying bacteria[J]. Limnology and Oceanography，2003，48（1）：313-318.

[148] Zhu X，Chen Y. Reduction of N_2O and NO generation in anaerobic-aerobic（low dissolved oxygen）biological wastewater treatment process by using sludge alkaline fermentation liquid[J]. Environmental Science and Technology，2011，45（6）：2137-2143.

[149] Guisasola A，de Haas D，Keller J，et al. Methane formation in sewer systems[J]. Water Research，2008，42（6）：1421-1430.

[150] Maya-Altamira L，Baun A，Angelidaki I，et al. Influence of wastewater characteristics on methane potential in food-processing industry wastewaters[J]. Water Research，2008，42（8）：2195-2203.

[151] Wang J H，Zhang J，Xie H J，et al. Methane emissions from a full-scale A/A/O wastewater treatment plant[J]. Bioresource Technology，2011，102（9）：5479-5485.

[152] Lin H J，Chen J R，Hong H C，et al. Feasibility evaluation of submerged anaerobic membrane bioreactor for municipal secondary wastewater treatment[J]. Desalination，2011，280（1）：120-126.

[153] Shahabadi B M B，Yerushalmi L，Haghighat F. Impact of process design on greenhouse gas（GHG）generation by wastewater treatment plants[J]. Water Research，2009，43（10）：2679-2687.

[154] Jiang G，Gutierrez O，Sharma K R，et al. Effects of nitrite concentration and exposure time on sulfide and methane production in sewer systems[J]. Water Research，2010，44（14）：4241-4251.

[155] Mohanakrishnan J，Gutierrez O，Meyer R L，et al. Nitrite effectively inhibits sulfide and methane production in a laboratory scale sewer reactor[J]. Water Research，2008，42（14）：3961-3971.

[156] Chen T，Hashimoto A. Effects of pH and substrate：inoculum ratio on batch methane fermentation[J]. Bioresource Technology，1996，56（2）：179-186.

[157] Eisenhard P，Waltrip G D. Improving wastewater treatment plant operations efficiency and effectiveness[F]. Water Environ Res Found，1999.

[158] 常江，杨岸明，甘一萍，等. 城市污水处理厂能耗分析及节能途径[J]. 中国给水排水，2011，27（4）：33-36.

[159] 谢淘，汪诚文. 污水处理厂温室气体排放评估[J]. 清华大学学报，2012，52（4）：473-477.

[160] 国家发展改革委气候司. http：//cdm. ccchina. gov. cn/etail. aspx？newsId=4322&TId.

[161] Rodriguez-Garcia G，Hospido A，Bagley D，et al. A methodology to estimate greenhouse gases emissions in Life Cycle Inventories of wastewater treatment plants[J]. Environmental Impact Assessment Review，2012.

[162] Shahabadi M B，Yerushalmi L，Haghighat F. Estimation of greenhouse gas generation in wastewater treatment plants–Model development and application[J]. Chemosphere，2010，78（9）：1085-1092.

[163] Yerushalmi L，Haghighat F，Shahabadi M B. Contribution of on-site and off-site processes to greenhouse gas（GHG） emissions by wastewater treatment plants[J]. World Academy of Science，Engineering and Technology，2009，54：618-622.

[164] 张辰，陈嫣，谭学军，等. 城市污水系统温室气体排放与对策研究[J]. 给水排水，2010，36（9）：29-33.

[165] 郭静波，田宇，张兰河，等. 城市污水处理厂温室气体的排放及减排对策[J]. 化工进展，2012，31（7）：1604-1609.

[166] Keller J，Hartley K. Greenhouse gas production in wastewater treatment：process selection is the major factor[J]. Water Science and Technology，2003，47（12）：43-48.

[167] Czepiel P，Crill P，Harriss R. Nitrous oxide emissions from municipal wastewater treatment[J]. Environmental Science and Technology，1995，29（9）：2352-2356.

[168] Frijns J，Mulder M，Roorda J. Op weg naar een klimaatneutrale waterketen[R]. STOWA，2008.

[169] Czepiel P，Crill P，Harriss R. Methane emissions from municipal wastewater treatment processes[J]. Environmental Science and Technology，1993，27（12）：2472-2477.

[170] Sommer J，Ciplak G，Linn A，et al. Quantification of emitted and retained N_2O in a municipal wastewater treatment plant with activated sludge and nitrification-denitrification units[J]. Agrobiological Research，1998，51（1）：59-73.

[171] Joss A，Salzgeber D，Eugster J，et al. Full-scale nitrogen removal from digester liquid with partial nitritation and anammox in one SBR[J]. Environmental Science and Technology，2009，43（14）：5301-5306.

[172] Desloover J，De Clippeleir H，Boeckx P，et al. Floc-based sequential partial nitritation and anammox at full scale with contrasting N_2O emissions[J]. Water Research，2011，45（9）：2811-2821.

[173] Wang J H，Zhang J，Wang J，et al. Nitrous oxide emissions from a typical northern Chinese municipal

wastewater treatment plant[J]. Desalination and Water Treatment，2011，32（1-3）：145-152.

[174] Aboobakar A，Cartmell E，Stephenson T，et al. Nitrous oxide emissions and dissolved oxygen profiling in a full-scale nitrifying activated sludge treatment plant[J]. Water Research，2012，47（2）：524-534.

[175] de Haas D，Hartley K. Greenhouse gas emission from BNR plants：do we have the right focus[C]. In Proceeedings of EPA Workshop：Sewage Management：Risk Assessment and Triple Bottom Line，2004.

[176] Schmidt I，Sliekers O，Schmid M，et al. New concepts of microbial treatment processes for the nitrogen removal in wastewater[J]. FEMS microbiology reviews，2003，27（4）：481-492.

[177] Peng Y，Chen Y，Peng C，et al. Nitrite accumulation by aeration controlled in sequencing batch reactors treating domestic wastewater[J]. Water Science and Technology，2004，50（10）：35-43.

[178] Rosso D，Stenstrom M K. The carbon-sequestration potential of municipal wastewater treatment[J]. Chemosphere，2008，70（8）：1468-1475.

[179] Dean J A. Lange's handbook of chemistry[M]. USA，CD & W Inc.，1985.

[180] Wunderlin P，Mohn J，Joss A，et al. Mechanisms of N_2O production in biological wastewater treatment under nitrifying and denitrifying conditions[J]. Water Research，2012，46（4）：1027-1037.

[181] 马欣. 中国污水处理厂温室气体排放研究[D]. 北京林业大学，2011.

[182] Pellicer-Nàcher C，Sun S，Lackner S，et al. Sequential aeration of membrane-aerated biofilm reactors for high-rate autotrophic nitrogen removal：experimental demonstration[J]. Environmental Science and Technology，2010，44（19）：7628-7634.

[183] Liebetrau J，Clemens J，Cuhls C，et al. Methane emissions from biogas-producing facilities within the agricultural sector[J]. Engineering in Life Sciences，2010，10（6）：595-599.

[184] Woess-Gallasch S，Bird N，Enzinger P，et al. Greenhouse gas benefits of a biogas plant in Austria[M]. IEA Bioenergy Task，2010.

[185] Hong J，Otaki M，et al. Environmental and economic life cycle assessment for sewage sludge treatment processes in Japan[J]. Waste Management，2009，29（2）：696-703.

[186] Niu D，Huang H，Dai X，et al. Greenhouse gases emissions accounting for typical sewage sludge digestion with energy utilization and residue land application in China[J]. Waste Management，2012，33（1）：123-128.

[187] Houillon G，Jolliet O. Life cycle assessment of processes for the treatment of wastewater urban sludge：energy and global warming analysis[J]. Journal of Cleaner Production，2005，13（3）：287-299.

[188] Angerbauer C，Siebenhofer M，Mittelbach M，et al. Conversion of sewage sludge into lipids by *Lipomyces starkeyi* for biodiesel production[J]. Bioresource Technology，2008，99（8）：3051-3056.

[189] Basha S A，Gopal K R，Jebaraj S. A review on biodiesel production，combustion，emissions and performance[J]. Renewable and Sustainable Energy Reviews，2009，13（6）：1628-1634.

[190] Lardon L，Hélias A，Sialve B，et al. Life-cycle assessment of biodiesel production from microalgae[J]. Environmental Science and Technology，2009，43（17）：6475-6481.

[191] Kwon E，Yi H，Kwon H. Urban energy mining from sewage sludge[J]. Chemosphere，2012，90（4）：1508-1513.

第 2 章　城市污水处理厂温室气体监测方法的研究

城市污水处理厂温室气体的排放包括污水处理过程中温室气体的排放和污泥处理过程中温室气体的排放两部分。目前，我国大部分污水处理厂剩余污泥的处理过程相对简单，通常采用机械压滤脱水进行物理处理之后直接运出水厂，这些过程几乎不涉及生物反应过程，温室气体的产生与排放都很少；还有部分污水处理厂的剩余污泥通过厌氧消化过程处理，在污泥厌氧消化过程中会产生温室气体 CH_4 和 CO_2，这部分温室气体一般被回收利用，通常不直接排放。因此，城市污水处理厂温室气体的排放，基本来自于污水处理过程中温室气体的排放，而不包括污泥处理过程中温室气体的排放。另外，对于城市污水处理厂污水提升泵房和格栅间，由于其水力停留时间很短，污水经过这两个处理单元之后迅速地进入沉砂池之中，且探索性研究显示这两个处理单元温室气体释放的很少或几乎没有释放，因此，一般不对污水处理厂提升泵房和格栅间温室气体的释放进行监测，只选择各工艺中污水停留时间较长、具有较大气液接触表面的污水处理单元作为监测对象，研究污水处理过程中温室气体的排放。

污水处理过程中所产生的温室气体由于受处理工艺和运行条件的影响，导致其产生和排放的规律有所不同。概括地讲，一部分温室气体会释放到空气中，另一部分温室气体会溶解在水里。这表明，对于城市污水处理厂温室气体的监测，需要综合考虑释放的温室气体和溶解的温室气体两部分。

标准条件下，N_2O 是微溶于水的气体，亨利常数为 24 mmol/（L·atm）[1]；CH_4 难溶于水，亨利常数为 0.51 mmol/（L·atm）；CO_2 微溶于水，亨利常数为 34.3 mmol/（L·atm）；而 O_2 的亨利常数为 1.3 mmol/（L·atm）[2]，这就说明在没有外力作用（曝气吹脱作用或搅拌）的条件下，CH_4 难以在水中积累，而 N_2O 与 CO_2 在一定条件下可以在水中积累。在污水处理厂好氧段即使存在剧烈的曝气作用，废水中依然会存在一定量的溶解态温室气体，特别是 N_2O 和 CO_2[3,4]。

因此，对于城市污水处理厂温室气体排放的监测研究必须要考虑到逸出温室气体的监测与水中溶解态温室气体的监测两部分，只有这样，才能准确地计算城市污水处理厂温室气体的排放量。

2.1 城市污水处理厂温室气体监测方法的现状分析

2.1.1 水气界面逸出的温室气体监测方法的现状分析

污水处理过程中产生的温室气体一部分会溶解在水中，还有一部分会通过水气界面释放到空气中。对于目前有关城市污水处理厂温室气体的监测方法主要包括通量箱法、风隧道法、静态平衡箱法、气液平衡法以及传感器在线监测法等，各种方法的监测原理不同，其适用条件也不尽相同，每一种方法各具有其优缺点。

2.1.1.1 通量箱法

美国 EPA 推荐了一种基于陆地表面气体通量监测的通量箱（Flux Chamber）技术，可以被借鉴用于城市污水处理厂温室气体排放通量的监测。“通量箱”成套装置包括能漂浮于水面的浮体、截面积固定的气体收集罩、测温系统、气体混合和吹扫系统、采样装置，如图 2.1 所示。该装置通过吹扫气使集气罩内的气体混合并进入采样和分析系统，这种监测方法已成功地运用于污水处理厂及其他工业操作单元液面气体排放通量的监测研究，以及用于河流、水库液面温室气体的实时监测研究。该装置有一个浮于液面之上的密闭空间，废气在这里可以以连续或是分散的方式得到收集。由于覆盖于通量箱之下的液面面积可以测量，因此就可以依此来计算水中某种气态化合物的释放通量。通量箱总是处于活性污泥反应池之上的，内部安装了气体循环装置，使收集到的气体更均匀、更具有代表性。通量箱法也是目前 USEPA 公认的少有的几个能用于气体释放通量监测的装置之一[5]，该技术第一次被用于液体表面排放气体的监测是由 Czepiel 等[4]在一个坐落于美国 New Hampshire，Durham 的污水处理厂进行的。但该方法存在的缺点是需要一个稳定的载气源及气体收集装置，携带不方便。

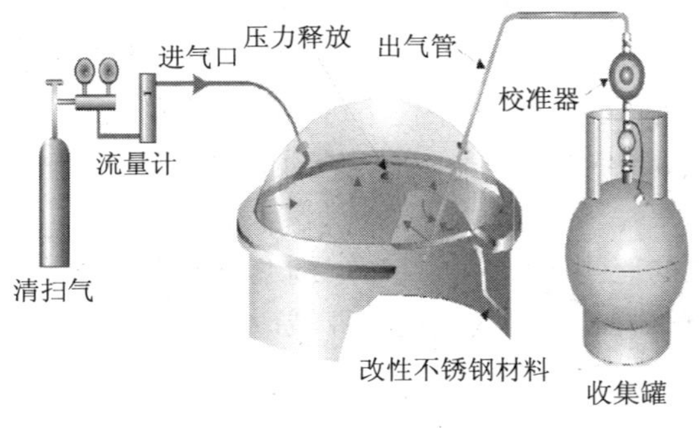

图 2.1 “通量箱”采样装置

在监测曝气过程中温室气体的排放情况时，通过测定气体排放速率以及排放气体中温室气体的浓度就可以计算出其释放通量[6]。将含量为 1×10^5 μl/L（C_{helium}）的氦气作为跟踪

气体以已知的流速 $Q_{\text{helium-tracer}}$ 注入通量箱，从通量箱排放出来的气体中 He 的浓度（$C_{\text{helium-FC}}$）则使用装有 TCD 检测器与 FID 检测器的气相色谱来测量。则曝气条件下气体的排放速率 Q_{emission} 可以通过式（2-1）来计算：

$$Q_{\text{tracer}} \times C_{\text{helium-tracer}} = (Q_{\text{tracer}} + Q_{\text{emission}}) \times C_{\text{helium-FC}} \quad (2\text{-}1)$$

当监测不曝气过程气体的排放速率时，以一定的流速（Q_{sweep}=5 L/min）向通量箱内部的上部空间输入吹脱气体（或称作载气），除了氦气之外还有其他的一些气体。之所以需要向通量箱内通入吹脱气体，这是因为缺氧区域表面过低的气体排放流速。当然，吹脱空气中自身含有的温室气体浓度也是需要被测量的，这个浓度一般都低于检测器的最低检测限。相应的不曝气水中气体逸散的流速 Q_{emission} 则通过式（2-2）来计算：

$$Q_{\text{tracer}} \times C_{\text{helium\_tracer}} = (Q_{\text{tracer}} + Q_{\text{sweep}} + Q_{\text{emission}}) \times C_{\text{helium-FC}} \quad (2\text{-}2)$$

2.1.1.2　风隧道法

“风隧道”（Wind Tunnel）法的工作原理是：在隧道一侧利用空气进行吹扫，将隧道中的温室气体从另外一侧排出并使之进入监测系统，进行浓度分析。风隧道主要由进气装置，扩张部分，通量罩，收缩部分，出气装置和悬浮液沉积槽组成。该方法采集样品主要在进、出气口管道和通量罩之间进行。“风隧道”通量测试方法的现场监测照片见图 2.2。

图 2.2　“风隧道”采样装置

风隧道法主要使用于实验室或是有条件的现场试验中，主要针对排放通量高的气体。这是由于待测温室气体从水表面释放出来会被空气稀释，稀释后待测温室气体浓度过低会导致测量结果误差很大。另外，风隧道法对于监测时风速的控制十分依赖，不稳定的气流或者是气流的实时监测数据不准确会造成较大的系统误差。除通量罩和沉积槽之外，风隧道主体用不锈钢制作，这些都导致其构造较为复杂，所以这势必会增加仪器的重量和成本。

2.1.1.3 静态平衡箱法

静态平衡箱（Equilibrium Chamber）法可以用来监测从水面逸散出来的温室气体。该方法的工作原理是：用一个箱体罩住水面，在初始时刻采集样品，并分析温室气体的瞬时浓度；然后在不同时间采集气体样品，分析温室气体浓度随时间的变化规律，通过回归分析得到温室气体的释放通量。该方法的工作原理详见图 2.3。

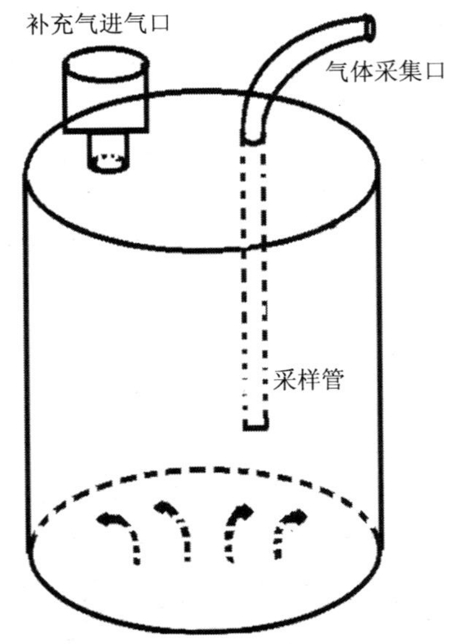

图 2.3 静态平衡箱采样装置

静态平衡箱法的优点在于对于低释放通量的气体有较好的监测效果，且静态平衡箱法占地小，便于移动，也不需要大量电力支持，体系内不需要有严格的压力和温度等控制，成本较低。静态平衡箱的缺陷在于它一般只能用于监测气体的释放通量较小和通量变化不大的水面，对于气体释放通量有较大的变化的水面不适合使用静态平衡箱法。

2.1.1.4 在线监测法

采用在线监测法进行污水处理过程中温室气体排放量的计算主要是通过放置于逸出气体采集装置上的传感器来进行的。传感器的种类包括：红外分析仪[7–10]、化学荧光仪[11]、傅里叶转换红外分析仪[12]和质谱仪[13,14]。在这些在线监测方法之中，检测范围高达 2 000 μl/L 的红外分析仪是 N_2O 在线监测的最常用工具，基于波长为 4.5 μm 的红外线对于 N_2O 分子的吸收过程，红外线滤波器会对不同浓度的 N_2O 产生不同的响应，从而连续监测污水处理过程中 N_2O 排放的动态变化过程。另外，化学荧光仪具有超高的灵敏度，其检测限达到了万亿分之一的水平，在城市污水处理厂 N_2O 排放的动态监测中也较常用。在线监测法的缺点在于传感器探头价格昂贵、且使用寿命较短。

2.1.2 水中溶解态温室气体监测方法的现状分析

城市污水处理过程中产生的温室气体在水中含量的监测方法，主要包括上部空间法和在线监测法。

2.1.2.1 上部空间法（顶空法）

上部空间法是指先把溶有温室气体的液体注入真空瓶之中使其达到气液平衡。测量上部空间气体中温室气体的浓度，然后通过亨利定律计算出水中溶解的温室气体的浓度，那么样品中总温室气体浓度就等于水与气中温室气体的总量除以水体总体积。通过上部空间法采集水中溶解的温室气体，然后使用气相色谱分析温室气体的浓度，这一套组合方法无论在污水处理厂 N_2O 排放的监测研究中，还是在实验室小试研究中都得到了广泛的应用[4,10,15–17]。

2.1.2.2 在线监测法

使用传感器能够实现水中溶解态 N_2O 的连续在线监测。Kampschreur 等[11]使用改进版的 Clark 电极（Unisense，丹麦）对两套实验室内生物反应器中溶解态 N_2O 的质量浓度进行了在线监测。Clark 系列传感器有一个内部参比电极和一个指示电极。在测量过程中，N_2O 渗透过电极尖端的膜，并且在金属阴极的表面得到还原。电极与高灵敏度的微电流表相连，把还原过程产生的电流转化为信号，这个在线的信号可以在笔记本电脑上直接记录保存。该生物电极对于浓度处于 0～1.2 mmol/L 范围内的溶解态 N_2O 的电化学反应信号是线性的[18]。微生物传感器的低检测限和高灵敏度的特征使其在污水处理厂水中溶解态 N_2O 的监测过程中很容易受到干扰，将微生物传感器的在线分析与采样-气相色谱分析法结合起来可以显著提高监测数据的可靠性。该方法的缺点也是传感器探头价格昂贵，使用寿命较短。

2.2 城市污水处理厂温室气体监测方法的完善

针对已有的城市污水处理厂温室气体监测方法存在的诸多问题，本章综合考虑其优缺点，并进行改进，给出一套城市污水处理厂温室气体的监测方法，包括温室气体的采样装置、采样布点及采样频率、采样方法、样品的保存及预处理、样品分析方法与数据处理及质量保证体系等。

2.2.1 温室气体采样装置的改进

基于对污水处理厂温室气体采样与监测方法的文献查询以及国际上污水处理中有关温室气体监测研究的调研，发现城市污水处理厂温室气体的采样需要注意如下几个问题：

第一，污水处理单元水面的扰动作用明显，特别是曝气单元的水面。污水的流动、厌氧/缺氧池搅拌装置的扰动以及曝气装置导致的液面强烈紊流效应，对污水处理系统水面温室气体的采样具有十分明显的影响。因此，需要对曝气与不曝气水面的温室气体采样装置均进行改进。在采样器浮体的下方设置伸向水面以下 15 cm 的不锈钢挡板，以保证装置在液体表面的稳定性以及所覆盖的气体空间的密闭性。对于溶解度较大的温室气体（例如，N_2O 和 CO_2），若采样装置出现较大的晃动，或是采样气体空间的密闭性无法保证，就会出现挥发出来的温室气体重新溶入污水中或是从装置内逸散到空气中的现象，特别是针对痕量气体 N_2O 会造成相当大的误差，可以说设置固定挡板和固定挂件对于不曝气单元温室气体释放的监测尤为重要。

第二，对于不曝气单元，温室气体采集过程中，静态平衡箱与污水水面形成一个密闭的空间。通过气液界面进入到静态平衡箱内的气体量随时间线性增加，表明通过气液界面进入到静态平衡箱内的气体没有达到动态平衡，可用压力计监控静态平衡箱内气体的含量。当静态箱内的压力不随着时间变化时，认为通过气液界面的气体达到动态平衡，此时停止采样。

第三，对于曝气单元，温室气体采集过程中，气袋内外的压力始终保持平衡，随着气体通过气液界面进入到气袋内，使得气袋内气体的含量逐渐增加，当气袋充满时，气袋内外的压力处于临界平衡状态，当气袋内气体的含量进一步增加时，会导致袋内压力明显高于外界压力，此时停止采样。

综合考虑上述因素，结合我国城市污水处理厂主要处理工艺的现状和特点，并根据城市污水处理厂温室气体产生与排放的原理，本章给出适合于我国城市污水处理厂不同处理单元和不同类型水面的温室气体现场采样装置和方法。

1. 不曝气水面温室气体的采样装置——静态平衡箱

不曝气水面温室气体的采集采用静态平衡箱，装置如图 2.4、图 2.5 所示，包括：浮体、气体收集箱、温度监测组件、压力监测组件和气体采样组件。

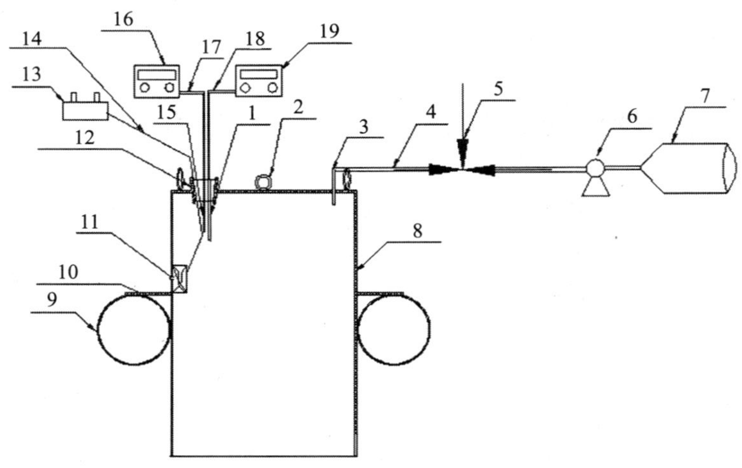

注：1. 温度探头；2. 固定挂件；3. 采气接口；4. 硅胶管；5. 三通阀；6. 小型气体采样泵；7. 气体采样袋；8. 气体收集箱；9. 浮体；10. 浮体固定挡板；11. 搅拌装置；12. 橡胶塞；13. 搅拌装置电源；14. 搅拌装置电源线；15. 压力探头；16. 高精密数字气压计；17. 压力探头导线；18. 温度探头导线；19. 数显温度计

图 2.4 污水处理不曝气单元温室气体采集装置示意图

图 2.5　静态平衡箱采样器

（1）浮体主要为气体收集箱提供浮力及维持气体收集箱在液面上的平衡，保证气体收集箱的底部在样品采集过程中始终浸没在水面下。浮体选取汽车的内胎，其易得、浮力大、便于携带和更换，亦可选择泡沫板等。

（2）气体收集箱由浮体限位挡板、固定挂件、温度探头接口、采气接口、搅拌装置组成。其中浮体限位挡板设置在集气桶下部，与集气桶下沿的距离由选择的浮体的厚度决定；4 个固定挂件均匀分布在气体收集箱顶部，用来固定气体收集箱；为实现接口的密封，在气体收集箱顶部设有和 8 号胶塞等大的橡胶塞固定出嘴，用以固定橡胶塞，橡胶塞上有两个打孔，连接温度探头的导线和连接搅拌器的导线穿过胶塞孔分别与数显温度计和搅拌装置电源相连；气体采样口与气体采集组件相连实现气体采集；气体搅拌装置是电力驱动的搅拌器，其作用是使集气桶内收集的气体混合均匀，采集到的气体更具有代表性。

（3）温度监测组件主要由温度探头和数显温度计组成，温度探头与数显温度计通过温度探头导线相连，以实现箱内气体温度实时监控。

（4）压力监测组件主要由压力探头和高精密数字气压计组成，压力探头与高精密数字气压计通过压力探头导线相连，以实现箱内气体压力实时监控。

（5）气体采样组件包括三通阀、小型气体采样泵、气体采样袋，其通过硅胶管与气体采样口依次相连。采气泵功率、采气袋容积由现场试验情况决定。

2. 曝气水面温室气体的采样装置——气袋采样器

曝气水面温室气体的采集采用气袋装置，采样装置如图 2.6、图 2.7 和图 2.8 所示。

气袋法设计原理为在一定的时间一定的水面面积内，定量排放出的温室气体的体积，从而计算出整个池体排放的温室气体的体积，根据温室气体的浓度计算出气体排放的量。对于污水处理厂的好氧曝气水面，研制的温室气体采集装置系统包括浮体、气体收集袋、限位固定组件、气体采集组件和气体监测组件。

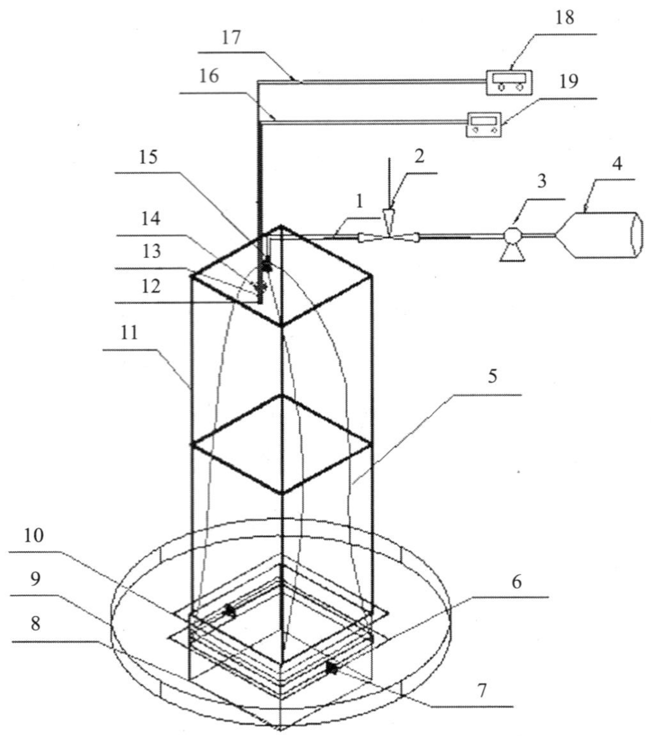

注：1. 硅胶管；2. 三通阀；3. 小型气体采样泵；4. 气体采样袋；5. 气体收集袋；6. 卡扣；7. 紧固螺栓；8. 不锈钢四面体；9. 浮体；10. 不锈钢四面体上部限位挡板；11. 气体收集袋限位支架；12. 温度探头；13. 压力探头；14. 橡胶垫；15. 采气接口；16. 温度探头数据线；17. 压力探头数据线；18. 高精密数字气压计；19. 数显温度计

图 2.6 污水好氧处理单元释放的温室气体采集装置的示意图

图 2.7 气袋法装置放入水中前

图 2.8 气袋法装置放入水中气体充满后

（1）浮体为泡沫板，被限位固定组件固定在整个装置的下部。

（2）气体收集袋为聚乙烯气袋，气袋高 1 m，边长为 30 cm，体积为 0.09 m^3。位于限位固定组件的内部，同时其下端被限位固定组件密封固定，用以收集气体样品。

（3）限位固定组件包括：高约 1.2 m 的金属长方形框架，框架底面为边长 30 cm 的正方形；底部大约边长为 1 m 的正方形泡沫底板（使其整体装置能够漂浮水面），其正中间有一个边长约 30 cm 的正方形开口；采用与金属框架底面一致的金属卡圈，将泡沫板卡在金属框架底部。

（4）气体采集组件与气体收集袋顶部相连，用以采集气体样品。

（5）气体监测组件位于气体收集袋的顶部，用以及时监测气体收集袋内的温度和压力。

上述两种城市污水处理厂曝气与不曝气单元温室气体的采样装置具有以下优点：

（1）通过设计浮体下方挡板，有效地保证了样品采集过程中装置的密闭性；

（2）通过高精密的压力计，准确地获得了不曝气水面温室气体采样时的平衡时间以及曝气水面温室气体采样时的采样时间。

2.2.2　温室气体监测的布点及采样频率研究

选取了目前我国城市污水处理领域常用的 4 种典型工艺：A^2/O、A/O、氧化沟和 SBR 作为温室气体排放监测的主要研究对象，开展了城市污水处理厂温室气体排放的现场监测研究。针对 4 种典型工艺污水处理厂不同处理单元的温室气体的排放进行了现场监测，所选择的监测单元均是典型工艺的各个敞开式污水处理单元。典型工艺各个污水处理单元温室气体采样点的位置及数量由工艺类型、污水处理规模以及温室气体的排放规律来决定。下面将依次对 4 种典型工艺温室气体排放监测的布点原则、布点方法及采样频率进行介绍。

2.2.2.1　布点原则

（1）所布设的监测点位要具有代表性，能够科学地反映该处理单元所释放的温室气体的量和排放特征。这就需要按污水不同处理工艺和不同处理单元（阶段）设置有代表性的监测点位。对于一级处理阶段，可以选择初沉池、旋流沉砂池，配水井等作为温室气体排放的监测对象；对于二级处理单元，可以选择缺氧池、好氧池和二沉池等作为温室气体排放的监测对象。

（2）所布设的点位能够反映出来温室气体随时间或空间的变化。对于明显存在时间或空间变化的污水处理单元，如 A^2/O 和 A/O 工艺的好氧池以及 SBR 工艺生物池，由于分别采用空间和时间推流处理模式，温室气体的释放量在不同监测点位及监测时间段之内存在着明显的差异，因此需要根据不同监测点位温室气体释放强度的差异相应地布置合适的监测点位及监测点数量；对于不存在时间或空间变化的污水处理单元，例如初沉池、缺氧池等，需要根据池体的形状及大小，对称布置采样点位并选取合适的采样点数量，以求更加准确地反映温室气体的真实排放情况。

2.2.2.2 A^2/O 工艺温室气体监测的布点及采样频率

A^2/O 工艺采用空间推流模式，污水依次经过曝气沉砂池、初沉池、A^2/O 池（缺氧池、厌氧池与好氧池）、二沉池，完成脱氮除磷、有机物的去除过程以及泥水分离过程，最后排出水厂。

1. A^2/O 工艺各处理单元的布点方法

对于曝气沉砂池，由于污水从长方形池子的一侧进入从另一侧流出，又由于水面面积较小，因此在曝气沉砂池内沿水流方向布置了 2 个采样点。

对于初沉池，由于没有设置曝气或机械搅拌，池中的水面平静，温室气体在这里释放比较均匀，因此沿水流方向布置了 2 个采样点。

对于 A^2/O 生物池，污水依次经过缺氧池、厌氧池和好氧池。由于缺氧池与厌氧池水面面积较小、各占生物池第一条廊道的 1/3，且水面较为平静，温室气体释放均匀，因此分别沿水流方向布置了两个采样点。好氧池水面面积较大，并且存在曝气过程对温室气体强烈的吹脱作用，使得好氧池内温室气体的释放比较剧烈。尝试性研究表明：好氧池内沿水流方向温室气体的释放通量差异较大，温室气体释放通量沿水流方向逐渐降低，因此，在现场监测过程中加强了对好氧池的监测强度。按照温室气体排放强度的大小来安排采样点的疏密程度，最后决定在曝气池中设置 6 个采样点。

对于二沉池，虽然水面面积较大，但由于水面平静，温室气体排放比较均匀，因此在直径两端布置 2 个采样点。

A^2/O 工艺各污水处理单元中采样点的位置如图 2.9 所示。

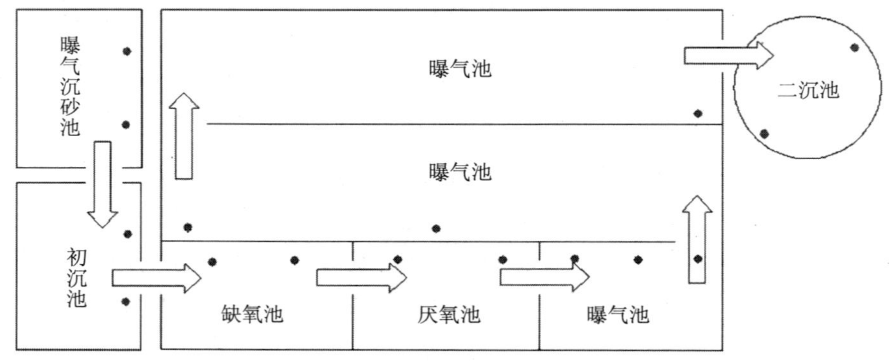

图 2.9 A^2/O 工艺各污水处理单元采样布点

2. A^2/O 工艺各处理单元的采样频率

为了提高现场监测结果的准确性，在每次现场监测过程中，对于不同处理单元，项目组均采集 2 组温室气体样品。对于不曝气单元，每组包含 5 个气体样品，对于曝气处理单元，每组包含 3 个气体样品。A^2/O 工艺各污水处理单元的规模、采样点数量及采样频率如表 2.1 所示。

表 2.1　A^2/O 工艺各污水处理单元面积及采样布点数量

处理单元	面积/m^2	布点数/个	采样频率	
			（组/次）	（个/组）
曝气沉砂池	504	2	2	3
初沉池	25 200	2	2	5
缺氧池	3 563	2	2	5
厌氧池	3 563	2	2	5
曝气池	25 011	6	2	3
二沉池	23 561	2	2	5

2.2.2.3　A/O 工艺温室气体监测的布点及采样频率

A/O 工艺采用空间推流模式，污水依次经过曝气沉砂池、初沉池、A/O 池（缺氧池和好氧池）、二沉池，完成脱氮除磷、有机物的去除过程以及泥水分离过程，最后排出水厂。

1. A/O 工艺各处理单元的布点方法

对于曝气沉砂池，由于污水从长方形池子的一侧进入从另一侧流出，又由于水面面积较小，因此沿水流方向布置了 2 个采样点。

对于初沉池，由于没有设置曝气或机械搅拌，池中的水面平静，温室气体在这里释放比较均匀，因此沿水流方向布置了 2 个采样点。

对于 A/O 生物池、污水依次经过缺氧池和好氧池。由于缺氧池水面面积较小、占生物池第一条廊道的 1/2，且水面较为平静，温室气体释放均匀，因此沿水流方向布置了两个采样点。好氧池水面面积较大，并且由于曝气作用对温室气体强烈的吹脱作用，使得好氧池内温室气体的释放较为剧烈。尝试性研究表明：好氧池内，沿水流方向温室气体的释放通量差异较大，温室气体释放通量沿水流方向逐渐降低，因此项目组在现场监测过程中加强了对好氧池的监测强度。按照温室气体排放强度的大小来安排采样点的疏密程度，最后决定在曝气池中设置 6 个采样点。

对于二沉池，虽然水面面积较大，但由于水面平静，温室气体排放比较均匀，因此在直径两端布置 2 个采样点。

A/O 工艺各污水处理单元中采样点位置如图 2.10 所示。

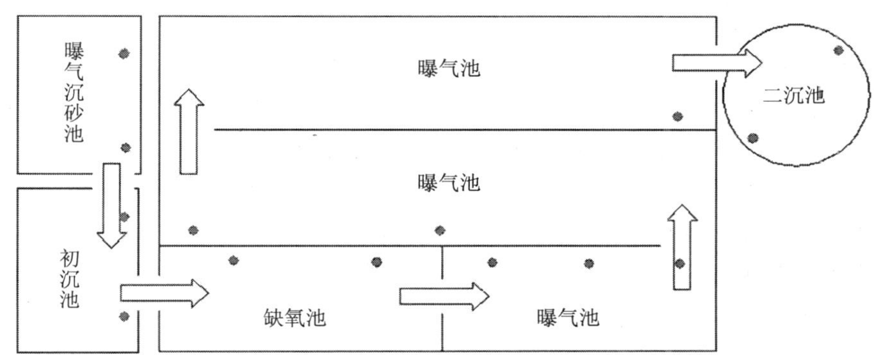

图 2.10　A/O 工艺各污水处理单元采样点布点

2. A/O 工艺各处理单元的采样频率

与 A^2/O 工艺类似，为了提高现场监测结果的准确性，在每次现场监测过程中，对于不同处理单元，项目组均采集 2 组温室气体样品。对于不曝气单元，每组包含 5 个气体样品，对于曝气处理单元，每组包含 3 个气体样品。A/O 工艺各污水处理单元的规模、采样点数量及采样频率如表 2.2 所示。

表 2.2　A/O 工艺各污水处理单元面积及采样布点数量

处理单元	面积/m^2	布点数/个	采样频率	
			（组/次）	（个/组）
曝气沉砂池	504	2	2	3
初沉池	25 200	2	2	5
缺氧池	5 356	2	2	5
好氧池	26 782	6	2	3
二沉池	23 561	2	2	5

2.2.2.4　氧化沟工艺温室气体监测的布点及采样频率

氧化沟工艺采用完全混合处理模式，污水依次经过曝气沉砂池、选择池、厌氧池、氧化沟池（氧化沟池不曝气区与氧化沟池曝气区）、二沉池，污泥分配井和污泥浓缩池，完成脱氮除磷、有机物的去除过程以及泥水分离过程，最后排出水厂。

1. 氧化沟工艺各处理单元的布点方法

对于曝气沉砂池，由于污水从长方形池子的一侧进入从另一侧流出，又由于水面面积较小，因此沿水流方向布置了 2 个采样点。

对于选择池和厌氧池，由于没有设置曝气或机械搅拌，池中的水面平静，温室气体在这里释放比较均匀，因此沿水流方向布置了 2 个采样点。

对于氧化沟池，由于存在缺氧环境与好氧环境的不断交替，氧化沟池内温室气体的释放通量存在较大的变化。对于氧化沟池不曝气区，沿水流方向布置 3 个采样点，分别为氧化沟弯道进水口、缺氧 A 与缺氧 B 监测点；对于氧化沟池曝气区，根据尝试性实验得到的转刷后不同距离的 DO 变化情况，将从曝气转刷开始沿水流方向 10 m（DO≥0.5 mg/L）之内的距离作为氧化沟的曝气区域。沿氧化沟内的水流方向，不同廊道转刷处的温室气体的释放通量存在较大差异且呈逐渐降低的趋势，因此，项目组在现场监测过程中加强了对氧化沟池曝气区域的监测强度，在不同廊道中共设置了 4 个曝气区域采样点。

对于二沉池，虽然水面面积较大，但由于水面平静，温室气体排放比较均匀，因此在二沉池直径两端布置 2 个采样点。

对于污泥分配井与污泥浓缩池，由于水面面积较小、水面平静，温室气体排放比较均匀，因此在这两个池子的直径两端各布置 2 个采样点。

氧化沟工艺各污水处理单元中采样点位置如图 2.11 所示。

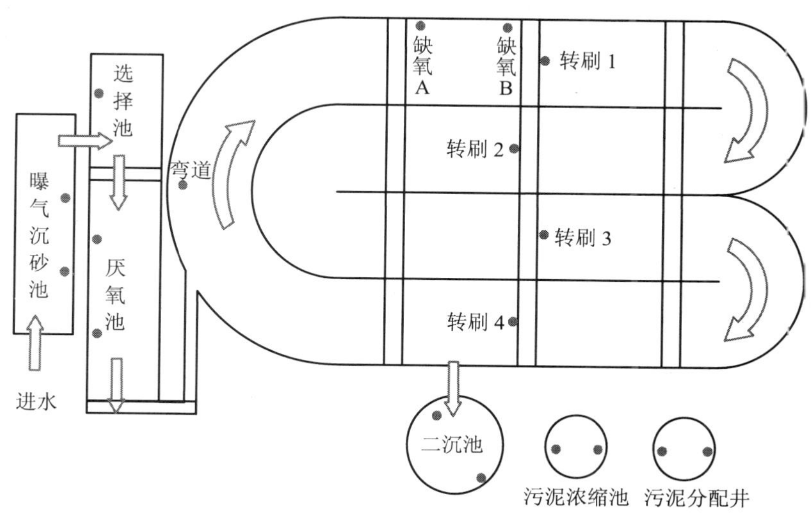

图 2.11　氧化沟工艺各污水处理单元采样布点

2. 氧化沟工艺各处理单元的采样频率

为了提高现场监测结果的准确性，在每次现场监测过程中，对于不同处理单元，项目组均采集 2 组温室气体样品。对于不曝气单元，每组包含 5 个气体样品，对于曝气处理单元，每组包含 3 个气体样品。氧化沟工艺各污水处理单元的规模、采样点数量及采样频率如表 2.3 所示。

表 2.3　氧化沟工艺各污水处理单元面积及采样布点数量

处理单元	面积/m^2	布点数/个	采样频率	
			（组/次）	（个/组）
曝气沉砂池	320	2	2	3
选择池	762	1	2	5
厌氧池	2 570	2	2	5
氧化沟池不曝气区	36 540	3	2	5
氧化沟池曝气区	7 920	4	2	3
二沉池	14 254	2	2	5
污泥分配井	56	2	2	5
污泥浓缩池	760	2	2	5

2.2.2.5　SBR 工艺温室气体监测的布点及采样频率

SBR 工艺采用时间推流模式，污水依次经过旋流沉砂池、污水分配井与 SBR 反应池（包括进水曝气阶段、沉淀阶段和滗水阶段），完成脱氮除磷、有机物的去除过程以及泥水分离过程，最后排出水厂。

1. SBR 工艺各处理单元（阶段）的布点方法

对于旋流沉砂池，由于水面面积较小且不存在剧烈的扰动，温室气体的释放相对均匀，因此在池体直径的两端布置 2 个采样点。

对于污水分配井，由于长方形池体的水面面积较小且不存在剧烈的扰动，温室气体的释放相对均匀，因此在池子内布置 2 个采样点。

对于 SBR 生物池的进水曝气阶段，由于采用进水和曝气同时进行的方式，且尝试性实验研究表明，污水中的 DO 及温室气体释放通量随着时间变化较为明显，所以随着时间的变化均匀地布置 4 个采样时间段，即在进水曝气阶段的 2 h 内，每 30 min 采一次样。

对于 SBR 生物池的沉淀和滗水两个阶段，由于不存在明显的扰动，水面平静，温室气体释放均匀，因此各设置 2 个采样点，每小时进行一次逸出气体样品的采集。

由于 8 个生物池每 2 个池子一组交替运行，因此对于整个 SBR 工艺污水处理厂而言，水厂总是处于连续运行的状态当中。因此，项目组选取了其中的 2#生物池作为监测对象，研究不同 SBR 处理阶段温室气体的排放规律。

SBR 工艺各污水处理单元（阶段）中采样点布点位置如图 2.12 所示。

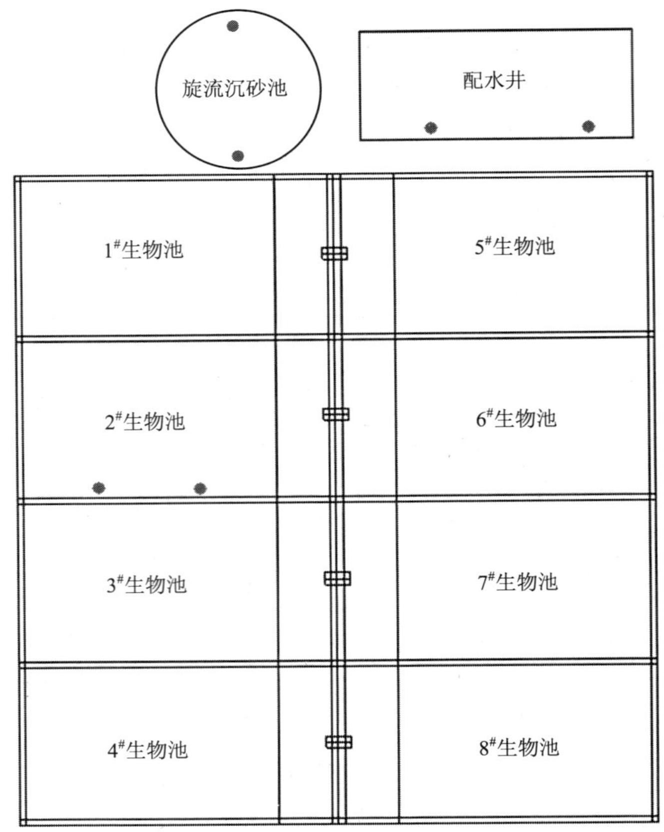

图 2.12　SBR 工艺各污水处理单元采样点布点

2. SBR 工艺各处理单元的采样频率

为了提高现场监测结果的准确性，在每次现场监测过程中，对于不同处理单元（阶段），项目组均采集 2 组温室气体样品。对于不曝气单元（阶段），每组包含 5 个气体样品，对于曝气处理单元，每组包含 3 个气体样品。SBR 工艺各污水处理单元（阶段）的规模、采样点数量及采样频率如表 2.4 所示。

表 2.4 SBR 工艺各污水处理单元面积及采样布点数量

处理单元	面积/m^2	布点数/个	采样频率	
			（组/次）	（个/组）
旋流沉砂池	14	2	2	5
配水井	32	2	2	5
生物池进水曝气段	8 904	4	2	3
生物池沉淀段	8 904	2	2	5
生物池滗水段	8 904	2	2	5

2.2.3 温室气体的采样方法

城市污水处理厂温室气体的采样方法包括不曝气水面温室气体的采样方法、曝气水面温室气体的采样方法和水中溶解态温室气体的采样方法。

2.2.3.1 不曝气水面温室气体的采样方法

城市污水处理厂污水处理过程中不曝气水面温室气体的采样主要分以下 4 个步骤进行：

第一步，采样装置的固定。针对不同污水不曝气处理工艺以处理单元构筑物特点，选取具有代表性的监测点，将本装置固定于该监测点，装置利用浮体漂浮在水面上，浮体下部集气桶部分没入水中，确保与水体密封。

第二步，采样前准备。采样前使硅胶管与小型气体采样泵相连，根据小型气体采样泵的流量和硅胶管的体积，确定好抽取气样时间，旋转三通阀，开启小型气体采样泵，抽取与硅胶管体积相同的气体，以排除硅胶管内原有气体对气体样品的干扰，关闭三通阀，准备气体样品的采集。

第三步，平衡时间的确定。采样时，将静态平衡箱放在确定的采样水面上，开始记录采样时间，并监控压力表的变化。当静态箱内的压力不随着时间变化时，认为通过气液界面的气体达到了动态平衡，此时认为气体从水面扩散及溶解进入水箱达到平衡。记录整个过程所需时间为平衡时间。

第四步，样品的采集。将静态平衡箱放在确定的采样水面上，在平衡时间之前采集不同时刻的气体样品。在同一采样点，选取 10 min、20 min、30 min 和 40 min 4 个采样时间，分别采集温室气体，研究温室气体浓度随时间的变化规律。抽取气体的方法是：打开三通阀，气样通过与箱体上表面连接的橡胶导管用小气泵（2.5 L/min）抽取约 200 mL 气体于铝箔塑料气袋中，待测。

2.2.3.2　曝气水面温室气体的采样方法

第一步，采样装置的固定。首先将气体收集袋中的空气排空，然后连接固定装置。针对不同污水好氧处理工艺，选取具有代表性的监测点，将本装置固定于该监测点，记录装置固定的起始时间 t_1。

第二步，气体样品的收集。随着好氧池不断曝气，气体收集袋逐渐被气体鼓吹起来，同步记录收集袋内的气压和温度，当气体收集袋内的压力明显高于外界压力时，停止气体样品的收集，记录时刻 t_2。

第三步，气体样品的采集。采样时，使气体收集袋与小型气体采样泵相连，同时将气体采样袋与硅胶管相连，旋转三通阀，开启小型气体采样泵，用气泵从连接在聚乙烯气袋顶部的橡胶导管抽取约 200 mL 气体于铝箔气袋中，待测。

2.2.3.3　溶解态温室气体的采样方法

使用静态顶空法进行污水中溶解态温室气体的采集[19]，气体采集装置如图 2.13 所示。采样时，将采水器置于水面下 20 cm 处，待采水器充满后，迅速并平稳地将其从水中取出，尽量减少采水器内水样与外界空气的接触。将采水器下方导管深入至带密封盖的 300 mL 顶空玻璃瓶底部，使水样迅速并平稳地完全注满顶空瓶，加入 1 mg/L 的 $HgCl_2$（或 1 mol/L H_2SO_4）溶液 1 mL，杀灭污水中的活性微生物，避免任何温室气体的产生。用注射器取 100 mL 高纯氮气，经由顶空瓶内的长导管注入瓶中，以置换相同体积的污水。用止水夹夹住两个导管，剧烈摇动瓶体一段时间后置于避光处静置 1 h。用注射器取 50 mL 蒸馏水置换出顶空瓶内上部空间的气体，存于 200 mL 气体于铝箔气袋中，待测。

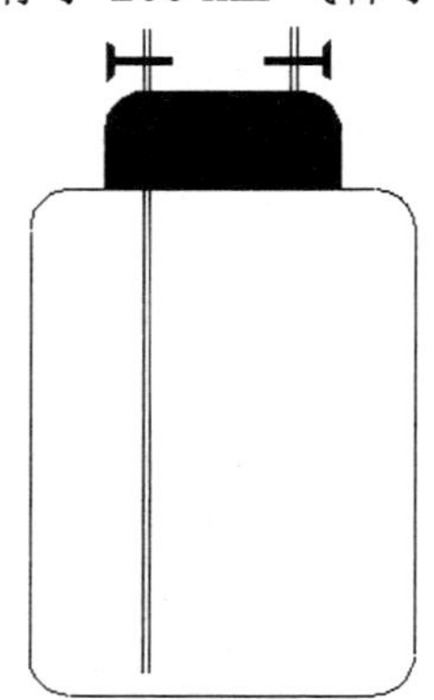

图 2.13　溶解态温室气体采样装置

2.2.4　温室气体样品的保存及预处理

对于污水处理厂各处理单元释放的温室气体，通过气体采集装置收集于 200 mL 的铝箔塑料气袋之中，密闭、遮光保存。带回实验室后，样品在常温下于 12 h 之内进行温室气体浓度的分析。

对于水中溶解态温室气体，需要对所采集的水样进行预处理。处理方法是向盛满污水的顶空瓶中加入微生物抑制剂 H_2SO_4 或 $HgCl_2$，其目的在于抑制水中的微生物的活性，防止水中溶解态温室气体浓度的变化。震荡、放置之后尽快进行顶空，使溶解在水中的温室气体进入到气箱，并保存于铝箔采样袋中。带回实验室后，样品在常温下于 12 h 之内进行温室气体浓度的分析。

2.2.5 温室气体样品分析与数据处理

2.2.5.1 温室气体样品分析方法

项目组采用改装型安捷伦 GC-7890A 气相色谱仪进行气体样品中温室气体（N_2O、CH_4、CO_2）浓度的分析。改装型气相色谱专为痕量温室气体分析所用，实现双通道同步分析 3 种典型温室气体。如图 2.14 所示，通过在普通配有双检测器（ECD 和 FID）的气相色谱上添加 3 个气体切换阀、色谱分离柱和镍催化反应器，实现了气体进样—水蒸气杂质的分离—温室气体组分的分离—二氧化碳的还原—系统反吹扫净化的过程。

改装型气相色谱在分析温室气体方面的主要优点有：

（1）$1^{\#}$阀可以实现气体样品的定量进样；

（2）色谱柱 1 可以完成水蒸气杂质和温室气体的高效分离，消除水蒸气对痕量 N_2O 浓度分析的干扰；

（3）色谱柱 2 可以实现 3 种温室气体的色谱分离；

（4）镍催化反应器可以完成 CO_2 向 CH_4 的转化，实现 CO_2 的定量分析；

（5）$2^{\#}$阀可以实现 N_2O 和 CH_4 质量浓度分析所使用的两种不同检测器（ECD 和 FID）的在线切换。

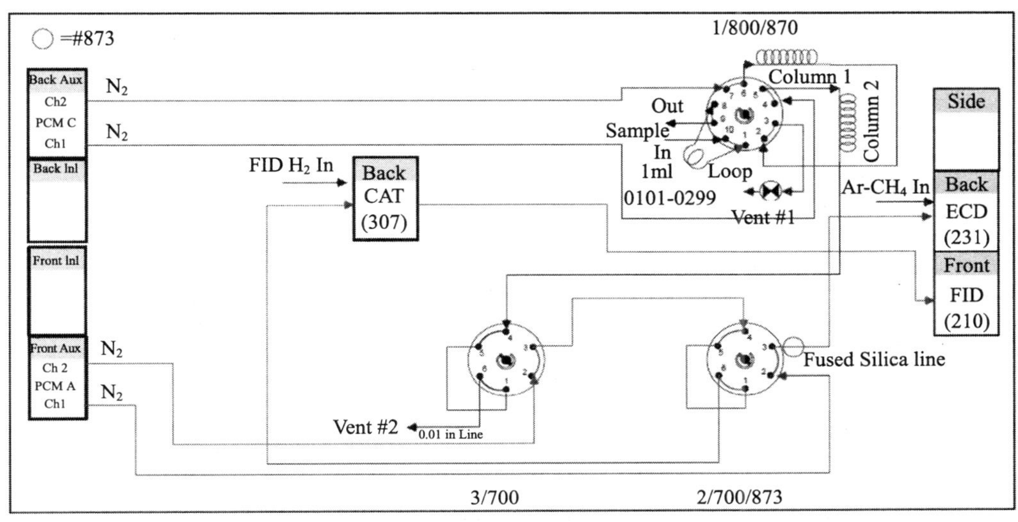

图 2.14 改装型气相色谱的气路系统

改装型气相色谱可以完成在较短时间内对 3 种温室气体的同步分析。其中，N_2O 的出峰时间为 6.4 min，最低检测限为 30 nL/L；CH_4 的出峰时间为 2.9 min，最低检测限为 200 nl/L；CO_2 的出峰时间为 5.0 min，最低检测限为 400 nl/L。温室气体的分析测试条件如表 2.5 所示。

表 2.5　温室气体的分析测试条件

检测器	ECD	FID
色谱柱	Porapak Q	Porapak Q
载气	高纯 N_2	高纯 N_2
平衡气	Ar/CH_4（90%/10%）	高纯 N_2
检测器温度	350℃	250℃
柱温	72℃	60℃

利用气相色谱进行物质定量分析的依据是物质的浓度 c 和峰面积 A（峰和基线围成的面积，通过积分算得）呈线性关系，这就要求所使用的气相色谱可以准确地测量物质对应的峰面积。

利用外标法对 3 种气体的混合气来制作标准曲线，通过所测得的峰面积 A（纵坐标）绘制对浓度 c（横坐标）的标准曲线。进行样品分析时，取和标准曲线相同量的样品进行分析，测得样品对应的峰面积，通过峰面积的大小再调取标准曲线即可计算出物质的浓度。这种方法的优点在于易于操作，计算方便，但对进样量的控制较严格。对于峰面积的计算，气相色谱仪中自带自动积分软件，可以准确地获得出峰的积分面积，进而可以快速地计算得到物质的浓度 c。

2.2.5.2　数据处理

1. 不曝气水面温室气体释放通量的计算方法

不曝气水面温室气体释放通量的计算方法如式（2-3）所示。

$$E = (dc/dt)\rho V/A \tag{2-3}$$

式中，E —— 温室气体的释放通量，g/（$m^2 \cdot d$）；

V —— 静态平衡箱的体积，m^3；

A —— 被罩住的水体表面面积，m^2；

ρ —— 采样时静态平衡箱内气体的密度，g/m^3；

dc/dt —— 箱内温室气体累积曲线的斜率。

其中温室气体的密度ρ需要根据标况下温室气体的密度由理想气体状态方程（用密度表示）进行换算，如式（2-4）所示。

$$PM = \rho RT \tag{2-4}$$

式中，P —— 采样时静态平衡箱内的气体压强，Pa；

M —— 摩尔质量，g/mol；

ρ —— 采样时静态平衡箱内气体的密度，g/m^3；

R—— 气体常量，J/（mol·K）；

T—— 采样时静态平衡箱内的温度，℃。

2. 曝气水面温室气体释放通量的计算方法

曝气水面温室气体释放通量的计算方法如式（2-5）所示。

$$E = Qc\rho/A \tag{2-5}$$

式中，E—— 温室气体的释放通量，g/（m^2·d）；

Q—— 气体流量，m^3/d；

c—— 气体的体积分数，μl/L；

ρ—— 采样时静态平衡箱内气体的密度，g/m^3；

A—— 被罩住的水面面积，m^2。

其中温室气体的密度ρ需要根据其在标况下的密度值由理想气体状态方程（用密度表示）进行换算，采用的是与式（2-4）相同的计算方法。

对于 A^2/O 和 A/O 工艺好氧池温室气体释放通量的计算，由于在好氧池大沿水流方向分别选取了 6 个不同的监测点位，因此，在计算整个好氧池温室气体的平均释放通量时，需要考虑好氧池不同廊道的面积及各个廊道温室气体的平均释放通量。

式（2-6）和式（2-7）分别用于 A^2/O、A/O 工艺好氧池温室气体平均释放通量的计算：

$$E_{oxic,average}=\left(1/7S_{oxic}(E_1+E_2+E_3)/3+3/7S_{oxic}(E_3+E_4+E_5)/3+3/7S_{oxic}(E_5+E_6)/2\right)/S_{oxic} \tag{2-6}$$

$$E_{oxic,average}=\left(1/5S_{oxic}(E_1+E_2+E_3)/3+2/5S_{oxic}(E_3+E_4+E_5)/3+2/5S_{oxic}(E_5+E_6)/2\right)/S_{oxic} \tag{2-7}$$

式中，$E_{oxic,average}$——好氧池温室气体的平均释放通量，g/（m^2·d）；

S_{oxic}——好氧池的面积，m^2；

E_1～E_6——好氧池不同监测点位温室气体的释放通量，g/（m^2·d）。

式（2-8）用于氧化沟工艺氧化沟池曝气区温室气体平均释放通量及日排放量的计算：

$$E_{oxic,\ average}=(E_1+E_2+E_3+E_4)/4 \tag{2-8}$$

式中，$E_{oxic,average}$——氧化沟池曝气区温室气体的平均释放通量，g/（m^2·d）；

E_1～E_4——曝气区域不同监测点位温室气体的释放通量，g/（m^2·d）。

对于 SBR 工艺生物池温室气体释放通量的计算，由于 SBR 反应池存在周期性交替，SBR 工艺好氧处理阶段温室气体平均释放通量和日排放量的计算方法与其他工艺好氧处理阶段存在一定的不同。式（2-9）和式（2-10）分别用于 SBR 工艺 SBR 反应池进水曝气阶段（0～120 min）温室气体平均释放通量及日排放量的计算：

$$E=(E_{0\sim30\ min}+E_{30\sim60\ min}+E_{60\sim90\ min}+E_{90\sim120\ min})/4 \tag{2-9}$$

$$E_d=S_{SBR}\cdot E_{SBR}\cdot 24/T/1\ 000 \tag{2-10}$$

式中，E——SBR 进水曝气阶段温室气体的释放通量，g/（m^2·d）；

$E_{0\sim30\ \mathrm{min}}$——SBR 0～30 min 温室气体的释放通量，g/（m^2·d）;
$E_{30\sim60\ \mathrm{min}}$——SBR 30～60 min 温室气体的释放通量，g/（m^2·d）;
$E_{60\sim90\ \mathrm{min}}$——SBR 60～90 min 温室气体的释放通量，g/（m^2·d）;
$E_{90\sim120\ \mathrm{min}}$——SBR 90～120 min 温室气体的释放通量，g/（m^2·d）;
E_d——SBR 各处理阶段温室气体的日释放量，g/d;
S_SBR——SBR 反应器的表面积，m^2;
E_SBR——SBR 各处理阶段温室气体的释放通量，g/（m^2·d）;
T——SBR 周期时间，h。

2.2.5.3 水中溶解态温室气体浓度的计算方法

利用亨利定律计算溶解态温室气体浓度[20,21]。溶解态温室气体浓度的计算方法如式（2-11）所示，

$$c_\mathrm{W}=[(c_\mathrm{A1}-c_\mathrm{A})\times V_\mathrm{A1}+\alpha\times c_\mathrm{A1}\times V_\mathrm{W}]/V_\mathrm{W} \tag{2-11}$$

式中，c_W——水体中溶解的所测气体的浓度，mol/L;
c_Al——达到平衡时采样瓶顶空气样中所测气体的浓度，mol/L;
c_A——采样时同地点空气中所测气体的浓度，mol/L;
V_A1——采样瓶中顶空气体的体积，L;
V_W——水样的体积，L;
α——布氏系数，mol/L。

2.2.5.4 温室气体吨水释放量的计算方法

典型工艺各处理单元温室气体的日排放量以及吨水排放量的计算方法是相同的，如式（2-12）和式（2-13）所示。其中，式（2-12）为典型工艺水厂各处理单元温室气体日排放量的计算过程。

$$E_\mathrm{d}=S_\mathrm{reactor}\cdot E_\mathrm{reactor}/1\,000 \tag{2-12}$$

式中，E_d——各处理单元温室气体的日排放量，g/d;
S_reactor——各处理单元的面积，m^2;
E_reactor——各处理单元温室气体的释放通量，g/（m^2·d）。

式（2-13）为典型工艺水厂各处理单元温室气体吨水排放量的计算过程。

$$E_v=E_d/Q_w \tag{2-13}$$

式中，E_v——各处理单元温室气体的污水排放量，g/m^3;
Q_w——污水日处理量，m^3/d。

2.2.6　温室气体监测过程的质量保证

2.2.6.1　装置的研发过程

基于文献调研与尝试性实验，项目组对静态平衡箱和气袋装置进行了改进，增加了挡板、浮体、挂件等组件，保证了曝气及不曝气污水处理过程中采样装置的稳定性，有利于减少外界因素对采样过程的干扰，保证了采样过程的稳定进行。

2.2.6.2　布点及采样频率的选取过程

项目组根据典型工艺不同处理单元构筑物的特征及污水处理过程的差异，分别设定了不同的监测点位与监测频率，特别是针对典型工艺的生物处理单元，项目组加大了点位的布设数量与密度，使得采集到的样品更具代表性。

2.2.6.3　样品的采集过程

项目组针对曝气水面和不曝气水面温室气体的释放分别建立了不同的采栏方法。通过压力和温度的监控，有效地控制了采样装置内气体样品的气液平衡，掌握了达到气液平衡所需要的时间，然后再进行气体样品的采集。这就使样品的采集过程更具可靠性。

2.2.6.4　样品保存及预处理过程

用于盛装气体样品的铝箔气袋在经过 3 次以上高纯 N_2 清洗之后，可用于保存收集到的温室气体样品，这样既节约了成本，又避免了铝箔气袋中残留物对所采集的气体样品真实浓度的干扰。顶空过程中，对污水中残留微生物的去除有利于抑制温室气体的产生，保证了所收集到的温室气体能够更加真实地反映水中溶解态温室气体的浓度。

2.2.6.5　样品分析及数据处理过程

每次进行温室气体样品浓度分析之前，都要使用标气对气相色谱进行校准。标气中，N_2O 体积分数为 1 μl/L，CH_4 体积分数为 5 μl/L，CO_2 体积分数为 600 μl/L。表 2.6 给出了改装型气相色谱对于 3 种温室气体的混合标气进行 20 次分析所得的标准偏差。

表 2.6　改装型气相色谱对于 3 种温室气体的分析测试效能

温室气体	标准偏差/%
N_2O	2.2
CH_4	1.3
CO_2	2.9

由表 2.6 可以看出，改装型气相色谱对于 3 种温室气体的分析结果具有很高的精确性，适用于城市污水处理厂释放温室气体浓度的分析。另外，进行样品分析时，一般通过重复

抽气排气 3 次来清洗注射器；还要使用待测气体样品清洗色谱柱，避免上一次测样时残余样品组分对分析结果的干扰。

对于数据的处理过程，项目组通过尝试性实验发现了典型工艺生物处理单元温室气体的排放通量存在时间与空间上的差异，并据此分别建立了典型工艺生物处理单元温室气体释放通量的计算方法，使得计算得到的温室气体排放通量更加准确客观。

2.2.6.6 监测方法的验证

按照所改进的城市污水处理厂温室气体排放的监测方法，分别对典型工艺主要曝气和不曝气污水处理单元的温室气体的释放通量以及溶解态浓度进行了平行试验，具体结果如下：

（1）曝气水面温室气体 使用气袋法，在相同环境条件下，在曝气沉砂池和好氧池中的同一监测点位进行 2 次平行实验，每次实验采集 2 组样品，每组 3 个，共 12 个样品。N_2O 释放通量的计算结果表明，曝气沉砂池 N_2O 释放通量监测结果的标准偏差 S=4.54%＜5%；好氧池 N_2O 释放通量监测结果的标准偏差 S=3.81%＜5%。因此，对于曝气水面温室气体释放的监测方法是有质量保证的。

（2）不曝气水面温室气体 使用静态平衡箱法，在相同环境条件下，在初沉池、缺氧池和二沉池 3 个典型非曝气处理单元中的同一监测点位进行 2 次平行试验，每次实验采集 2 组，共 20 个样品。N_2O 释放通量的计算结果表明，初沉池 N_2O 释放通量监测结果的标准偏差 S=2.16%＜5%；缺氧池 N_2O 释放通量监测结果的标准偏差 S=2.55%＜5%；二沉池 N_2O 释放通量监测结果的标准偏差 S=1.32%＜5%。因此，对于不曝气水面温室气体释放的监测方法是有质量保证的。

（3）溶解态温室气体 使用静态顶空法，在相同环境条件下，在好氧池和缺氧池同一监测点位进行 3 组平行试验，溶解态 N_2O 浓度的分析结果表明，好氧池溶解态 N_2O 浓度监测结果的标准偏差 S=1.71%＜5%；缺氧池溶解态 N_2O 浓度监测结果的标准偏差 S=1.09%＜5%。因此，对于水中溶解态温室气体浓度的监测方法是有质量保证的。

2.2.7 常规水质指标的分析方法

2.2.7.1 水样采集方法

研究中所选取的水样采集点位与温室气体排放的监测点位相同，所使用的采水装置为北京普利特仪器有限公司提供的 2.5 L 分层采水器，采集上清液水样存入试剂瓶中，带回实验室过滤后进行分析。采集过程如图 2.15 所示。

2.2.7.2 水质分析内容

为了分析污水常规水质指标对温室气体产生与排放的影响，对典型工艺污水处理厂各监测单元污水的 DO、pH、水温、COD、NH_4^+-N、NO_2^--N、NO_3^--N 及 TN 等常规水质指标进行了分析。在水质指标分析过程中，所使用的主要测试方法如表 2.7 所示。

图 2.15　水样采集过程

表 2.7　水质指标及分析方法

测定指标	测定方法
COD	重铬酸钾法
NH_4^+-N	纳氏试剂光度法
NO_3^--N	酚二磺酸光度法
NO_2^--N	*N*-（1 奈基）-乙二胺光度法
TN	TN 测定仪
SS	重量法
MLSS	重量法
MLVSS	马弗炉焚烧减重法
DO/pH/水温	Multi3420i DO/pH 测定仪

参考文献

[1] Weiss R，Price B. Nitrous oxide solubility in water and seawater[J]. Marine Chemistry，1980，8（4）：347-359.

[2] Dean J A. Lange's handbook of chemistry[M]. 1985.

[3] Czepiel P M，Crill P M，Harriss R C. Methane emissions from municipal wastewater treatment processes[J]. Environmental Science and Technology，1993，27（12）：2472-2477.

[4] Czepiel P M，Crill P M，Harriss R C. Nitrous oxide emissions from municipal wastewater treatment[J]. Environmental Science and Technology，1995，29（9）：2352-2356.

[5] EPA. Inventory of US greenhouse gas emissions and sinks：1990-2009[R]. EPA，430-R-11-005，2011.

[6] Chandran K. Characterization of nitrogen greenhouse gas emissions from wastewater treatment BNR operations：field protocol with quality assurance plan[F]. Water Environment Research Foundation：Alexandria，VA，2009.

[7] Burgess J，Stuetz R，Morton S，et al. Dinitrogen oxide detection for process failure early warning

systems[J]. Water Science and Technology，2002，45（4-5）：247-254.

[8] Butler M，Wang Y，Cartmell E，et al. Nitrous oxide emissions for early warning of biological nitrification failure in activated sludge[J]. Water Research，2009，43（5）：1265-1272.

[9] Ahn J H，Kim S，Park H，et al. N_2O emissions from activated sludge processes，2008-2009：results of a national monitoring survey in the United States[J]. Environmental Science and Technology，2010，44（12）：4505-4511.

[10] Desloover J，De Clippeleir H，Boeckx P，et al. Floc-based sequential partial nitritation and anammox at full scale with contrasting N_2O emissions[J]. Water Research，2011，45（9）：2811-2821.

[11] Kampschreur M J，Tan N C，Kleerebezem R，et al. Effect of dynamic process conditions on nitrogen oxides emission from a nitrifying culture[J]. Environmental Science and Technology，2007，42（2）：429-435.

[12] Joss A，Salzgeber D，Eugster J，et al. Full-scale nitrogen removal from digester liquid with partial nitritation and anammox in one SBR[J]. Environmental Science and Technology，2009，43（14）：5301-5306.

[13] Otte S，Grobben N G，Robertson L A，et al. Nitrous oxide production by Alcaligenes faecalis under transient and dynamic aerobic and anaerobic conditions[J]. Applied and Environmental Microbiology，1996，62（7）：2421-2426.

[14] Zeng R J，Yuan Z，Keller J. Enrichment of denitrifying glycogen-accumulating organisms in anaerobic/anoxic activated sludge system[J]. Biotechnology and Bioengineering，2003，81（4）：397-404.

[15] Lema J. Nitrous oxide production under toxic conditions in a denitrifying anoxic filter[J]. Water Research，1998，32（8）：2550-2552.

[16] Kampschreur M J，van der Star W R，Wielders H A，et al. Dynamics of nitric oxide and nitrous oxide emission during full-scale reject water treatment[J]. Water Research，2008，42（3）：812-826.

[17] Yang Q，Liu X H，Peng C，et al. N_2O production during nitrogen removal via nitrite from domestic wastewater：main sources and control method[J]. Environmental Science and Technology，2009，43（24）：9400-9406.

[18] Andersen K，Kjær T，Revsbech N P. An oxygen insensitive microsensor for nitrous oxide[J]. Sensors and Actuators B：Chemical，2001，81（1）：42-48.

[19] Kimochi Y，Inamori Y，Mizuochi M，et al. Nitrogen removal and N_2O emission in a full-scale domestic wastewater treatment plant with intermittent aeration[J]. Journal of Fermentation and Bioengineering，1998，86（2）：202-206.

[20] 孙玮玮，王东启，陈振楼，等. 长江三角洲平原河网水体中溶存 CH_4 和 N_2O 浓度及其排放通量[J]. 中国科学，2009，39（2）：165-175.

[21] Noda N，Kaneko N，Mikami M，et al. Effects of SRT and DO on N_2O reductase activity in an anoxic-oxic activated sludge system[J]. Water Science and Technology，2004，48（11）：363-370.

第3章 城市污水处理厂典型工艺温室气体的排放特征

目前，国际上对于污水处理过程中温室气体排放的研究大多集中在 N_2O 的排放研究上，而对于污水处理过程中 CH_4 与 CO_2 排放规律的研究较少。对于 N_2O 的排放，多数以实验室小试研究为主，对城市污水处理厂 N_2O 排放的现场监测研究相对较少，所获得的 N_2O 排放的监测数据也比较缺乏。对于 CH_4 与 CO_2 的排放，无论是实验室小试还是现场监测研究，相关报道都很少。我国对污水处理领域温室气体排放的研究方面尚处于起步阶段，基础数据严重缺乏，与发达国家相比差距较大，开展我国城市污水处理厂温室气体排放的研究已变得刻不容缓。

本章主要介绍我国城市污水处理厂 A^2/O、A/O、氧化沟、SBR 4 种典型工艺温室气体的主要排放特征，包括各污水处理单元温室气体的排放强度、溶解态浓度和吨水释放量，给出典型工艺温室气体产生与排放的主要点位，深入研究典型工艺主要产生与排放点位温室气体的排放特征及影响因素，并分析水质参数对温室气体排放的影响。

3.1 城市污水处理厂 A^2/O 工艺温室气体的排放特征

北京市某污水处理厂 A^2/O 工艺的处理规模为 50 万 m^3/d 左右。一级处理单元包括格栅、泵房、曝气沉砂池和矩形平流初级沉淀池。共有 12 组初沉池，每组初沉池中的水质相同。二级处理采用推流式曝气池和辐流式二沉池。曝气池池形为矩形，每组 3 廊道，共 12 组，分别对应一级处理的 12 组初沉池。每组曝气池隔成 3 条宽 9.3 m、长 96 m、水深 6 m 的廊道，第一廊道前 32 m 不曝气，为缺氧段；之后 32 m 仍不曝气，为厌氧段；最后 32 m 与第 2、3 廊道为曝气段。12 组曝气池分别对应 12 个辐流式二沉池。监测期间，水温年度变化范围在 14～25℃，进水 COD 质量浓度为 300～400 mg/L、总氮质量浓度为 40～60 mg/L、氨氮质量浓度为 30～50 mg/L，水厂的出水均达到国家《城镇污水处理厂污染物排放标准》（GB 18918—2002）一级 B 标准。

A^2/O 工艺是采用空间推流模式，污水依次经过曝气沉砂池、初沉池、A^2/O 池（缺氧池、厌氧池和好氧池）、二沉池，完成脱氮除磷、有机物的去除过程以及泥水分离过程，最后排出水厂。本小节将就 A^2/O 工艺各个处理单元的温室气体排放特征进行逐一分析，给出 A^2/O 工艺 3 种温室气体产生与排放的主要点位，对主要点位温室气体的排放特征及影响因素进行深入研究，并分析水质参数对 A^2/O 工艺污水处理厂温室气体排放的影响。

3.1.1　城市污水处理厂 A^2/O 工艺 N_2O 的排放特征

3.1.1.1　A^2/O 工艺各处理单元 N_2O 的排放特征

图 3.1 为 A^2/O 工艺污水处理厂各处理单元气态 N_2O 释放通量的对比。

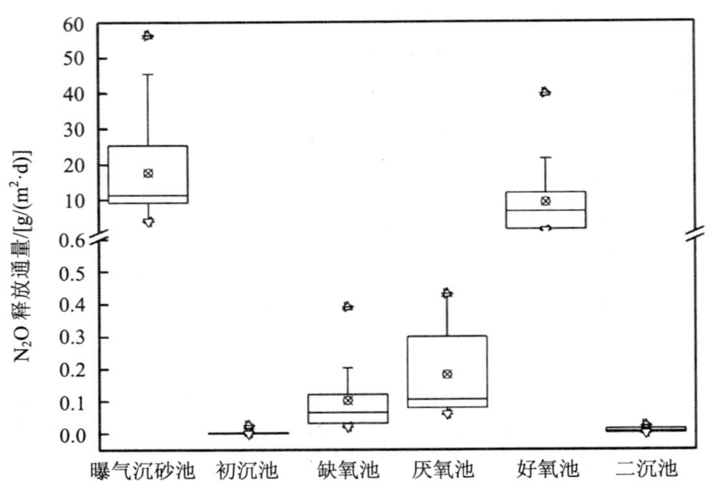

图 3.1　A^2/O 工艺各处理单元气态 N_2O 释放通量

图 3.2 为 A^2/O 工艺污水处理厂各处理单元溶解态 N_2O 浓度的对比。

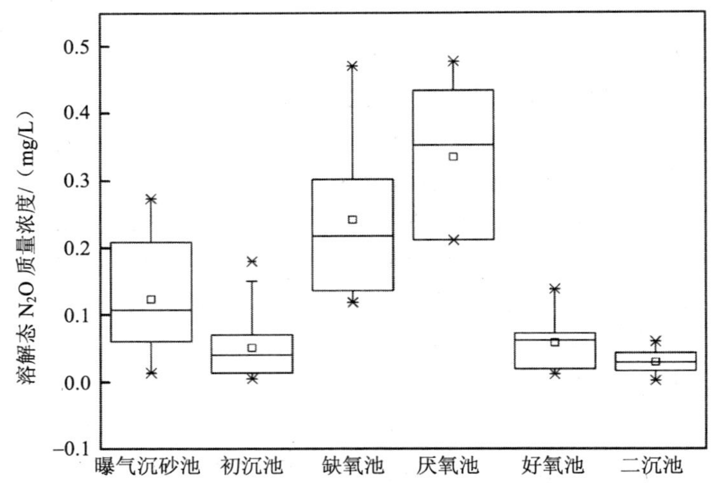

图 3.2　A^2/O 工艺各处理单元溶解态 N_2O 质量浓度

由图 3.1 可以看出，各处理单元之间气态 N_2O 的释放通量大小依次为：曝气沉砂池＞好氧池＞＞厌氧池＞缺氧池＞二沉池＞初沉池。由图 3.2 可以看出，各处理单元溶解态 N_2O 浓度大小依次为：厌氧池＞缺氧池＞曝气沉砂池＞好氧池＞二沉池＞初沉池。

由于污水中较高的溶解态 N_2O 质量浓度（0.11 mg/L）以及曝气过程对水中溶解态 N_2O 的吹脱作用，曝气沉砂池气态 N_2O 的释放通量要高于污水的其他处理单元，达到 22.37 g/（m^2·d）。污水离开曝气沉砂池进入初沉池之后，气态 N_2O 的释放通量明显降低，大约为 0.01 g/（m^2·d），这与初沉池溶解态 N_2O 质量浓度很低（0.05 mg/L）以及污水处理过程中扰动较小有关。当污水进入缺氧池和厌氧池，由于不曝气区域溶解态 N_2O 在水中持续积累，导致缺氧池和厌氧池的溶解态 N_2O 含量明显升高，从 0.24 mg/L 增长到 0.33 mg/L，溶解态 N_2O 的质量浓度达到了最高水平。由于存在机械搅拌作用，气态 N_2O 的释放通量较初沉池有所增高，分别为 0.10 g/（m^2·d）和 0.18 g/（m^2·d）。污水离开厌氧池进入好氧池中，溶解态 N_2O 的质量浓度降至 0.06 mg/L 左右，这说明缺氧反硝化阶段产生的溶解于水中的 N_2O 在好氧过程中被大量地吹脱释放出来，又由于硝化过程中也可能产生一部分 N_2O 并直接被吹脱释放出来，从而导致好氧池 N_2O 的释放通量达到 9.20 g/（m^2·d）。当污水进入二沉池后，由于水中溶解态 N_2O 在曝气过程中被大量地吹脱释放出来，导致二沉池溶解态 N_2O 的质量浓度较其他处理单元都低，又由于二沉池水体波动相对平缓、水面稳定，因此气态 N_2O 的释放通量也相对较低。

图 3.3 为 A^2/O 工艺污水处理厂各处理单元气态 N_2O 吨水释放量的对比。

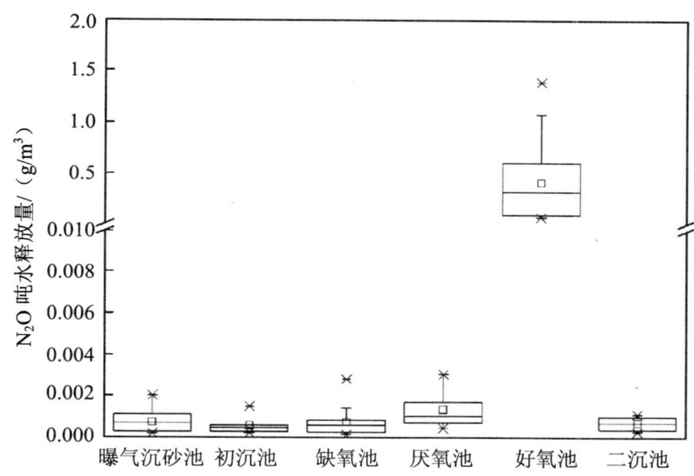

图 3.3　A^2/O 工艺各处理单元气态 N_2O 吨水释放量

由图 3.3 可以看出，各处理单元气态 N_2O 吨水释放量的大小依次为：好氧池>>厌氧池>缺氧池>曝气沉砂池>二沉池>初沉池。由于好氧池的气态 N_2O 释放通量较高、水面面积最大，导致其气态 N_2O 的吨水释放量最大，为 0.47 g/m^3，占水厂气态 N_2O 吨水释放总量的 99.14%。

3.1.1.2　A^2/O 工艺 N_2O 产生与排放的主要点位

表 3.1 给出了 A^2/O 工艺污水处理厂各处理单元 N_2O 产生量的对比。

由表 3.1 可以看出，各处理单元气态 N_2O 产生量的大小依次为：好氧池>缺氧池>厌氧池>>二沉池>初沉池。好氧池和缺氧池是 A^2/O 工艺 N_2O 产生的主要点位，其中好氧池是降低 N_2O 排放的主要控制点位。

表 3.1 A^2/O 工艺各处理单元 N_2O 产生量的对比　　　　单位：g/m^3

处理单元	溶解态 N_2O 的增加量	气态 N_2O 的释放量	N_2O 的产生量
曝气沉砂池	-0.72×10^{-3}	0.72×10^{-3}	0.00
初沉池	−0.06	0.56×10^{-3}	−0.06
缺氧池	0.19	0.74×10^{-3}	0.19
厌氧池	0.09	1.36×10^{-3}	0.09
好氧池	−0.27	0.47	0.20
二沉池	−0.03	0.71×10^{-3}	−0.03

3.1.1.3 A^2/O 工艺生物池 N_2O 的排放特征解析

图 3.4 和图 3.5 为 A^2/O 工艺生物池不同廊道各个监测点位气态 N_2O 释放通量、溶解态 N_2O 浓度与 DO 质量浓度的变化情况。

由图 3.4 和图 3.5 可以看出，缺氧池与厌氧池的气态 N_2O 释放通量要明显低于好氧池，而溶解态 N_2O 质量浓度要明显高于好氧池。好氧池各监测点位的气态 N_2O 释放通量逐渐降低，从 41.88 g/（m^2·d）降低至 1.97 g/（m^2·d）；DO 值随着溶解氧消耗量的减少而逐渐增高，由 1.14 mg/L 升高至 6.89 mg/L。在好氧池前 1/7 段的低 DO 区域会有大量的 N_2O 在硝化过程中产生，并被直接吹脱释放出来[1]。水中溶解的 N_2O 质量浓度从厌氧池的 0.33 mg/L 降低至好氧池前 1/7 段的 0.12～0.20 mg/L，这说明好氧池前段释放的 N_2O 一部分来自于缺氧体系中溶解的 N_2O。由于内回流作用，好氧池末端的 DO 被大量带到缺氧池和厌氧池中，使这两个池子中的 DO 质量浓度达到 0.25 mg/L，从而导致反硝化过程进行不彻底，产生大量的 N_2O。好氧池后 6/7 段 DO 质量浓度高、硝化彻底，释放的气态 N_2O 基本来自水中的溶解态 N_2O。因此，硝化过程低 DO 质量浓度与反硝化过程中 DO 的干扰是影响 A^2/O 工艺生物池 N_2O 产生与排放的两个最主要因素。

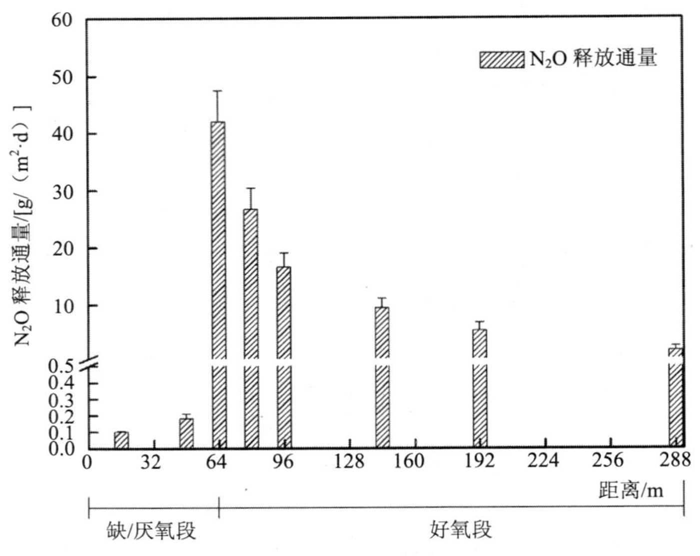

图 3.4 A^2/O 工艺生物池各监测点位气态 N_2O 释放通量的变化情况

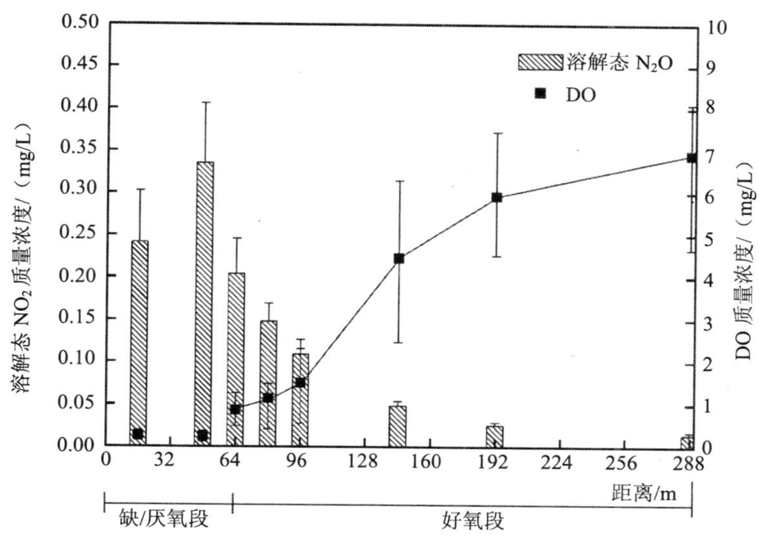

图 3.5　A^2/O 工艺生物池各监测点位溶解态 N_2O 的变化情况

3.1.1.4　水质参数对 A^2/O 工艺污水处理厂 N_2O 排放的影响

表 3.2 给出了 A^2/O 工艺污水处理厂气态 N_2O 的吨水释放量与各主要水质参数，包括进水 NH_4^+-N、进水 COD/N、水温和出水 TN 的相关性大小。回归分析结果显示，进水 NH_4^+-N、进水 COD/N、水温以及出水 TN 都可能与 N_2O 的释放存在一定关系，其中，进水 COD/N 越大、水温越低，气态 N_2O 的释放量越少；进水 NH_4^+-N 及出水 TN 浓度越低，气态 N_2O 的释放量越少。

表 3.2　A^2/O 工艺 N_2O 的吨水释放量与各水质参数的关系

水质参数	相关系数（r）	显著性（$p<0.05$）
进水 NH_4^+-N	0.196	0.007
进水 COD/N	0.165	0.014
水温	0.158	0.016
出水 TN	0.252	0.002

3.1.2　城市污水处理厂 A^2/O 工艺 CH_4 的排放特征

3.1.2.1　A^2/O 工艺各处理单元 CH_4 的排放特征

图 3.6 为 A^2/O 工艺污水处理厂各处理单元气态 CH_4 释放通量的对比。

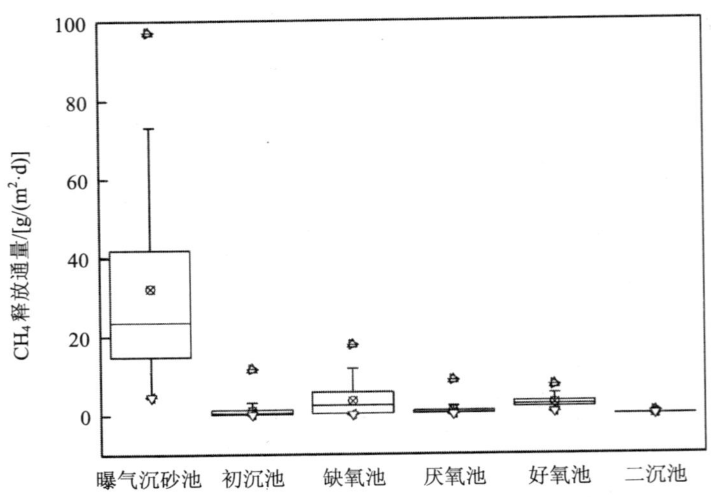

图 3.6 A^2/O 工艺各处理单元气态 CH_4 的释放通量

图 3.7 为 A^2/O 工艺污水处理厂各处理单元溶解态 CH_4 质量浓度的对比。

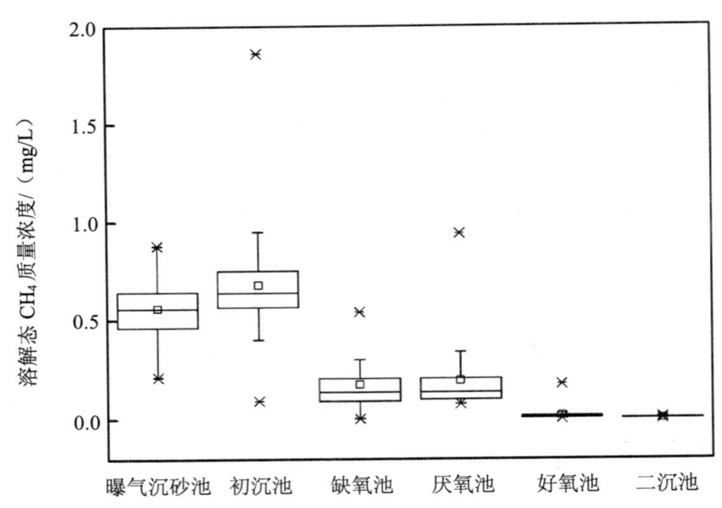

图 3.7 A^2/O 工艺各处理单元溶解态 CH_4 质量浓度对比

由图 3.6 可以看出，A^2/O 工艺污水处理厂各处理单元之间气态 CH_4 的释放通量大小依次为：曝气沉砂池>>缺氧池>好氧池>厌氧池>初沉池>二沉池。由图 3.7 可以看出，各处理单元溶解态 CH_4 质量浓度大小依次为：初沉池>曝气沉砂池>厌氧池>缺氧池>好氧池>二沉池。

Guisasola 等[2]研究指出，污水输送管网中会产生大量的 CH_4，并以过饱和溶解的状态随污水进入污水处理厂。由于污水输送管网中携带的 CH_4 在进入污水处理厂时受曝气沉砂池的曝气作用被大量地吹脱释放出来，使得曝气沉砂池气态 CH_4 的平均释放通量最大，达到 32.13 g/（m^2·d）。曝气沉砂池中溶解态 CH_4 的质量浓度仍处于较高水平，为 0.56 mg/L。污水离开曝气沉砂池进入初沉池之后，由于存在局部厌氧环境，污水及底泥中的产甲烷菌会利用进水中的 COD 产甲烷，导致初沉池中溶解态 CH_4 的质量浓度有所升高，达到 0.68 mg/L。而初沉池无曝气和搅拌装置，因此气态 CH_4 的释放通量较低，仅为 1.15 g/（m^2·d）。污水离开初沉池进入缺氧池中，由于存在机械搅拌作用使污水中溶解的 CH_4 被部分释放出来，其释放通量为 3.49 g/（m^2·d），而缺氧池中溶解态 CH_4 的质量浓度降低至 0.17 mg/L。污水离开缺氧池进入厌氧池中，由于搅拌作用相对较弱，导致气态 CH_4 的释放通量不大，仅为 0.98 g/（m^2·d）。厌氧池污水中的溶解态 CH_4 含量相比缺氧池稍微有所增加，原因可能是厌氧池中某些区域发生了产甲烷过程，且产甲烷速率高于 CH_4 的释放速率，导致 CH_4 在厌氧池中的部分积累。污水离开厌氧池进入好氧池中，由于存在剧烈的曝气吹脱作用，可使污水中大部分溶解态 CH_4 吹脱释放出来，其释放通量可达 2.88 g/（m^2·d）。与此同时，好氧过程可以氧化 CH_4[3]，导致整个好氧池中溶解态 CH_4 的含量很低，在好氧池末端，几乎没有溶解态 CH_4 存在。当污水进入二沉池后，由于 DO 质量浓度较高，COD 质量浓度很低，几乎不会产生 CH_4，所以二沉池中溶解态 CH_4 含量和气态 CH_4 释放通量都最低。

图 3.8 为 A^2/O 工艺各处理单元气态 CH_4 吨水释放量的对比。

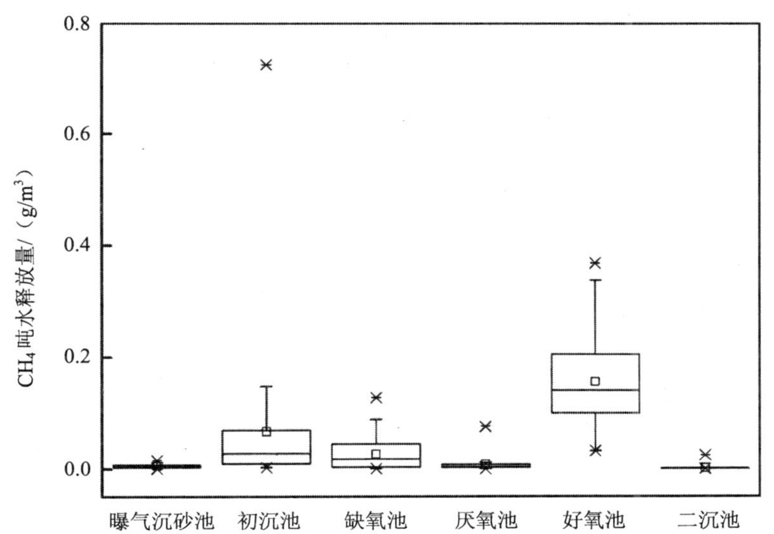

图 3.8　A^2/O 工艺各处理单元气态 CH_4 吨水释放量

由图 3.8 可以看出，各处理单元气态 CH_4 吨水释放量的大小依次为：好氧池>>初沉池>缺氧池>厌氧池>曝气沉砂池>二沉池。由于好氧池气态 CH_4 释放通量较高、水面面积最大，导致其气态 CH_4 的吨水释放量最大，为 0.15 g/m^3，占所有污水处理单元气态 CH_4 排放总量的 64.29%。

3.1.2.2 A^2/O 工艺 CH_4 产生与排放的主要点位

表 3.3 给出了 A^2/O 工艺污水处理厂各处理单元 CH_4 产生量的对比。

表 3.3 A^2/O 工艺各处理单元 CH_4 产生量的对比　　单位：g/m^3

处理单元	溶解态 CH_4 的增加量	气态 CH_4 的释放量	CH_4 的产生量
曝气沉砂池	–0.01	0.01	0.00
初沉池	0.12	0.04	0.16
缺氧池	–0.17	0.03	–0.14
厌氧池	0.02	0.01	0.03
好氧池	–0.17	0.15	–0.02
二沉池	–0.02	0.00	–0.02

由表 3.3 可以看出，各处理单元气态 CH_4 产生量的大小依次为：初沉池＞厌氧池＞二沉池＞好氧池＞缺氧池。初沉池是 A^2/O 工艺 CH_4 产生的主要点位，而好氧池是降低 CH_4 排放的主要控制点位。

3.1.2.3 A^2/O 工艺生物池 CH_4 的排放特征解析

图 3.9 和图 3.10 为 A^2/O 工艺生物池不同廊道各个监测点位的气态 CH_4 释放通量与溶解态 CH_4 的变化情况。

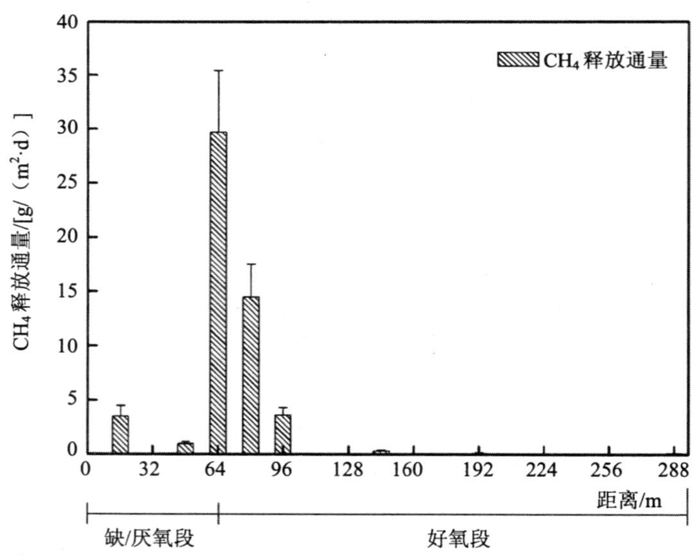

图 3.9 A^2/O 工艺生物池各监测点位气态 CH_4 释放通量的变化情况

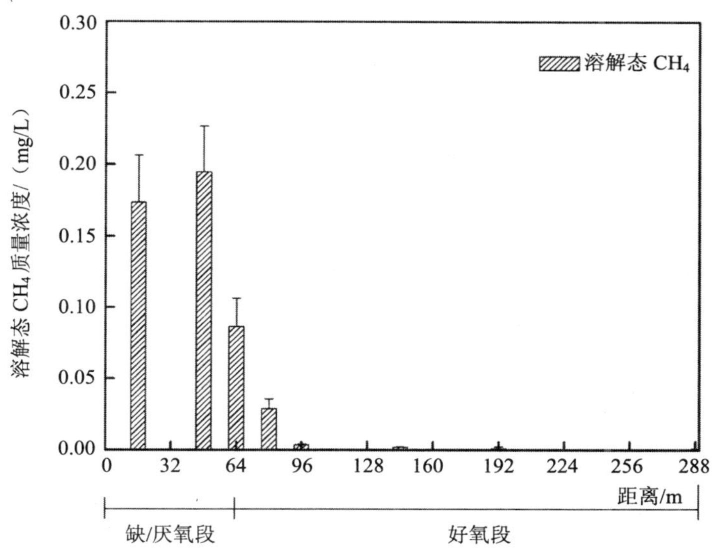

图 3.10 A^2/O 工艺生物池各监测点位溶解态 CH_4 质量浓度的变化情况

由图 3.9 和图 3.10 可以看出，污水从厌氧池流入好氧池时，污水中溶解态 CH_4 被大量吹脱释放出来，导致好氧池前 1/7 段气态 CH_4 的释放通量较高。好氧池中气态 CH_4 的释放通量沿着水流方向迅速降低，后 6/7 段几乎无气态 CH_4 释放，也无溶解态 CH_4 存在。由于好氧池中 DO 质量浓度迅速升高，污水中大量的 CH_4 被氧化[3]，又由于好氧池中不具备产 CH_4 的条件，因此好氧池中溶解态 CH_4 的质量浓度沿水流方向迅速下降，其浓度明显低于缺氧池与厌氧池。

3.1.2.4 水质参数对 A^2/O 工艺污水处理厂 CH_4 排放的影响

表 3.4 给出了 A^2/O 工艺污水处理厂气态 CH_4 的吨水释放量与各主要水质参数，包括进水 COD、进水 TN、水温和出水 COD 的相关性大小。回归分析结果显示，进水 COD 与水温可能与气态 CH_4 的释放存在一定的关系，其中，进水 COD 越大，水温越高，气态 CH_4 的释放量越大。进水 TN 与出水 COD 对气态 CH_4 的释放影响不大。

表 3.4 A^2/O 工艺 CH_4 的吨水释放量与各水质参数的关系

水质参数	相关系数（r）	显著性（$p<0.05$）
进水 COD	0.112	0.023
进水 TN	—	—
水温	0.135	0.033
出水 COD	—	—

注：— 表示无相关性。

3.1.3 城市污水处理厂 A^2/O 工艺 CO_2 的排放特征

3.1.3.1 A^2/O 工艺各处理单元 CO_2 的排放特征

图 3.11 为 A^2/O 工艺污水处理厂各处理单元气态 CO_2 释放通量的对比。

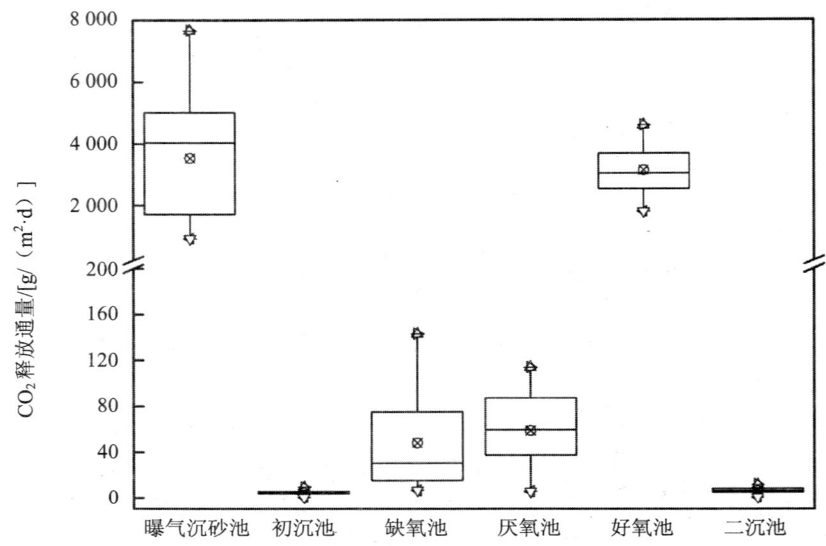

图 3.11 A^2/O 工艺各处理单元气态 CO_2 的释放通量

图 3.12 为 A^2/O 工艺污水处理厂各处理单元溶解态 CO_2 质量浓度的对比。

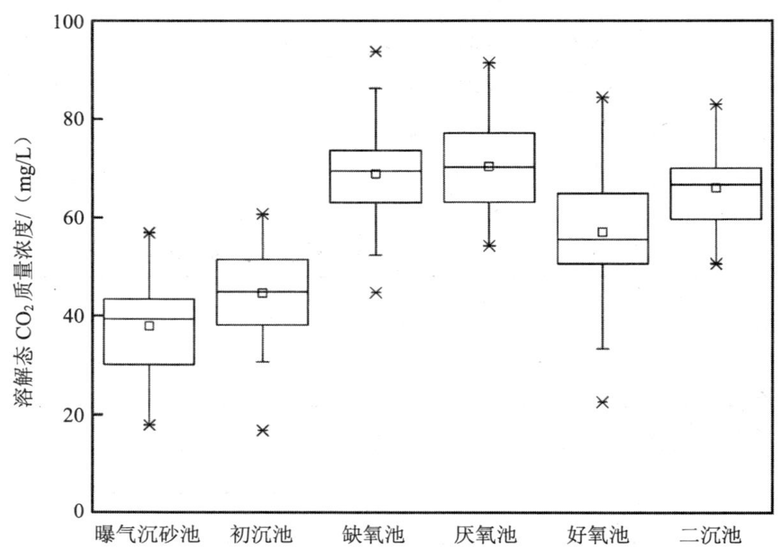

图 3.12 A^2/O 工艺各处理单元溶解态 CO_2 质量浓度

由图 3.11 可以看出，各处理单元之间气态 CO_2 的释放通量大小依次为：曝气沉砂池＞好氧池>>厌氧池＞缺氧池＞二沉池＞初沉池。由图 3.12 可以看出，各处理单元之间溶解态 CO_2 质量浓度大小依次为：二沉池＞厌氧池＞缺氧池＞好氧池＞初沉池＞曝气沉砂池。

进水管道中的微生物进行厌氧呼吸作用产生 CO_2 气体，这些 CO_2 随污水以过量溶解的状态进入曝气沉砂池，并在曝气沉砂池中被迅速地吹脱释放出来，从而导致曝气沉砂池中气态 CO_2 的释放通量最大，为 3 728.44 g/（m^2·d），而曝气沉砂池污水中溶解态 CO_2 的平均质量浓度为 37.81 mg/L。当污水由曝气沉砂池进入初沉池后，微生物在厌氧环境下分解有机物产生少量的 CO_2，由于初沉池中无曝气和搅拌装置，这些 CO_2 可在污水中逐渐积累，其释放通量很低，仅为 5.04 g/（m^2·d），而溶解态 CO_2 的质量浓度稍高于曝气沉砂池。当污水由初沉池依次进入缺氧池和厌氧池后，尽管这两个池中存在的机械搅拌作用可加速溶解态 CO_2 向空气中的释放过程，但同时微生物在缺氧和厌氧条件下分解有机物产生的 CO_2 使得污水中 CO_2 的质量浓度仍然较高。污水从厌氧池进入好氧池后，在好氧微生物作用下进一步分解污水中的有机物产生大量的 CO_2，这些新产生的 CO_2 连同厌氧池出水中溶解的 CO_2 会被剧烈的曝气作用迅速地吹脱释放到空气中，从而使好氧池释放 CO_2 的通量较大，为 2 904.77 g/（m^2·d）。污水从好氧池进入二沉池后，微生物的内源呼吸等作用会产生少量的 CO_2。由于二沉池内水力扰动作用较小，不利于 CO_2 的释放，从而使 CO_2 在水中不断的积累，导致二沉池中溶解态 CO_2 的质量浓度略高于好氧池。

图 3.13 为 A^2/O 工艺各处理单元气态 CO_2 吨水释放量的对比。

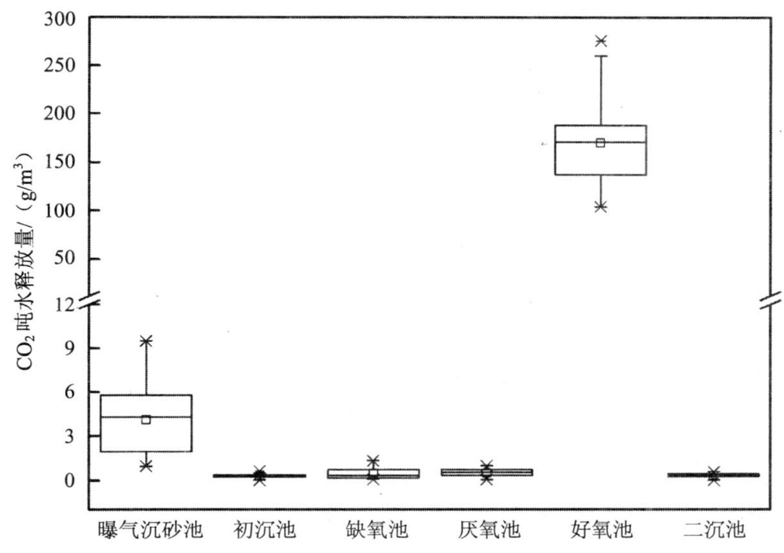

图 3.13　A^2/O 工艺各处理单元气态 CO_2 的吨水释放量

由图 3.13 可以看出，各处理单元气态 CO_2 吨水释放量的大小依次为：好氧池>>曝气沉砂池＞厌氧池＞缺氧池＞二沉池＞初沉池。由于好氧池气态 CO_2 释放通量较高、水面面积最大，导致其气态 CO_2 的吨水释放量最大，为 169.57 g/m^3，占 A^2/O 工艺所有污水处理单元气态 CO_2 吨水释放总量的 96.52%。

3.1.3.2 A^2/O 工艺 CO_2 产生与排放的主要点位

表 3.5 给出了 A^2/O 工艺污水处理厂各处理单元 CO_2 产生量的对比。

表 3.5 A^2/O 工艺各处理单元 CO_2 产生量的对比 单位：g/m^3

处理单元	溶解态 CO_2 的增加量	气态 CO_2 的释放量	CO_2 的产生量
曝气沉砂池	–4.39	4.39	0.00
初沉池	6.72	0.30	7.02
缺氧池	19.53	0.50	20.03
厌氧池	1.57	0.56	2.13
好氧池	–13.32	169.57	156.25
二沉池	8.93	0.36	9.29

由表 3.5 可以看出，各处理单元气态 CO_2 产生量的大小依次为：好氧池＞缺氧池＞初沉池＞二沉池＞厌氧池。好氧池是 A^2/O 工艺 CO_2 产生的主要点位，也是降低 CO_2 排放的主要控制点位。

3.1.3.3 A^2/O 工艺生物池 CO_2 的排放特征解析

A^2/O 工艺生物池各监测点位气态 CO_2 释放通量和溶解态的变化情况如图 3.14 和图 3.15 所示。

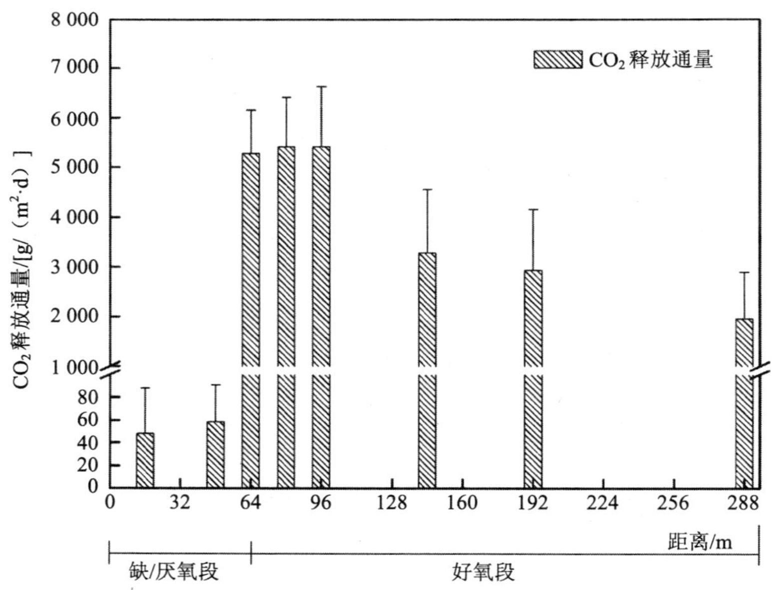

图 3.14 A^2/O 工艺生物池各监测点位气态 CO_2 释放通量的变化情况

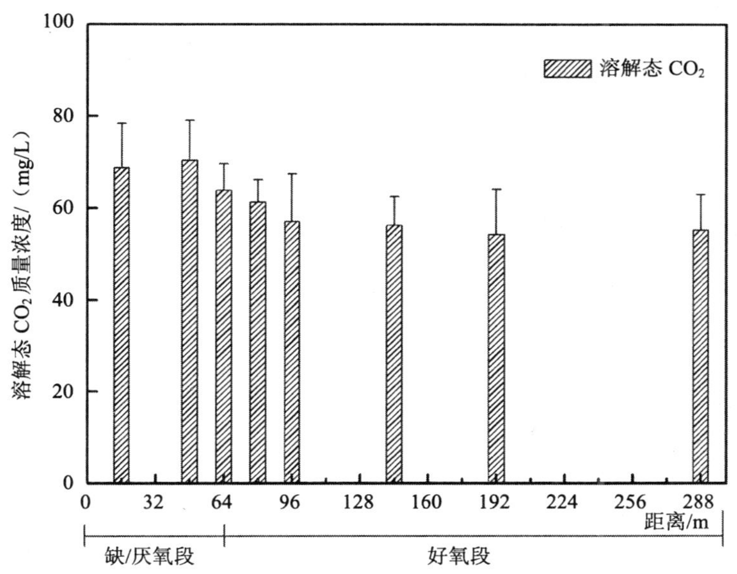

图 3.15　A^2/O 工艺生物池各监测点位溶解态 CO_2 质量浓度的变化情况

由图 3.14 和图 3.15 可以看出，A^2/O 工艺生物池前段（缺氧段和厌氧段）的气态 CO_2 释放通量很低，而溶解态 CO_2 质量浓度则处于较高水平。污水进入好氧池后，CO_2 的释放通量大幅度升高，且主要集中在好氧池的前 1/7 段的区域，这部分释放的 CO_2 主要是来自于微生物对有机物的好氧降解过程，且在这个区域中，气态 CO_2 的释放通量一直处于较高水平。在好氧池后 6/7 段，由于易降解的有机物已降至较低水平，有机物负荷大幅降低，导致微生物的呼吸作用变得缓慢，使得 CO_2 的产生量和排放量随之降低。

3.1.3.4　水质参数对 A^2/O 工艺污水处理厂 CO_2 排放的影响

表 3.6 给出了 A^2/O 工艺污水处理厂气态 CO_2 的吨水释放量与各主要水质参数，包括进水 COD、进水 TN、水温和出水 COD 的相关性大小。回归分析结果显示，进水 COD、进水 TN、进水水温可能与气态 CO_2 的释放存在一定关系，其中，进水 COD 越小，进水 TN 越大、水温越低，CO_2 释放越少。出水 COD 对气态 CO_2 的释放影响不大。

表 3.6　A^2/O 工艺 CO_2 的吨水释放量与各主要水质参数的关系

水质参数	相关系数（r）	显著性（$p<0.05$）
进水 COD	0.329	0.001
进水 TN	0.106	0.013
水温	0.298	0.001
出水 COD	—	—

注：—表示无相关性。

3.2 城市污水处理厂 A/O 工艺温室气体的排放特征

北京市某污水处理厂 A/O 工艺的处理规模为 50 万 m^3/d 左右，一级处理单元与 A^2/O 工艺污水处理厂完全相同，二级处理单元与 A^2/O 工艺的不同在于第一个廊道前 48 m 为缺氧段，剩下的 48 m 和 2、3 廊道均为曝气段。12 组曝气池分别对应 12 个辐流式二沉池。由于同处于一座污水处理厂之内，水厂总进水混合均匀后平均分配到两个工艺中，因此 A/O 工艺水厂的进水水质与 A^2/O 工艺水厂相近。监测期间，水温年度变化范围在 14～25℃，进水 COD 质量浓度为 300～400 mg/L、总氮质量浓度为 40～60 mg/L、氨氮质量浓度为 30～50 mg/L，水厂的出水均达到国家《城镇污水处理厂污染物排放标准》（GB 18918—2002）一级 B 标准。

A/O 工艺是采用空间推流模式，污水依次经过曝气沉砂池、初沉池、A/O 池（缺氧池与好氧池）、二沉池，完成脱氮除磷、有机物的去除过程以及泥水分离过程，最后排出水厂。本小节将就 A/O 工艺各个处理单元的温室气体排放特征进行逐一分析，给出 A/O 工艺 3 种温室气体产生与排放的主要点位，对主要点位温室气体的排放特征及影响因素进行深入研究，并分析水质参数对 A/O 工艺污水处理厂温室气体排放的影响。

3.2.1 城市污水处理厂 A/O 工艺 N_2O 的排放特征

3.2.1.1 A/O 工艺各处理单元 N_2O 的排放特征

图 3.16 为 A/O 工艺污水处理厂各处理单元气态 N_2O 释放通量的对比。

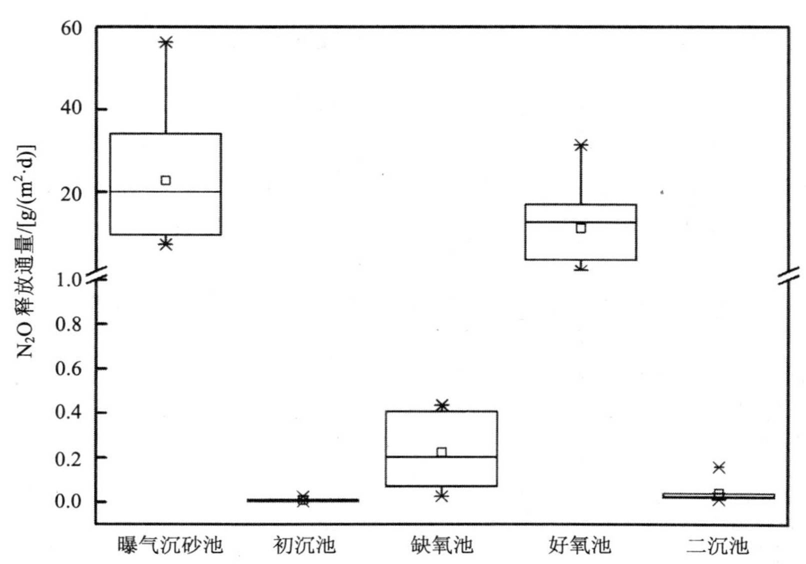

图 3.16 A/O 工艺各处理单元气态 N_2O 释放通量

图 3.17 为 A/O 工艺污水处理厂各处理单元溶解态 N_2O 浓度的对比。

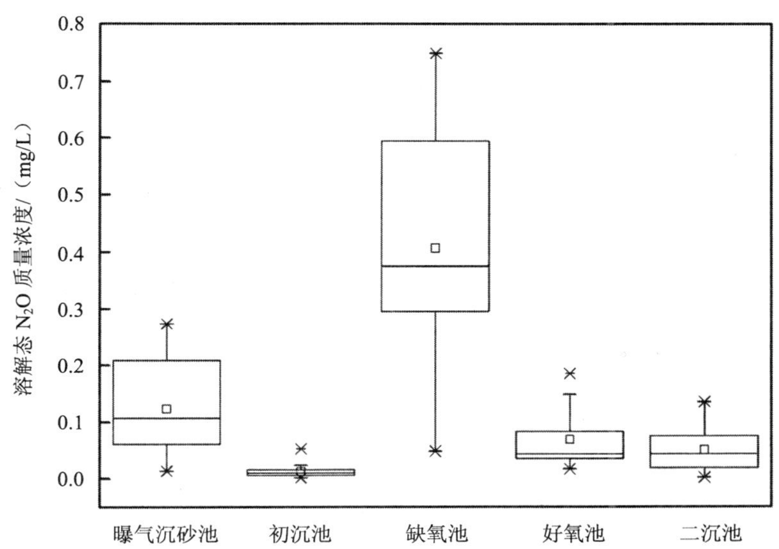

图 3.17　A/O 工艺各处理单元溶解态 N_2O 质量浓度

由图 3.16 可以看出，A/O 工艺各处理单元气态 N_2O 的释放强度为：曝气沉砂池＞好氧池＞缺氧池＞二沉池＞初沉池；由图 3.17 可以看出，A/O 工艺各处理单元溶解态 N_2O 质量浓度从高到低依次为：缺氧池＞曝气沉砂池＞好氧池＞二沉池＞初沉池。

与 A^2/O 工艺相似，由于受曝气吹脱作用的影响[4]，曝气沉砂池的气态 N_2O 释放通量最大，这部分 N_2O 主要来自于进水中溶解的 N_2O。缺氧池气态 N_2O 的释放通量很低，大约为 0.22 g/（$m^2 \cdot d$），但溶解态 N_2O 质量浓度却达到最高水平的 0.47 mg/L，这是因为好氧池与缺氧池之间存在内回流，可带来少量的 DO，导致缺氧池内具有一定的 DO 质量浓度，使反硝化作用进行得不彻底，产生了大量的反硝化中间产物 N_2O。污水离开缺氧池进入好氧池后，溶解态 N_2O 的质量浓度降至 0.07 mg/L，这说明缺氧反硝化阶段产生的溶解于水中的 N_2O 在好氧过程中被大量地吹脱释放出来，又由于硝化过程中也可能产生一部分 N_2O，并直接被吹脱释放出来，从而导致好氧池 N_2O 的释放通量达到 11.45 g/（$m^2 \cdot d$）。由于水中溶解态 N_2O 在曝气过程中被大量地释放出来，导致初沉池与二沉池的溶解态 N_2O 质量浓度较其他处理单元都低，因此气态 N_2O 的释放通量也相对较低。

图 3.18 为 A/O 工艺各处理单元气态 N_2O 吨水释放的对比。

由图 3.18 可以看出，各处理单元气态 N_2O 吨水释放量的大小依次为：好氧池≫缺氧池＞二沉池＞曝气沉砂池＞初沉池。与 A^2/O 工艺类似，由于好氧池的气态 N_2O 释放通量较高、水面面积最大，导致其气态 N_2O 的吨水释放量最大，为 0.63 g/m^3，占水厂气态 N_2O 吨水总释放的 98.6%。

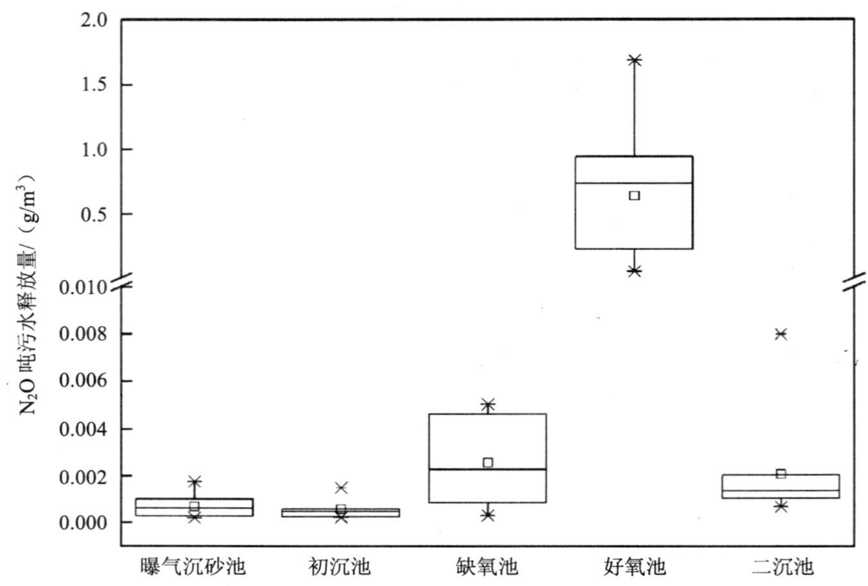

图 3.18　A/O 工艺各处理单元气态 N_2O 的吨水释放量

3.2.1.2　A/O 工艺 N_2O 产生与排放的主要点位

表 3.7 给出了 A/O 工艺污水处理厂各处理单元 N_2O 产生量的对比。

表 3.7　A/O 工艺各处理单元 N_2O 产生量的对比　　单位：g/m^3

处理单元	溶解态 N_2O 的增加量	气态 N_2O 的释放量	N_2O 的产生量
曝气沉砂池	-0.68×10^{-3}	0.68×10^{-3}	0.00
初沉池	−0.10	0.55×10^{-3}	−0.10
缺氧池	0.36	2.56×10^{-3}	0.36
好氧池	−0.34	0.63	0.29
二沉池	−0.02	2.07×10^{-3}	−0.02

由表 3.7 可以看出，各处理单元气态 N_2O 产生量的大小依次为：缺氧池＞好氧池≫二沉池＞初沉池＞曝气沉砂池。缺氧池和好氧池是 A/O 工艺 N_2O 产生的主要点位，其中好氧池是降低 N_2O 排放的主要控制点位。

3.2.1.3　A/O 工艺生物池 N_2O 的排放特征解析

图 3.19 与图 3.20 为 A/O 工艺生物池不同廊道各个监测点位的气态 N_2O 释放通量、溶解态 N_2O 质量浓度与 DO 质量浓度的变化情况。

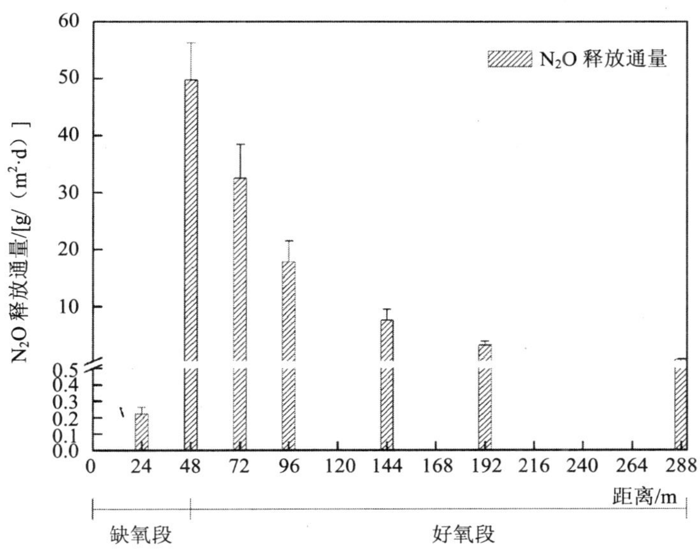

图 3.19　A/O 工艺生物池各监测点位气态 N_2O 释放通量的变化情况

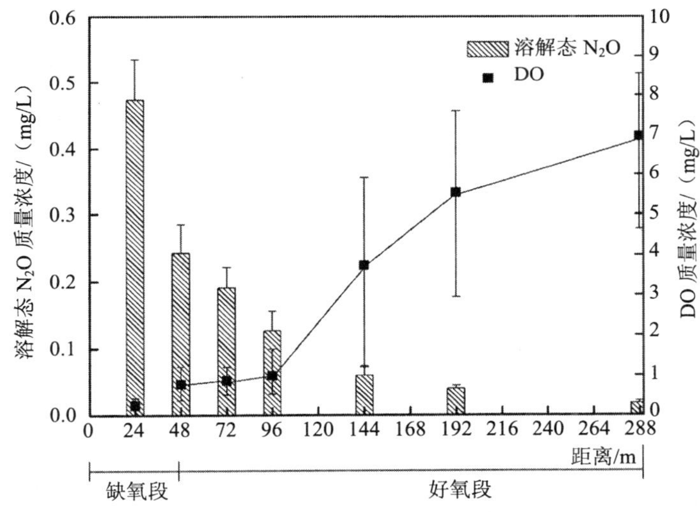

图 3.20　A/O 工艺生物池各监测点位溶解态 N_2O 与 DO 质量浓度的变化情况

由图 3.19 和图 3.20 可以看出，缺氧池的气态 N_2O 释放通量要明显低于好氧池，而其溶解态 N_2O 质量浓度要明显高于好氧池。好氧池中气态 N_2O 的释放通量逐渐降低，从 49.76 g/（m^2·d）降低至 0.71 g/（m^2·d）。DO 质量浓度随消耗量的减少而逐渐增高，由 0.86 mg/L 升高至 6.97 mg/L。好氧池前 1/5 段的低 DO 区域会有大量的 N_2O 在硝化过程中产生，并被直接吹脱释放出来[1]。水中溶解的 N_2O 从缺氧池的 0.47 mg/L 降低至好氧池前 1/5 段的 0.13～0.24 mg/L，这说明好氧池前段释放的气态 N_2O 大部分还是来自于缺氧池中溶解的 N_2O。由于内回流作用，好氧池末端的 DO 被大量的带到缺氧池中，使得缺氧池中的 DO 质量浓度达到 0.24 mg/L 左右，从而导致反硝化过程进行不彻底，产生大量的 N_2O。好氧池后 4/5 段溶解氧浓度高，硝化彻底，释放的气态 N_2O 基本来自水中的溶解态 N_2O。因此，硝化过程低 DO 质量浓度与反硝化过程 DO 的干扰是导致 A/O 工艺生物处理单元 N_2O 产生的两个最主要因素。

3.2.1.4　水质参数对污水处理厂 A/O 工艺 N_2O 排放的影响

表 3.8 给出了 A/O 工艺污水处理厂气态 N_2O 的吨水释放量与各主要水质参数，包括进水 NH_4^+-N、进水 COD/N、水温和出水 TN 的相关性大小。回归分析结果显示，进水 NH_4^+-N、进水 COD/N、水温以及出水 TN 都可能与 N_2O 的释放存在一定关系，其中，进水 COD/N 越大，水温越低，气态 N_2O 的释放量越少；进水 NH_4^+-N 及出水 TN 浓度越低，气态 N_2O 的释放量越少。

表 3.8　A/O 工艺 N_2O 的吨水释放量与各水质参数的关系

水质参数	相关系数（r）	显著性（$p<0.05$）
进水 NH_4^+-N	0.257	0.002
进水 COD/N	0.16	0.016
水温	0.288	0.001
出水 TN	0.114	0.044

3.2.2　城市污水处理厂 A/O 工艺 CH_4 的排放特征

3.2.2.1　A/O 工艺各处理单元 CH_4 的排放特征

图 3.21 为 A/O 工艺污水处理厂各处理单元气态 CH_4 释放通量的对比。

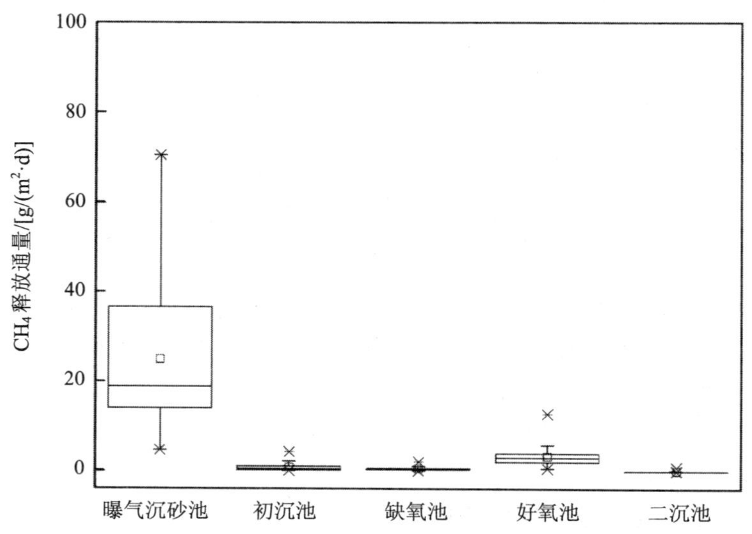

图 3.21　A/O 工艺各处理单元气态 CH_4 的释放通量

图 3.22 为 A/O 工艺污水处理厂各处理单元溶解态 CH_4 质量浓度的对比。

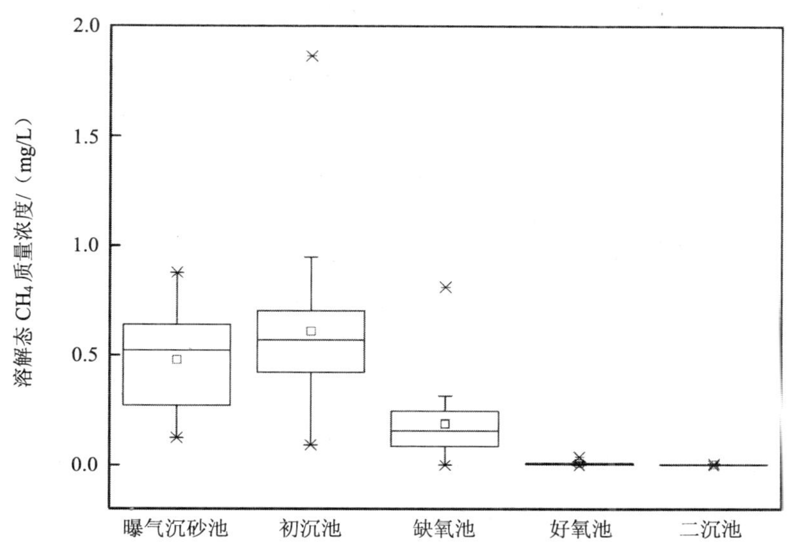

图 3.22 A/O 工艺各单元溶解态 CH_4 的质量浓度

由图 3.21 可以看出，A/O 工艺各处理单元之间气态 CH_4 释放通量大小依次为：曝气沉砂池＞好氧池＞初沉池＞缺氧池＞二沉池。由图 3.22 可以看出，各处理单元之间溶解态 CH_4 质量浓度大小依次为：初沉池＞曝气沉砂池＞缺氧池＞好氧池＞二沉池。

与 A^2/O 工艺类似，污水输送管网中会产生大量的 CH_4，并以过饱和溶解的状态随污水进入污水处理厂。由于污水输送管网中携带的 CH_4 在进入污水处理厂时受曝气沉砂池的曝气作用被大量地吹脱释放出来，使得曝气沉砂池气态 CH_4 的平均释放通量最大。污水离开曝气沉砂池进入初沉池之后，由于存在局部厌氧环境，污水及底泥中的产甲烷菌会利用进水中的 COD 产甲烷，导致初沉池中溶解态 CH_4 的质量浓度有所升高[5]。而初沉池无曝气和搅拌装置，因此气态 CH_4 的释放通量较低。当污水离开初沉池进入缺氧池后，由于存在机械搅拌作用，污水中溶解的 CH_4 被释放出来，其释放通量为 0.50 g/（$m^2 \cdot d$）。而水中溶解态 CH_4 含量迅速降低，分析原因：①回流混合液稀释了缺氧池进水的溶解态 CH_4；②回流混合液中携带的 DO 消耗掉部分溶解态 CH_4[6,7]；③CH_4 可能作为电子供体参与缺氧池的反硝化作用[8,9]。污水由缺氧池进入好氧池后，由于存在剧烈的曝气吹脱作用，可使污水中大部分溶解态 CH_4 吹脱释放出来，导致好氧池 CH_4 的释放通量较缺氧池有所升高。好氧池中水力停留时间较长、DO 质量浓度较高，大量的 CH_4 被氧化消耗掉[3]，加上曝气吹脱作用释放大量的 CH_4，导致整个好氧池中溶解态 CH_4 质量浓度较低，而在好氧池末端，几乎没有溶解态 CH_4 存在。经过好氧池中的曝气吹脱作用，二沉池污水中剩余的溶解态 CH_4 的质量浓度很低，且二沉池中的 DO 质量浓度较高、COD 质量浓度较低，几乎不会产生 CH_4，因此二沉池中气态 CH_4 的释放通量处于很低的水平。

图 3.23 为 A/O 工艺各处理单元气态 CH_4 吨水释放量的对比。

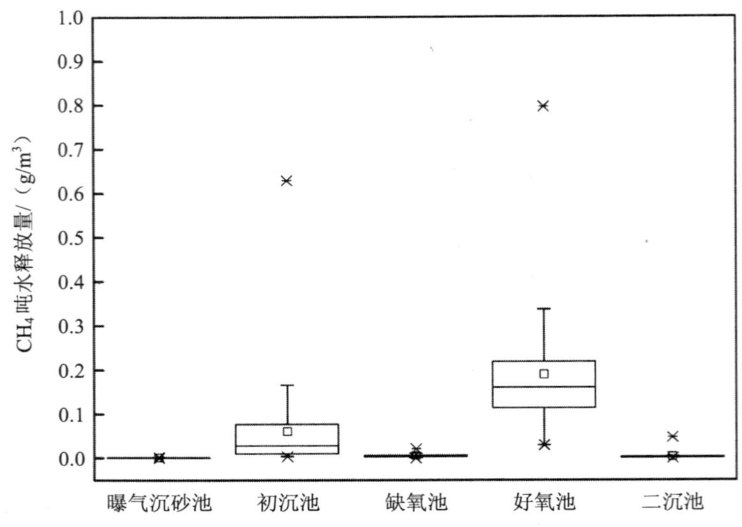

图 3.23　A/O 工艺各单元气态 CH_4 的吨水释放量

由图 3.23 可以看出，各处理单元气态 CH_4 吨水排放量大小依次为：好氧池＞初沉池＞缺氧池＞曝气沉砂池＞二沉池。由于好氧池气态 CH_4 释放通量较高、水面面积最大，导致其气态 CH_4 的吨水释放量最大，为 0.17 g/m^3，占所有单元气态 CH_4 排放总量的 75.54%。

3.2.2.2　A/O 工艺 CH_4 产生与排放的主要点位

表 3.9 给出了 A/O 工艺污水处理厂各处理单元 CH_4 产生量的对比。

表 3.9　A/O 工艺各处理单元 CH_4 产生量的对比　　单位：g/m^3

处理单元	溶解态 CH_4 的增加量	气态 CH_4 的释放量	CH_4 的产生量
曝气沉砂池	–0.01	0.01	0.00
初沉池	0.13	0.05	0.17
缺氧池	–0.12	0.01	–0.13
好氧池	–0.18	0.17	–0.01
二沉池	–0.01	0.00	–0.01

由表 3.9 可以看出，各处理单元气态 CH_4 产生量的大小依次为：初沉池＞二沉池＞好氧池＞缺氧池。初沉池是 A/O 工艺 CH_4 产生的主要点位，而好氧池是降低 CH_4 排放的主要控制点位。

3.2.2.3　A/O 工艺生物池 CH_4 的排放特征解析

图 3.24 和图 3.25 分别为 A/O 工艺生物池不同廊道各个监测点位气态 CH_4 释放通量与溶解态 CH_4 的变化情况。

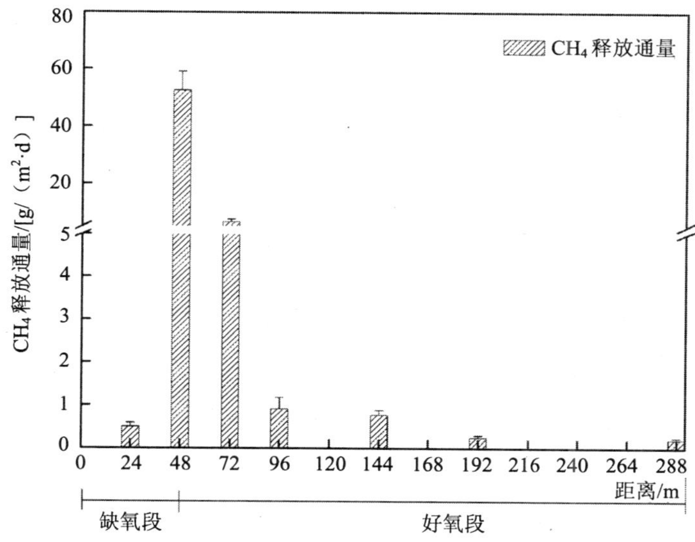

图 3.24　A/O 工艺生物池各监测点位气态 CH_4 释放通量的变化情况

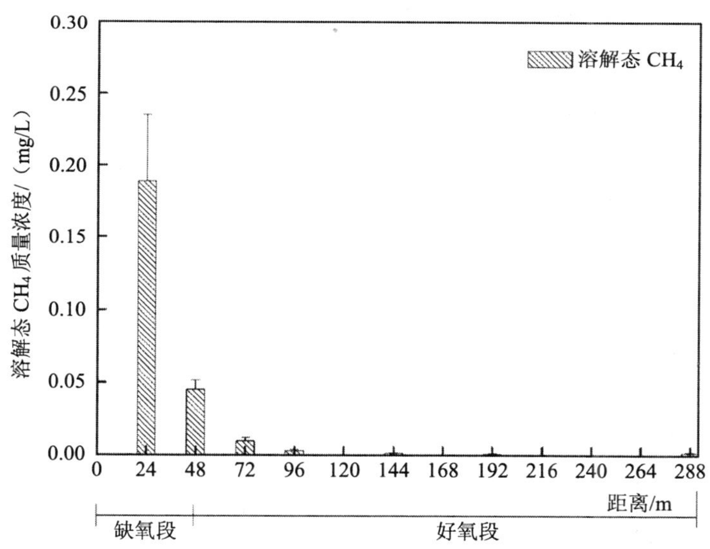

图 3.25　A/O 工艺生物池各监测点位溶解态 CH_4 质量浓度的变化情况

由图 3.24 和图 3.25 可以看出，污水从缺氧池流入好氧池时，污水中溶解态 CH_4 被大量吹脱释放出来，导致好氧池前 1/5 段气态 CH_4 的释放通量较高。与 A^2/O 工艺相似，好氧池中气态 CH_4 的释放通量沿着水流方向迅速降低，后 4/5 段气态 CH_4 释放通量逐渐降低，几乎无溶解态 CH_4 存在。由于好氧池中 DO 质量浓度迅速升高，污水中大量的 CH_4 被氧化，又由于好氧池中不具备产 CH_4 的条件，因此好氧池中溶解态 CH_4 的质量浓度沿水流方向迅速下降，其浓度明显低于缺氧池。

3.2.2.4 水质参数对污水处理厂 A/O 工艺 CH_4 排放的影响

表 3.10 给出了 A/O 工艺污水处理厂气态 CH_4 的吨水释放量与各主要水质参数，包括进水 COD、进水 TN、水温和出水 COD 的相关性大小。回归分析结果显示，进水 TN 与水温可能与气态 CH_4 的释放存在一定的关系，其中，进水 TN 越小，水温越高，气态 CH_4 的释放量越大。进水 COD 与出水 COD 对气态 CH_4 的释放影响不大。

表 3.10 A/O 工艺 CH_4 的吨水释放量与各水质参数的关系

水质参数	相关系数（r）	显著性（$p<0.05$）
进水 COD	—	—
进水 TN	0.292	0.037
水温	0.182	0.007
出水 COD	—	—

注：—表示无相关性。

3.2.3 城市污水处理厂 A/O 工艺 CO_2 的排放特征

3.2.3.1 A/O 工艺各处理单元 CO_2 的排放特征

图 3.26 为 A/O 工艺污水处理厂各处理单元气态 CO_2 释放通量的对比。

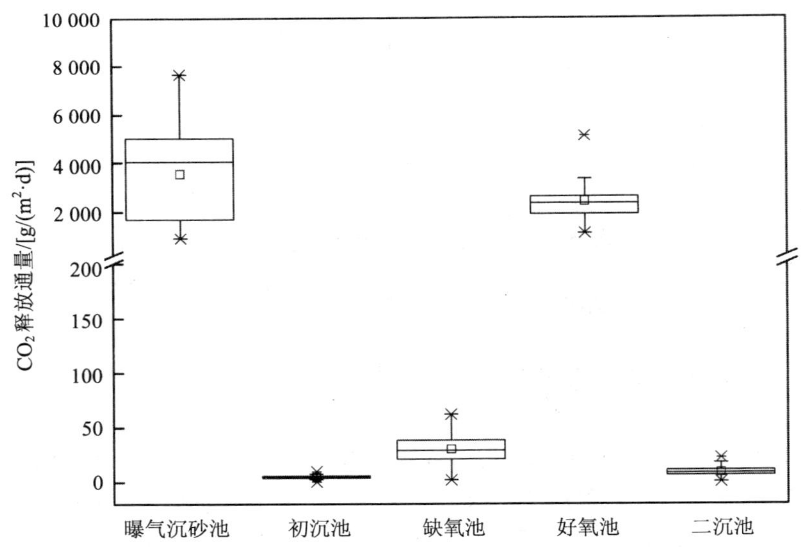

图 3.26 A/O 工艺各处理单元气态 CO_2 的释放通量

图 3.27 为 A/O 工艺污水处理厂各处理单元溶解态 CO_2 质量浓度的对比。

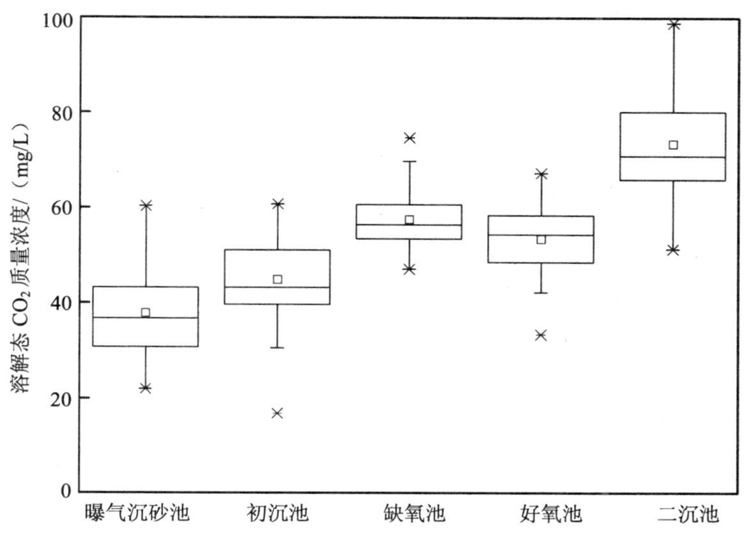

图 3.27 A/O 工艺各单元溶解态 CO_2 的质量浓度

由图 3.26 可以看出，A/O 工艺气态 CO_2 释放通量大小依次为：曝气沉砂池＞好氧池≫缺氧池＞二沉池＞初沉池。由图 3.27 可以看出，A/O 工艺各污水处理单元溶解态 CO_2 含量大小依次为：二沉池＞缺氧池＞好氧池＞初沉池＞曝气沉砂池。

进水管道中的微生物进行厌氧呼吸作用产生 CO_2 气体，这些 CO_2 随污水以过饱和溶解状态进入曝气沉砂池，并在曝气沉砂池中被迅速地吹脱释放出来，从而导致曝气沉砂池中气态 CO_2 的释放通量最大。当污水由曝气沉砂池进入初沉池后，污水中溶解的 CO_2 含量有所增加，而 CO_2 的释放通量却很低。污水进入缺氧池，尽管这池中存在的机械搅拌作用可加速溶解态 CO_2 向空气中的释放过程[29.93 g/（m^2·d）]，但同时微生物在缺氧条件下分解有机物产生的 CO_2 使得污水中 CO_2 的质量浓度仍然较高（54.81 mg/L）。污水从缺氧池进入好氧池后，在好氧微生物作用下进一步分解污水中的有机物产生大量的 CO_2，这些新产生的 CO_2 连同好氧池进水中溶解的 CO_2 会被剧烈的曝气作用迅速地吹脱释放到空气中，从而使好氧池释放 CO_2 的通量较大，为 2 400.64 g/（m^2·d）。污水从好氧池进入二沉池后，微生物的内源呼吸等作用会产生少量的 CO_2。但由于二沉池内水力扰动作用较小，不利于 CO_2 的释放，从而使 CO_2 在水中不断的积累，导致二沉池中溶解态 CO_2 质量浓度略高于好氧池。

图 3.28 为 A/O 工艺各处理单元气态 CO_2 吨水释放量的对比。

由图 3.28 可以看出，各处理单元气态 CO_2 吨水释放量的大小依次为：好氧池≫曝气沉砂池＞二沉池＞缺氧池＞初沉池。由于好氧池气态 CO_2 释放通量较高、水面面积最大，导致其气态 CO_2 的吨水释放量最大，为 167.88 g /m^3，占 A^2/O 工艺所有污水处理单元气态 CO_2 吨水释放总量的 96.8%。

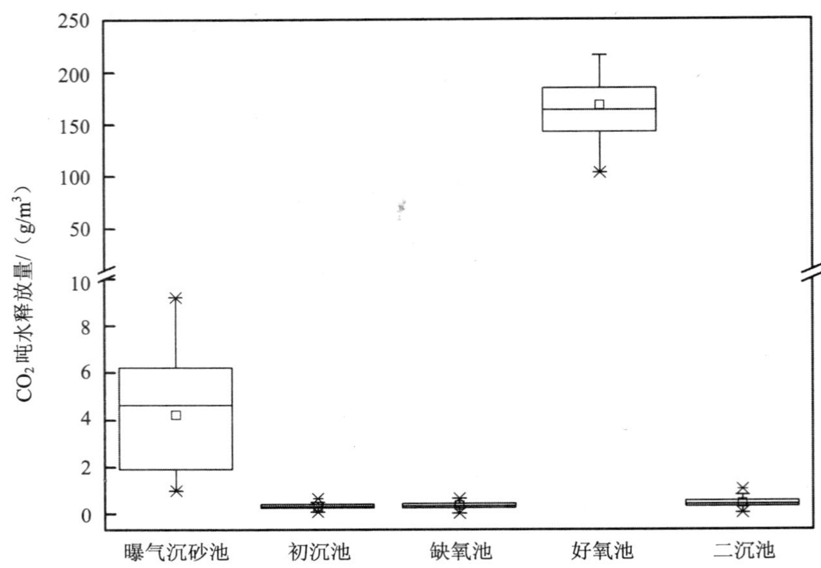

图 3.28 A/O 工艺各处理单元气态 CO_2 的吨水释放量

3.2.3.2 A/O 工艺 CO_2 产生与排放的主要点位

表 3.11 给出了 A/O 工艺污水处理厂各处理单元 CO_2 产生量的对比。

表 3.11 A/O 工艺各处理单元 CO_2 产生量的对比 单位：g/m^3

处理单元	溶解态 CO_2 的增加量	气态 CO_2 的释放量	CO_2 的产生量
曝气沉砂池	–4.23	4.23	0.00
初沉池	7.01	0.31	7.32
缺氧池	9.30	0.42	9.72
好氧池	–4.00	167.88	163.88
二沉池	20.05	0.53	20.58

由表 3.11 可以看出，各处理单元气态 CO_2 产生量的大小依次为：好氧池＞缺氧池＞初沉池＞二沉池＞厌氧池。好氧池是 A/O 工艺 CO_2 产生的主要控制点位，也是降低 CO_2 排放的主要控制点位。

3.2.3.3 A/O 工艺生物池 CO_2 的排放特征解析

A/O 工艺生物池各监测点位气态 CO_2 释放通量和溶解态 CO_2 质量浓度的变化情况如图 3.29 和图 3.30 所示。

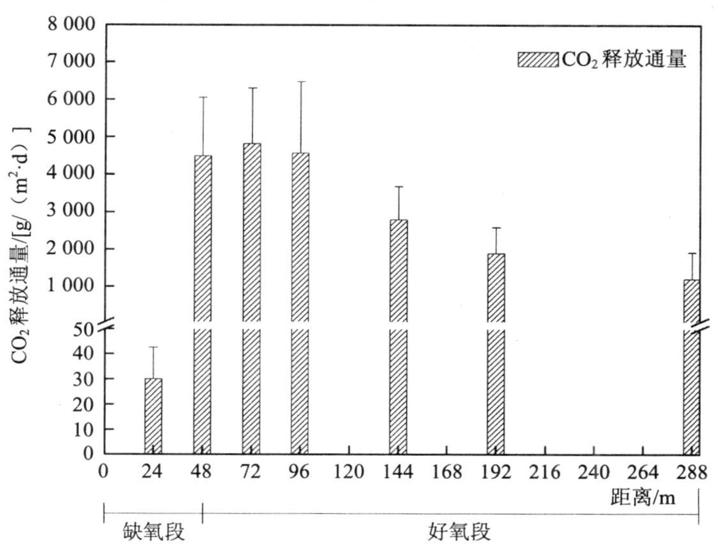

图 3.29　A/O 工艺生物池气态 CO_2 释放通量的变化情况

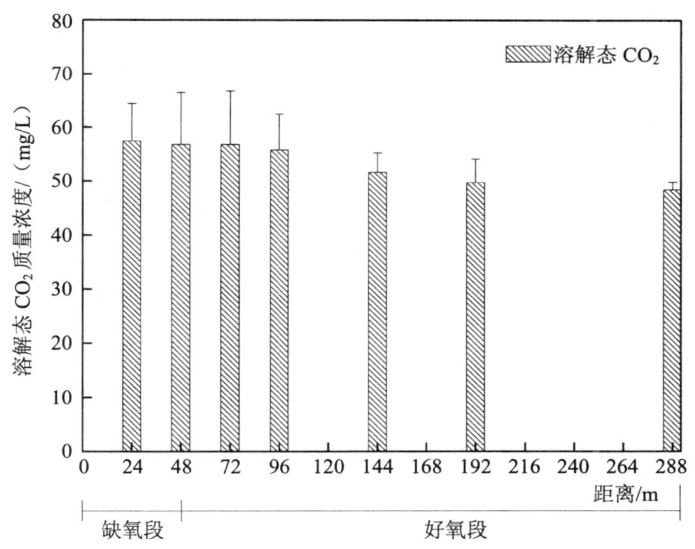

图 3.30　A/O 工艺生物池溶解态 CO_2 质量浓度的变化情况

由图 3.29 和图 3.30 可以看到，A/O 工艺生物池缺氧段的气态 CO_2 释放通量很低。当污水进入好氧池时，CO_2 的释放通量显著升高，且主要集中在好氧池的前 1/5 段的区域，这部分释放的 CO_2 主要是来自于微生物对有机物的好氧降解过程，且在这个区域中，气态 CO_2 的释放通量一直处于较高水平。好氧池后 4/5 段，由于易降解的有机物已降至较低水平，有机物负荷大幅降低，导致微生物的呼吸作用变得缓慢，使得 CO_2 的产生和排放量随之降低。

3.2.3.4　水质参数对污水处理厂 A/O 工艺 CO_2 排放的影响

表 3.12 给出了 A/O 工艺污水处理厂气态 CO_2 的吨水释放量与各主要水质参数，包括进水 COD、进水 TN、水温和出水 COD 的相关性大小。回归分析结果显示，进水 COD 的浓度可能与气态 CO_2 的释放存在一定的相关性，进水 COD 越小，CO_2 释放越少。其他水质参数对 CO_2 释放的影响不大。

表 3.12　A/O 工艺 CO_2 的吨水释放量与各主要水质参数的关系

水质参数	相关系数（r）	显著性（$p<0.05$）
进水 COD	0.122	0.002
进水 TN	—	—
水温	—	—
出水 COD	—	—

注：—表示无相关性。

3.3　城市污水处理厂氧化沟工艺温室气体的排放特征

北京市某污水处理厂采用卡鲁塞尔（Carrousel 2000）单沟式氧化沟工艺，全厂共分南、北两大系列，每系列由三组氧化沟组成。每组氧化沟对应一座沉淀池。南北两大系列轴对称布置。为改善污泥的性能、抑制污泥膨胀的发生、考虑除磷脱氮，设计中考虑在氧化沟前设置选择池、厌氧池。这样每组氧化沟由选择池、厌氧池和单沟式氧化沟组成，每组氧化沟总长为 174.3 m，宽度为 44 m，设计水深 3.5 m；选择池容积为 447 m^3，厌氧池容积为 1 500 m^3，氧化沟池容积为 19 800 m^3，HRT 为 15.7 h。氧化沟内 MLSS 为 4 g/L，剩余污泥量为 33 t/d。每组氧化沟分为 4 条廊道，每条廊道宽为 10.5 m，长度约为 160 m。曝气装置采用 9 m 长转刷，电机功率为 45 kW，转刷由进水端依次编为 1～12 号，其中 1～4 号为双速转刷，5～12 号为单速转刷。转刷的最大浸没深度为 240 mm，正常运转时浸没深度为 232 mm。转刷两端安装防溅板，用以防止池内水进入转刷电机安装平台且在转刷下游均安装导流板。每系列氧化沟沿池宽方向设置三条通行桥，桥宽 4.8 m，转刷均交错安装于桥下。每座通行桥上均设置两台转刷起吊装置，用于转刷、电机、减速箱的起吊、检修。监测期间，水温年度变化范围在 14～25℃，该水厂进水 COD 质量浓度为 400～600 mg/L、总氮质量浓度为 50～70 mg/L、氨氮质量浓度为 40～60 mg/L，水厂的出水均达到国家《城镇污水处理厂污染物排放标准》（GB 18918—2002）一级 B 标准。

氧化沟工艺采用完全混合处理模式，污水依次经过曝气沉砂池、选择池、厌氧池、氧化沟池（氧化沟池不曝气区与氧化沟池曝气区）、二沉池，污泥分配井和污泥浓缩池，完成脱氮除磷、有机物的去除过程以及泥水分离过程，最后排出水厂。本小节将就氧化沟工艺各个处理单元的温室气体排放特征进行逐一分析，给出氧化沟工艺 3 种温室气体产生与排放的主要点位，对主要点位温室气体的排放特征及影响因素进行深入研究，并分析水质参数对氧化沟工艺污水处理厂温室气体排放的影响。

3.3.1　城市污水处理厂氧化沟工艺 N_2O 的排放特征

3.3.1.1　氧化沟工艺各处理单元 N_2O 的排放特征

图 3.31 为氧化沟工艺污水处理厂各处理单元气态 N_2O 释放通量的对比。

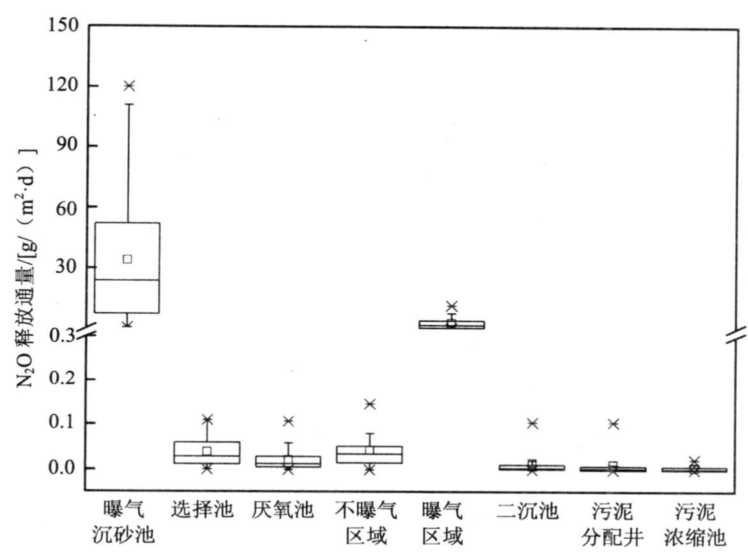

图 3.31　氧化沟工艺各处理单元气态 N_2O 释放通量

图 3.32 为氧化沟工艺污水处理厂各处理单元溶解态 N_2O 质量浓度的对比。

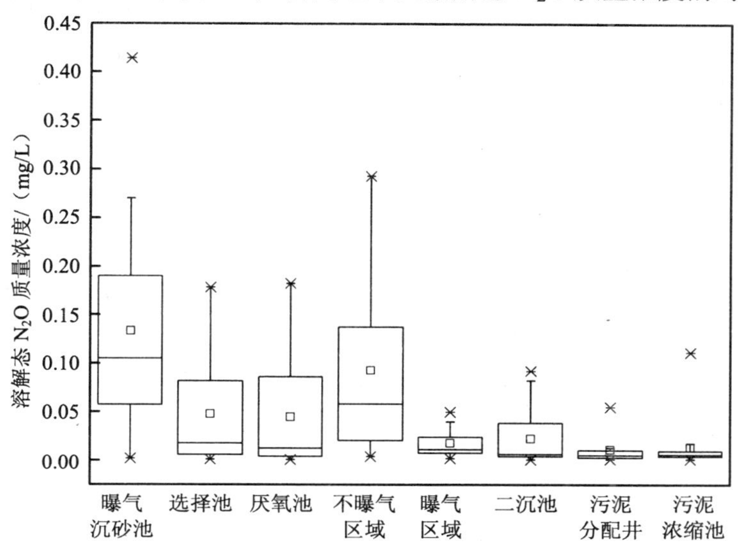

图 3.32　氧化沟工艺各处理单元溶解态 N_2O 质量浓度

由图 3.31 可以看出，各处理单元的气态 N_2O 释放强度的大小依次为：曝气沉砂池＞氧化沟池曝气区＞氧化沟池不曝气区＞选择池＞污泥分配井＞厌氧池＞二沉池＞污泥浓缩池；由图 3.32 可以看出，各处理单元溶解态 N_2O 质量浓度的大小依次为：曝气沉砂池＞氧化沟池不曝气区＞选择池＞厌氧池＞二沉池＞污泥浓缩池＞污泥分配井＞氧化沟池曝气区。

受曝气吹脱作用的影响，氧化沟工艺气态 N_2O 释放通量最大的单元是曝气沉砂池[39.51 g/（m^2·d）]，这部分释放的气态 N_2O 主要来自于污水在管道运输过程中产生的溶解态 N_2O。选择池和厌氧池主要用于污泥稳定与释磷过程，只有部分回流污泥中 TN 在此被反硝化细菌还原。由于 COD 充足，反硝化过程一般都进行得较为彻底，很难发生 N_2O 的积累，且进水中溶解的 N_2O 会被进一步还原为 N_2。因此选择池和厌氧池中溶解态 N_2O 质量浓度非常低，相应的气态 N_2O 释放通量也很低。污水进入氧化沟池后，氧化沟池不曝气区溶解态 N_2O 质量浓度有所升高，这是因为频繁交替的好氧缺氧环境干扰硝化细菌与反硝化细菌正常的新陈代谢，使得硝化过程与反硝化过程进行得不彻底，导致 N_2O 的产生。氧化沟池曝气区由于存在曝气转刷剧烈的曝气作用，使得水中溶解的 N_2O 被大量地释放出来，产生较高的气态 N_2O 释放通量[3.27 g/（m^2·d）]，相应的溶解态 N_2O 质量浓度则很低（0.001 mg/L）。二沉池、污泥分配井与污泥浓缩池的气态 N_2O 释放通量与溶解态 N_2O 质量浓度相差不大。这是因为，这三个处理单元主要是进行泥水分离与污泥浓缩等过程，很少发生 N 的转化过程，几乎不发生 N_2O 的产生与积累，因此这三个处理单元的气态 N_2O 释放通量与溶解态 N_2O 质量浓度都相对较低。

图 3.33 为氧化沟工艺各处理单元气态 N_2O 吨水释放量的对比。

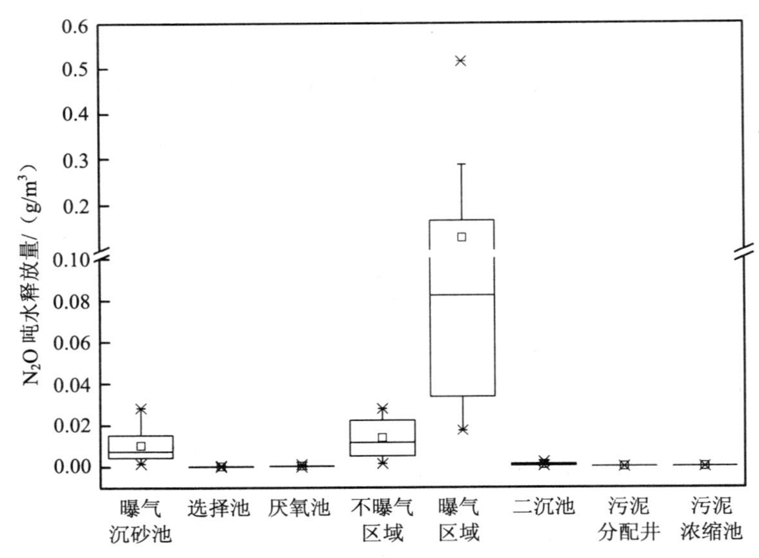

图 3.33　氧化沟工艺各处理单元气态 N_2O 吨水释放量

由图 3.33 可以看出，各处理单元气态 N_2O 吨水释放量的大小依次为：氧化沟池曝气区＞氧化沟池不曝气区＞曝气沉砂池≫二沉池＞厌氧池＞选择池＞污水分配井＞污泥浓缩池。由于氧化沟池曝气区气态 N_2O 释放通量较高、水面面积较大，导致其气态 N_2O 的吨水释放量最大，为 0.13 g/m^3，占水厂气态 N_2O 吨污水总释放量的 86.7%。

3.3.1.2　氧化沟工艺 N_2O 产生与排放的主要点位

表 3.13 给出了氧化沟工艺污水处理厂各处理单元 N_2O 产生量的对比。

表 3.13　氧化沟工艺各处理单元 N_2O 产生量的对比　　单位：g/m^3

处理单元	溶解态 N_2O 的增加量	气态 N_2O 的释放量	N_2O 的产生量
曝气沉砂池	−0.01	0.01	0.00
选择池	−0.08	0.16×10^{-3}	−0.08
厌氧池	−0.01	0.30×10^{-3}	−0.01
氧化沟池曝气区	−0.02	0.13	0.11
氧化沟池不曝气区	0.07	0.01	0.08
二沉池	0.00	1.00×10^{-3}	1.00×10^{-3}
污泥分配井	−0.01	0.01×10^{-3}	−0.01
污泥浓缩池	0.00	0.03×10^{-3}	0.03×10^{-3}

由表 3.13 可以看出，氧化沟池曝气区和氧化沟池不曝气区 N_2O 的产生量分别为 0.11 g/m^3 和 0.08 g/m^3，明显大于其他处理单元，是氧化沟工艺 N_2O 产生的主要点位，其中氧化沟池曝气区是降低 N_2O 排放的主要控制点位。

3.3.1.3　氧化沟池 N_2O 的排放特征解析

图 3.34 与图 3.35 为氧化沟池不同监测点位气态 N_2O 释放通量与溶解态 N_2O 质量浓度的变化情况。

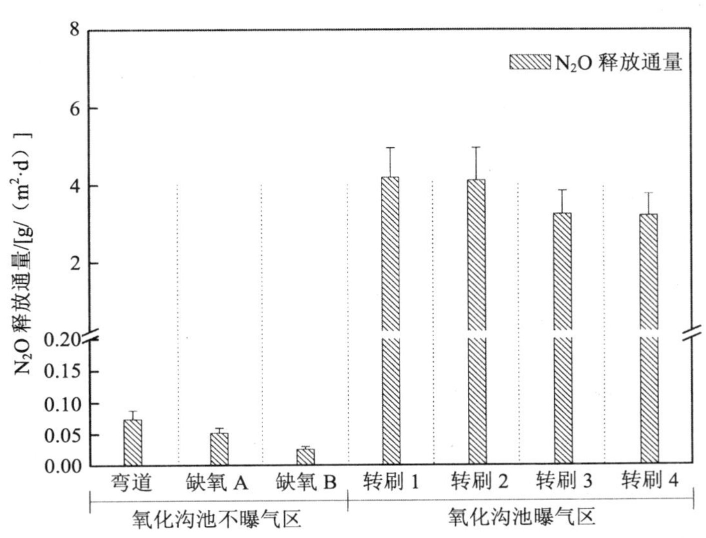

图 3.34　氧化沟池气态 N_2O 释放通量的变化情况

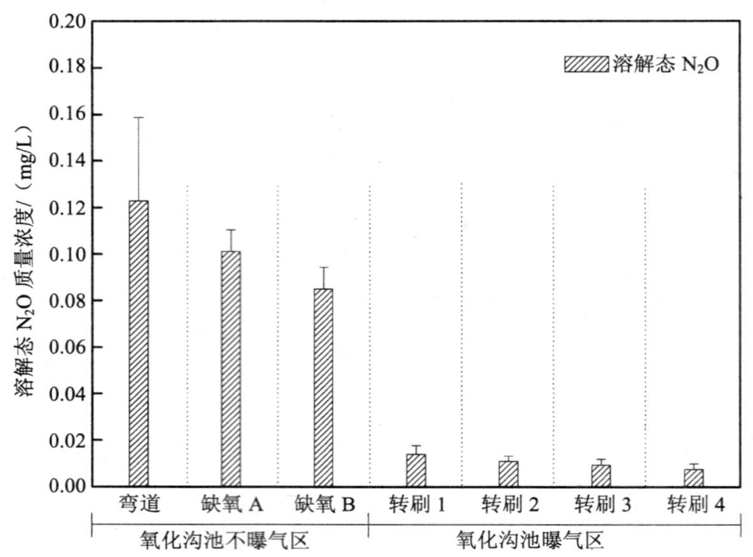

图 3.35 氧化沟池溶解态 N_2O 质量浓度的变化情况

由图 3.34 与图 3.35 可以看出，对于 3 个不曝气区域监测点位和 4 个曝气区域监测点位，气态 N_2O 的释放通量都逐渐递减，但变化不大；溶解态 N_2O 的质量浓度也表现出相同的变化情况。这可能是因为弯道监测点更靠近氧化沟池进水口，进水中溶解的 N_2O 质量浓度更高，导致气态 N_2O 释放量更大。但随着进水中溶解的 N_2O 在氧化沟池内逐渐被混合稀释，并与氧化沟池内新产生的 N_2O 混合，使得溶解态 N_2O 在氧化沟池内分布逐渐均匀。污水依次经过不同廊道曝气转刷时，表现出比较相似的气态 N_2O 释放通量。虽然混合作用使得氧化沟池内污染物浓度维持相对较低水平，但是氧化沟池内快速交替的好氧缺氧环境有利于不彻底的硝化及反硝化作用的发生，导致亚硝酸盐在水中积累，有利于 N_2O 的产生[10]，因此，4 个曝气区域监测点位的 N_2O 释放通量都相对较高。

3.3.1.4 水质参数对污水处理厂氧化沟工艺 N_2O 排放的影响

表 3.14 给出了氧化沟工艺污水处理厂气态 N_2O 的吨污水释放量与各主要水质参数，包括进水 NH_4^+-N、进水 COD/N、水温和出水 TN 的相关性大小。回归分析结果显示，出水 TN 可能与 N_2O 的释放存在一定关系，出水 TN 浓度越低，气态 N_2O 的释放量越少。进水 NH_4^+-N、进水 COD/N 和水温对不同月份气态 N_2O 的释放影响不明显。

表 3.14 氧化沟工艺 N_2O 的吨水释放量与各水质参数的关系

水质参数	相关系数（r）	显著性（$p<0.05$）
进水 NH_4^+-N	—	—
进水 COD/N	—	—
水温	—	—
出水 TN	0.137	0.033

注：— 表示无相关性。

3.3.2　城市污水处理厂氧化沟工艺 CH_4 的排放特征

3.3.2.1　氧化沟工艺各处理单元 CH_4 的排放特征

图 3.36 为氧化沟工艺污水处理厂各处理单元气态 CH_4 释放通量的对比。

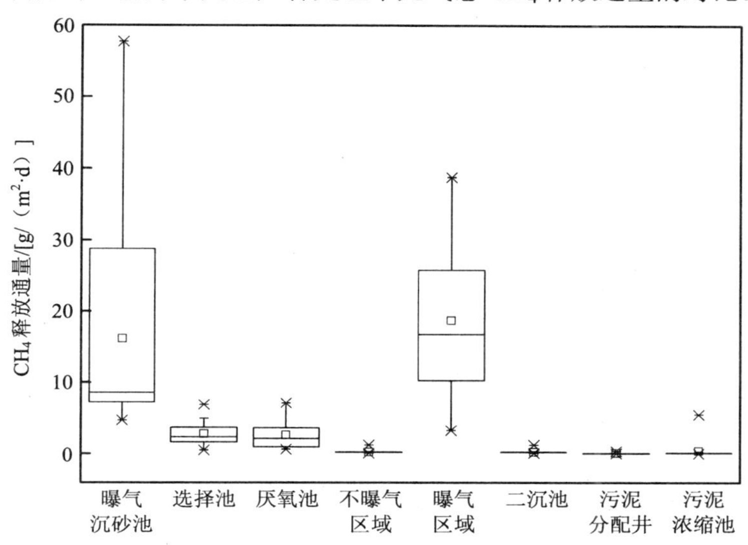

图 3.36　氧化沟工艺各处理单元气态 CH_4 的释放通量

图 3.37 为氧化沟工艺污水处理厂各处理单元溶解态 CH_4 质量浓度的对比。

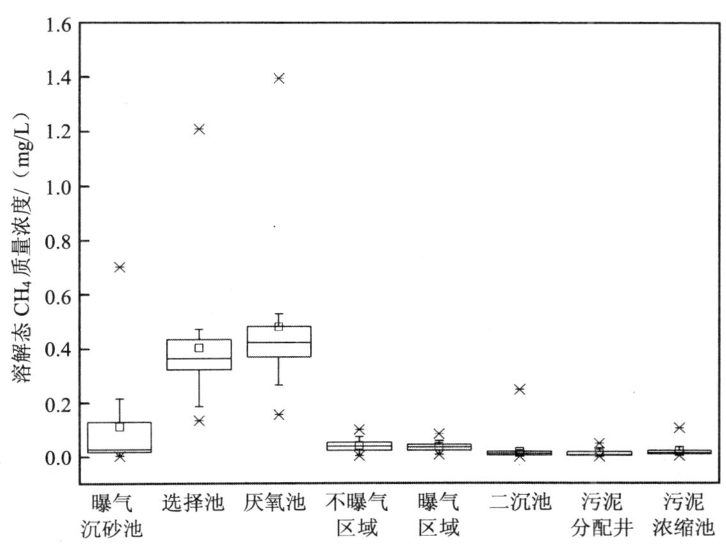

图 3.37　氧化沟工艺各单元溶解态 CH_4 的质量浓度

由图 3.36 可以看出，氧化沟工艺气态 CH_4 释放通量大小依次为：氧化沟池曝气区>曝气沉砂池>厌氧池>选择池>污泥分配井>污泥浓缩池>氧化沟池不曝气区>二沉池。由图 3.37 可以看出，氧化沟工艺各处理单元的溶解态 CH_4 质量浓度大小依次为：选择池>厌氧池>曝气沉砂池>氧化沟池不曝气区>氧化沟池曝气区>二沉池>污泥分配井>污泥浓缩池。

由于曝气沉砂池中存在剧烈的曝气扰动，将污水中溶解态 CH_4 吹脱释放出来，导致气态 CH_4 的释放通量较大为 14.1 g/（$m^2·d$），而池中溶解态 CH_4 的含量维持相对较高的水平（0.28 mg/L）。污水离开曝气沉砂池依次进入选择池和厌氧池后，由于存在局部厌氧环境，污水中的产甲烷菌会利用进水中的 COD 产甲烷，导致这两池中溶解态 CH_4 的质量浓度有所升高。由于存在机械搅拌作用，使污水中溶解的 CH_4 被部分释放出来。污水进入氧化沟池后，由于存在剧烈的曝气扰动作用，污水中溶解的 CH_4 被大量地吹脱释放出来，导致氧化沟池曝气区的气态 CH_4 释放通量最大，为 15.4 g/（$m^2·d$）。氧化沟内大量的污水将进水中溶解的 CH_4 迅速稀释，加之曝气吹脱作用释放大量的溶解态 CH_4，导致整个沟内的溶解态 CH_4 质量浓度较低。由于不存在曝气扰动作用，氧化沟池不曝气区的 CH_4 释放通量处于较低水平。二沉池、污泥分配井以及污泥浓缩池中 COD 质量浓度很低，几乎不会产生 CH_4，因此这三个池子中的溶解态 CH_4 含量和气态 CH_4 释放通量都很低。

图 3.38 为氧化沟工艺各处理单元气态 CH_4 吨水释放量的对比。

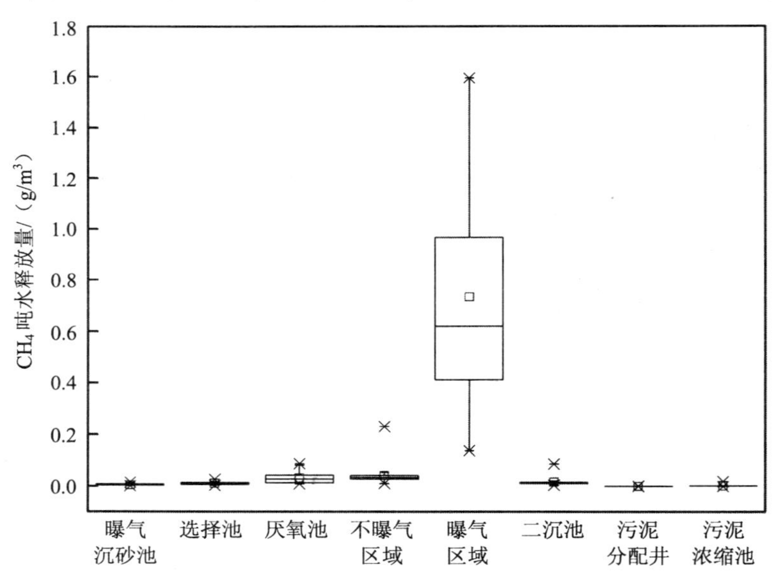

图 3.38　氧化沟工艺各处理单元气态 CH_4 的吨水释放量

由图 3.38 可以看出，各处理单元气态 CH_4 吨水排放量大小依次为：氧化沟池曝气区>厌氧池>氧化沟池不曝气区>选择池>曝气沉砂池>二沉池>污泥浓缩池>污泥分配井。由于氧化沟池曝气区气态 CH_4 释放通量最高，水面面积较大，使得其气态 CH_4 的排放量最大，为 0.73 g/m^3，占所有处理单元 CH_4 排放总量的 87.73%。

3.3.2.2 氧化沟工艺 CH_4 产生的主要点位

表 3.15 给出了氧化沟工艺污水处理厂各处理单元 CH_4 产生量的对比。

表 3.15 氧化沟工艺各处理单元 CH_4 产生量的对比　　单位：g/m^3

处理单元	溶解态 CH_4 的增加量	气态 CH_4 的释放量	CH_4 的产生量
曝气沉砂池	–0.01	0.01	0.00
选择池	0.15	0.01	0.16
厌氧池	0.03	0.03	0.06
氧化沟池曝气区	–0.42	0.73	—
氧化沟池不曝气区	0.01	0.04	0.05
二沉池	–0.03	0.02	–0.01
污泥分配井	–0.02	0.00	–0.02
污泥浓缩池	0.01	0.00	0.01

由表 3.15 可以看出，各处理单元 CH_4 产生量大小依次为：选择池＞厌氧池＞氧化沟池不曝气区＞污泥浓缩池＞二沉池＞污泥分配井＞氧化沟池曝气区。选择池是氧化沟工艺 CH_4 产生的主要点位，而氧化沟池曝气区是降低 CH_4 排放的主要控制点位。

3.3.2.3 氧化沟池 CH_4 的排放特征解析

图 3.39 和图 3.40 给出了氧化沟池内各条廊道曝气转刷处气态 CH_4 释放通量和溶解态 CH_4 质量浓度的变化情况。

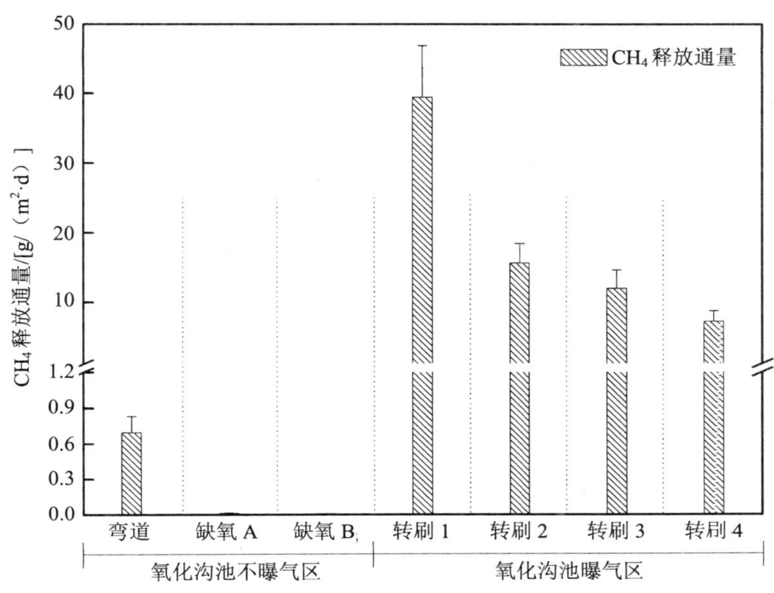

图 3.39 氧化沟池内不同监测点位气态 CH_4 释放通量的变化情况

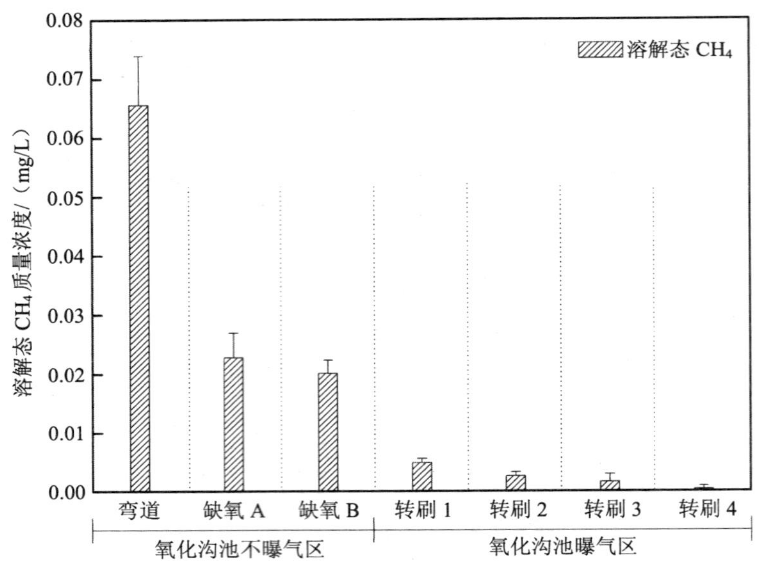

图 3.40 氧化沟池内不同监测点位溶解态 CH_4 质量浓度的变化情况

由图 3.39 和图 3.40 可以看出，对于氧化沟池不曝气区，氧化沟池进水弯道处气态 CH_4 的释放通量和溶解态 CH_4 含量要明显高于其他两个监测点位。这是因为，厌氧池出水中含有较高浓度的溶解态 CH_4，这部分 CH_4 在进水弯道口处与氧化沟池内流动的水体快速混合，水中溶解态 CH_4 的气液平衡受到冲击，导致气态 CH_4 快速释放，形成一定的释放通量。由于氧化沟池曝气区不具备产 CH_4 的条件，使得该区域释放的气态 CH_4 都来自不曝气区域污水中溶解的 CH_4。从第一廊道至第四廊道，由于水中溶解态 CH_4 被曝气转刷的吹脱作用不断地释放出来，使得水中溶解 CH_4 的质量浓度越来越低，导致气态 CH_4 释放通量越来越低。

3.3.2.4 水质参数对污水处理厂氧化沟工艺 CH_4 排放的影响

表 3.16 给出了氧化沟工艺污水处理厂气态 CH_4 的吨水释放量与各主要水质参数，包括进水 COD、进水 TN、水温和出水 COD 的相关性大小。回归分析结果显示，进水 COD 可能与气态 CH_4 的释放存在一定的关系，进水 COD 越大，气态 CH_4 的释放量越大。进水 TN、水温与出水 COD 对氧化沟工艺不同月份气态 CH_4 的释放影响不大。

表 3.16 氧化沟工艺 CH_4 的吨水释放量与各水质参数的关系

水质参数	相关系数（r）	显著性（$p<0.05$）
进水 COD	0.288	0.014
进水 TN	—	—
水温	—	—
出水 COD	—	—

注：— 表示无相关性。

3.3.3　城市污水处理厂氧化沟工艺 CO_2 的排放特征

3.3.3.1　氧化沟工艺各处理单元 CO_2 的排放特征

图 3.41 为氧化沟工艺污水处理厂各处理单元气态 CO_2 释放通量的对比。

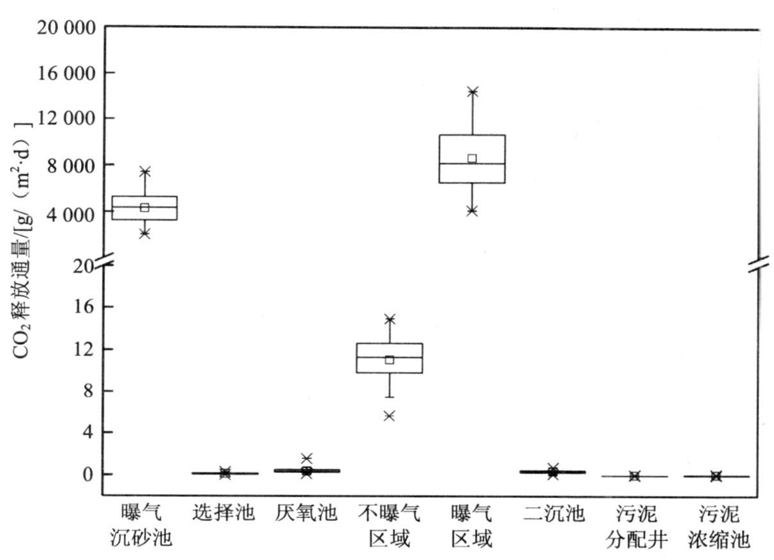

图 3.41　氧化沟工艺各处理单元气态 CO_2 的释放通量

图 3.42 为氧化沟工艺污水处理厂各处理单元溶解态 CO_2 质量浓度的对比。

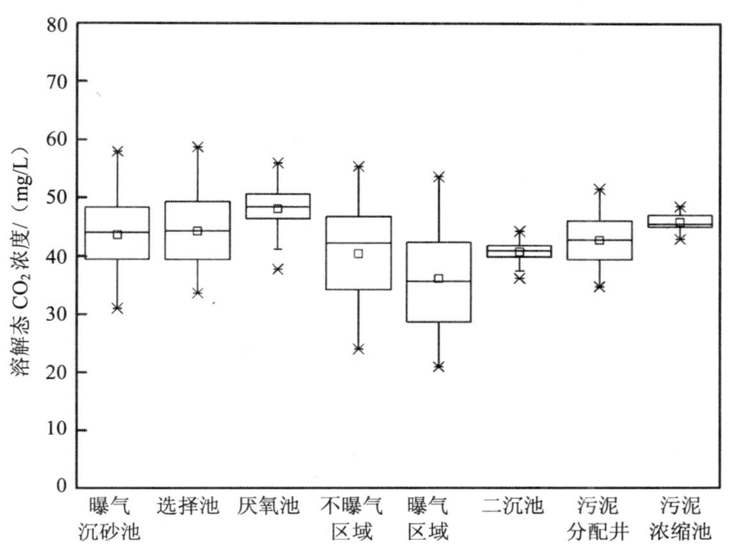

图 3.42　氧化沟工艺各处理单元溶解态 CO_2 的质量浓度

由图 3.41 可以看出，氧化沟工艺气态 CO_2 释放通量大小依次为：氧化沟池曝气区＞曝气沉砂池＞氧化沟池不曝气区＞厌氧池＞二沉池＞选择池＞污泥浓缩池＞污泥分配井。由图 3.42 可以看出，氧化沟工艺各污水处理单元溶解态 CO_2 的质量浓度相差不大。

进水管道中的微生物进行厌氧呼吸作用产生的 CO_2 气体以过量溶解的状态进入曝气沉砂池，并在曝气沉砂池中被迅速地吹脱释放出来，从而导致气态 CO_2 的释放通量较大，为 4 272 g/（m^2·d）。污水由曝气沉砂池依次进入选择池和厌氧池后，由于在这两个池子中的停留时间短，且流动状态较为稳定，使得 CO_2 的产生量及释放通量都较低。污水进入氧化沟池后，由于存在剧烈的曝气扰动作用，污水中溶解的 CO_2 被大量地吹脱释放出来，导致氧化沟池曝气区的气态 CH_4 释放通量最大，为 8 668.28 g/（m^2·d）。由于曝气作用将水中溶解的 CO_2 释放出来，导致氧化沟池不曝气区的溶解态 CO_2 质量浓度明显降低。由于氧化沟池不曝气区微生物的好氧呼吸作用受到抑制，只产生少量 CO_2，这部分 CO_2 继续溶解在污水中，使得氧化沟池不曝气区 CO_2 释放通量很低。二沉池、污泥分配井以及污泥浓缩池中 COD 质量浓度很低，几乎不会产生 CO_2，因此这三个池子中的溶解态 CO_2 含量和气态 CO_2 释放通量都很低。

图 3.43 为氧化沟工艺污水处理厂各处理单元气态 CO_2 吨水释放量的对比。

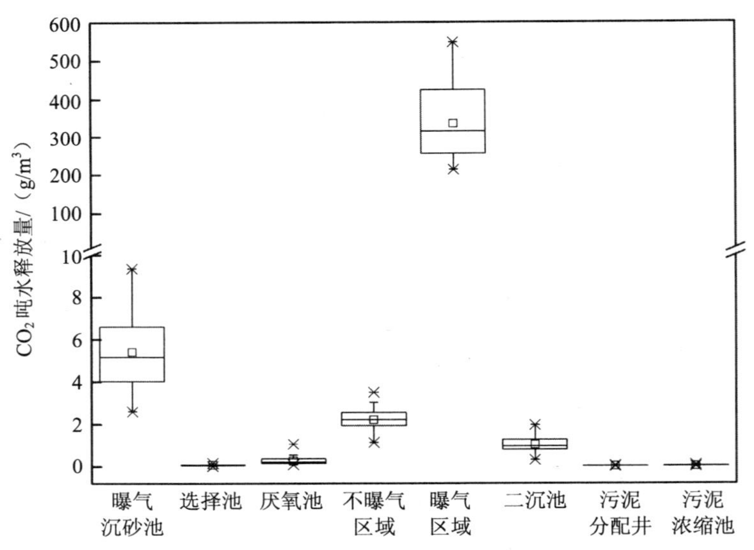

图 3.43 氧化沟工艺各处理单元气态 CO_2 的吨水释放量

由图 3.43 可以看出，氧化沟池曝气区气态 CO_2 的吨水释放量要明显高于其他处理单元，达到了 335.87 g/m^3，占氧化沟工艺气态 CO_2 吨水释放总量的 97.10%。

3.3.3.2 氧化沟工艺 CO_2 产生与排放的主要控制点位

表 3.17 给出了氧化沟工艺污水处理厂各处理单元 CO_2 产生量的对比。

表 3.17　氧化沟工艺各处理单元 CO_2 产生量的对比　　单位：g/m³

处理单元	溶解态 CO_2 的增加量	气态 CO_2 的释放量	CO_2 的产生量
曝气沉砂池	−5.39	5.39	0.00
选择池	0.62	0.06	0.68
厌氧池	3.83	0.27	4.10
氧化沟池曝气区	−11.94	335.87	323.93
氧化沟池不曝气区	4.26	2.20	6.46
二沉池	0.34	1.03	1.37
污泥分配井	1.99	0.02	2.01
污泥浓缩池	3.11	0.02	3.13

由表 3.17 可以看出，各处理单元 CO_2 产生量大小依次为：氧化沟池曝气区＞氧化沟池不曝气区＞厌氧池＞污泥浓缩池＞二沉池＞污泥分配井＞选择池。氧化沟池曝气区是氧化沟工艺 CO_2 产生的主要点位，也是降低 CO_2 排放的主要控制点位。

3.3.3.3　氧化沟池 CO_2 的排放特征解析

图 3.44 和图 3.45 给出了氧化沟池内各监测点位的气态 CO_2 释放通量和溶解态 CO_2 质量浓度的变化情况。

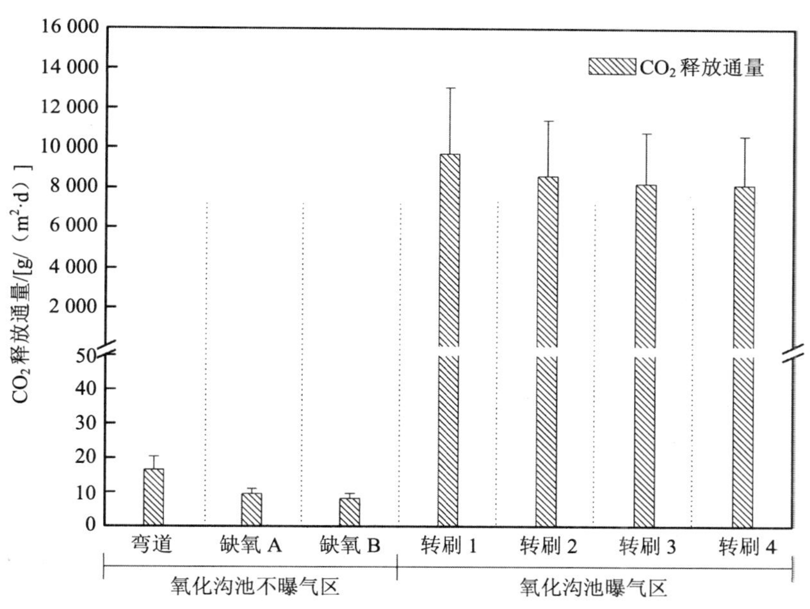

图 3.44　氧化沟内不同监测点位气态 CO_2 释放通量的变化情况

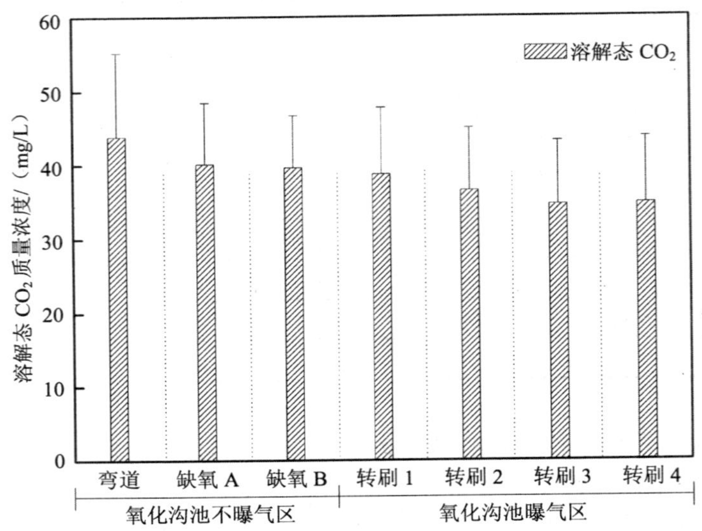

图 3.45　氧化沟内不同监测点位溶解态 CO_2 质量浓度的变化情况

由图 3.44 和图 3.45 可以看出，3 个不曝气监测点位和 4 个曝气监测点位的气态 CO_2 释放通量都逐渐递减；溶解态 CO_2 质量浓度在不曝气区域和曝气区域表现出与释放通量相类似的变化规律。对于氧化沟池不曝气区，进水弯道处的气态 CO_2 释放通量和溶解态 CO_2 含量较其他两个监测点位相对较高，这是因为：一方面，弯道监测点更靠近氧化沟进水口，进水中溶解的 CO_2 质量浓度更高，在弯道口处与氧化沟内的污水快速混合，破坏了气液平衡，加速溶解态 CO_2 的释放过程；另一方面，进水弯道处的有机物浓度较高，氧化沟内微生物的呼吸作用得到加强，产生了更多的 CO_2。随着氧化沟池内污水的逐渐混合，溶解态 CO_2 质量浓度在氧化沟池内变化较小。

3.3.3.4　水质参数对污水处理厂氧化沟工艺 CO_2 排放的影响

表 3.18 给出了氧化沟工艺污水处理厂气态 CO_2 的吨水释放量与各主要水质参数，包括进水 COD、进水 TN、水温和出水 COD 的相关性大小。回归分析结果显示，水温可能与气态 CO_2 的释放存在一定关系，水温越低，CO_2 释放越少。其他水质参数对 CO_2 释放的影响不大。

表 3.18　氧化沟工艺 CO_2 的吨水释放量与各主要水质参数的关系

水质参数	相关系数（r）	显著性（$p<0.05$）
进水 COD	—	—
进水 TN	—	—
水温	0.133	0.001
出水 COD	—	—

注：— 表示无相关性。

3.4 城市污水处理厂 SBR 工艺温室气体的排放特征

北京市某 SBR 工艺污水处理厂的处理规模为 8 万 m^3/d。一级处理单元包括格栅、泵房、旋流沉砂池、配水井。二级生物池共分成 4 个模块，每个模块包括 2 个同步运行的生物反应池。整个系统由于各模块的相互协调，形成一个可以连续进出水的污水处理系统。SBR 反应器经改造后加一个生物选择器，其基本功能是防止活性污泥膨胀。生物选择器内不曝气，维持缺氧/厌氧状态，硝酸盐可在此区域内得以反硝化；同时在生物选择器中进行磷的排放，为后续主曝气区磷的过度吸收创造条件。在主曝气区主要完成有机物降解、硝化/反硝化以及生物除磷过程。滗水器装置设在池子的末端，滗水时随着水面的下降，滗水器的下降速度与水面下降速度保持同步，滗水器上出水堰的独特设计可截留池子中的大部分浮泥。SBR 反应器的运行模式是：首先同时进水曝气 1 h，然后只曝气不进水运行 1 h，沉淀 1 h，滗水 1 h，其中沉淀阶段末端进行排泥，滗水前结束排泥。每个周期的总时间：4 h；循环周期次数：6 次/d。进水由分配井分配到各个生物池，保证各生物池进水水质相同。监测期间，水温年度变化范围在 14～25℃，进水 COD 质量浓度为 400～600 mg/L、总氮质量浓度为 60～90 mg/L、氨氮质量浓度为 50～80 mg/L，水厂的出水水质均达到国家《城镇污水处理厂污染物排放标准》（GB 18918—2002）一级 B 标准。

SBR 工艺采用时间推流模式，污水依次经过旋流沉砂池、污水分配井与 SBR 反应池（包括进水曝气阶段、沉淀阶段和滗水阶段），完成脱氮除磷、有机物的去除过程以及泥水分离过程，最后排出水厂。本小节将就 SBR 工艺各个处理单元（阶段）的温室气体排放特征进行逐一分析，给出 SBR 工艺 3 种温室气体产生与排放的主要点位，对主要点位温室气体的排放特征及影响因素进行深入研究，并分析水质参数对 SBR 工艺污水处理厂温室气体排放的影响。

3.4.1 城市污水处理厂 SBR 工艺 N_2O 的排放特征

3.4.1.1 SBR 工艺各处理单元（阶段）N_2O 的排放特征

图 3.46 为 SBR 工艺污水处理厂各处理单元（阶段）气态 N_2O 释放通量的对比。

图 3.47 为 SBR 工艺污水处理厂各处理单元（阶段）溶解态 N_2O 质量浓度的对比。

由图 3.46 可以看出，SBR 工艺污水处理厂各处理单元（阶段）气态 N_2O 的释放强度表现出巨大的差异，大小依次为：进水曝气阶段>>旋流沉砂池>沉淀阶段>污水分配井>滗水阶段。由图 3.47 可以看出，各处理单元（阶段）溶解态 N_2O 质量浓度大小依次为：沉淀阶段>滗水阶段>曝气阶段>旋流沉砂池>污水分配井。

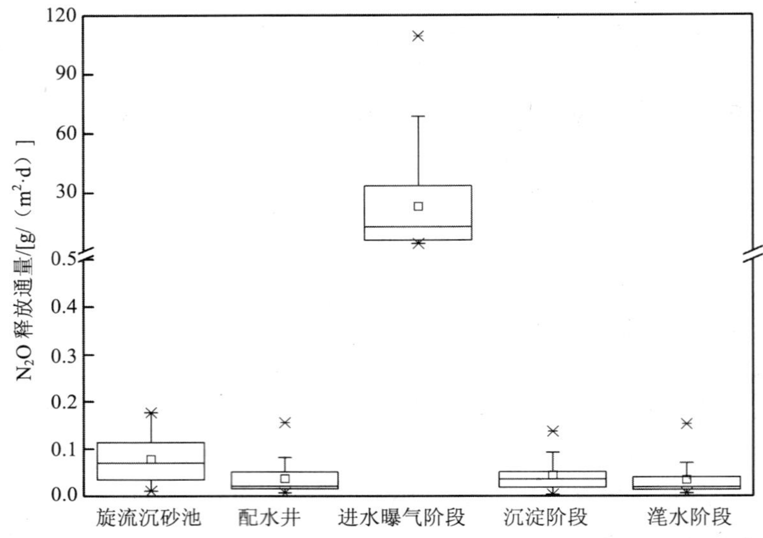

图 3.46 SBR 工艺各处理单元（阶段）气态 N_2O 的释放通量

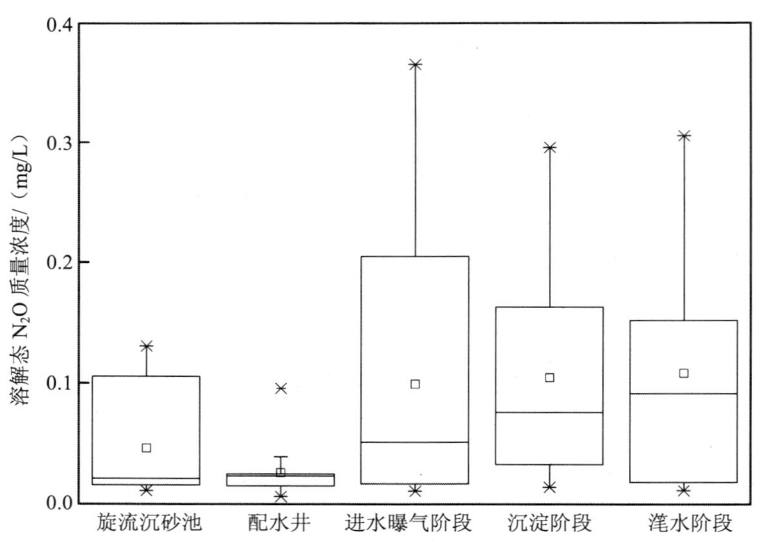

图 3.47 SBR 工艺各处理单元（阶段）溶解态 N_2O 质量浓度

旋流沉砂池和污水分配井污水中溶解的 N_2O 全部来自于进水中的低浓度的 N_2O，由于这两个处理单元中几乎不发生 N 的转化过程，几乎不产生 N_2O，因此旋流沉砂池和污水分配的气态 N_2O 释放通量和溶解态 N_2O 质量浓度都相对较低。污水进入 SBR 反应池后，由于进水曝气阶段剧烈的曝气吹脱作用将水中溶解的 N_2O（0.1 mg/L）大量地释放出来，导致该阶段气态 N_2O 释放强度[22.98 g/（m^2·d）]要明显高于其他处理单元（阶段）。进水曝气阶段释放的 N_2O 有 3 个来源：一是来自于硝化过程中产生的 N_2O[11]，二是来自于进水中

携带的溶解态 N_2O，三是来自于上一个周期 SBR 反应池剩余混合液中的溶解态 N_2O [12]。SBR 沉淀阶段和滗水阶段的溶解态 N_2O 质量浓度要高于进水曝气阶段，这是因为曝气结束后系统开始反硝化过程。由于曝气阶段消耗大量的 COD，致使反硝化过程中系统所需的碳源不足，反硝化过程进行不彻底，导致反硝化中间产物 N_2O 的产生[12]。由于这两个处理阶段不存在明显的扰动作用，使得气态 N_2O 的释放通量较低。

图 3.48 为 SBR 工艺各处理单元（阶段）N_2O 吨水释放量的对比。

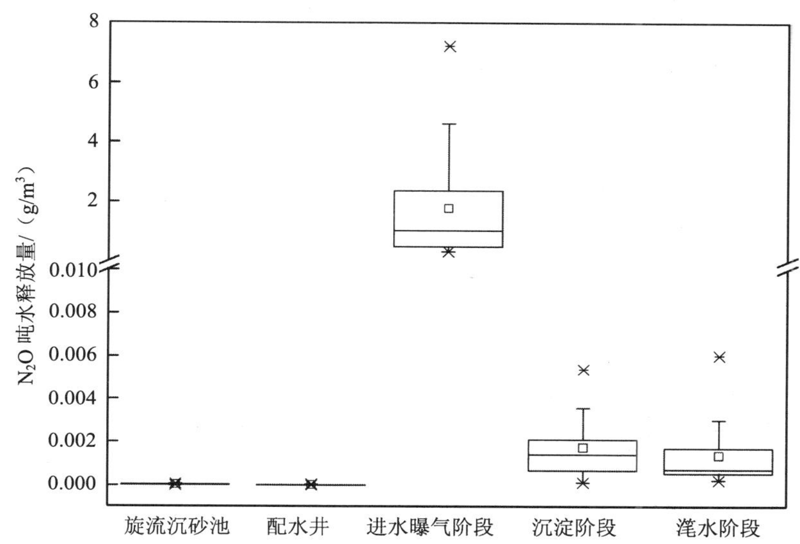

图 3.48　SBR 工艺各处理单元（阶段）气态 N_2O 的吨水释放量

由图 3.48 可以看出，不同处理单元（阶段）气态 N_2O 吨水释放量的大小依次为：进水曝气阶段≫沉淀阶段＞滗水阶段＞旋流沉砂池＞污水分配井。由于 SBR 进水曝气阶段气态 N_2O 的释放通量最大、污水停留时间较长，导致其气态 N_2O 吨水释放量最大，为 1.78 g/m^3，占整个污水处理厂气态 N_2O 吨水释放总量的 99.9%以上。

3.4.1.2　SBR 工艺 N_2O 产生与排放的主要点位

表 3.19 给出了 SBR 工艺污水处理厂各处理单元（阶段）N_2O 产生量的对比。

表 3.19　SBR 工艺各处理单元 N_2O 产生量的对比　　单位：g/m^3

处理单元	溶解态 N_2O 的增加量	气态 N_2O 的释放量	N_2O 的产生量
旋流沉砂池	-3.24×10^{-5}	3.24×10^{-5}	0.00
配水井	−0.02	1.67×10^{-5}	−0.02
进水曝气阶段	0.02	1.78	1.80
沉淀阶段	0.01	1.74×10^{-3}	0.01
滗水阶段	0.00	1.37×10^{-3}	0.00

由表 3.19 可以看出，SBR 进水曝气阶段 N_2O 的产生量为 1.80 g/m^3，明显大于其他处理单元（阶段），是 SBR 工艺 N_2O 产生的主要点位，也是降低 N_2O 排放的主要控制点位。

3.4.1.3 SBR 生物池周期内 N_2O 的排放特征解析

图 3.49 与图 3.50 分别给出了 SBR 周期内不同处理阶段气态 N_2O 释放通量、溶解态 N_2O 质量浓度与 DO 质量浓度的变化情况。

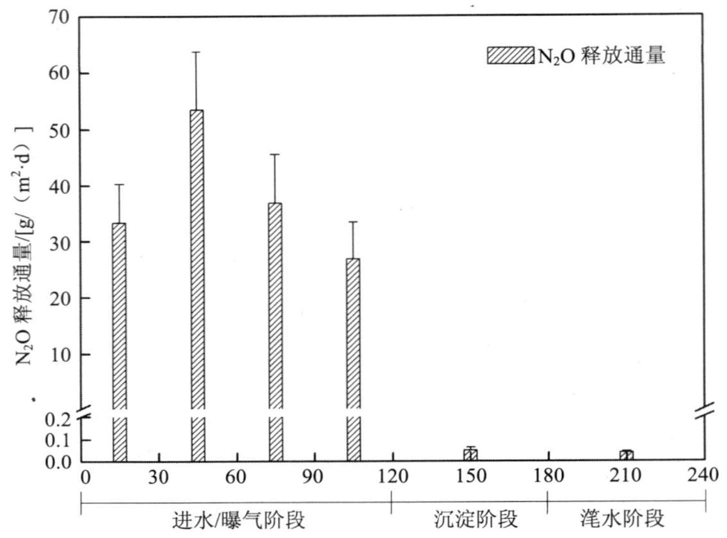

图 3.49 SBR 生物池周期内气态 N_2O 释放通量的变化情况

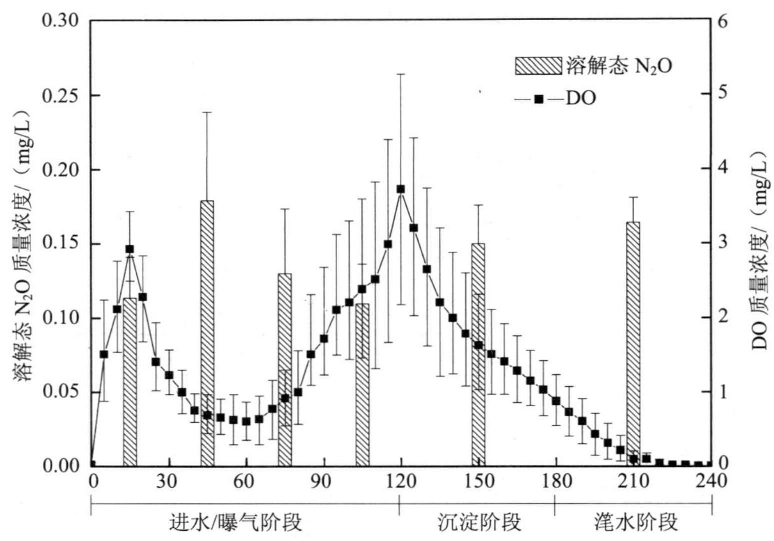

图 3.50 SBR 生物池周期内溶解态 N_2O 与 DO 质量浓度的变化情况

由图 3.49 与图 3.50 可以看出，在进水曝气阶段，前 15 min 的 DO 质量浓度由 0 迅速升至 2.93 mg/L，然后又在 35 min 时降至 1 mg/L 并维持 50 min 左右，最后又在曝气结束时升至 3.73 mg/L。这是因为进水过程中 SBR 反应池中底物浓度逐渐累积，微生物降解有机物消耗大量的 DO，导致 DO 质量浓度先升高后降低。随着有机物的逐渐消耗，微生物对 DO 的需求量减少，DO 质量浓度在曝气阶段的后期逐渐升高。进水曝气阶段，气态 N_2O 的释放通量从 33.28 g/（$m^2 \cdot d$）升至 53.35 g/（$m^2 \cdot d$），然后又逐渐降至 26.83 g/（$m^2 \cdot d$）。这是因为，曝气开始阶段，SBR 反应器中溶解的 N_2O 质量浓度较高，曝气吹脱作用会释放更多的溶解态 N_2O；同时曝气开始阶段的低 DO 质量浓度导致硝化反应不彻底，也产生一定量的 N_2O，这些 N_2O 也会被曝气作用吹脱释放出来。因此在 SBR 进水曝气阶段，气态 N_2O 释放通量一直维持较高的水平。沉淀与滗水阶段的溶解态 N_2O 质量浓度有所上升，这是因为曝气结束时 SBR 反应器中剩余 DO 会影响后续反硝化过程的彻底进行，造成沉淀与滗水阶段 N_2O 产生与积累。因此，对于 SBR 反应器，进水阶段 DO 质量浓度过低以及曝气结束时剩余 DO 质量浓度过高都是导致 N_2O 产生的主要因素。

3.4.1.4　水质参数对污水处理厂 SBR 工艺 N_2O 排放的影响

表 3.20 给出了 SBR 工艺污水处理厂气态 N_2O 的吨水释放量与各主要水质参数，包括进水 NH_4^+-N、进水 COD/N、水温和出水 TN 的相关性大小。回归分析结果显示，进水 NH_4^+-N 和出水 TN 可能与气态 N_2O 的释放存在一定关系，进水 NH_4^+-N、出水 TN 浓度越大，气态 N_2O 释放量越大。水温与进水 COD/N 对不同月份气态 N_2O 的释放的影响不明显。

表 3.20　SBR 工艺 N_2O 的吨水释放量与各水质参数的关系

水质参数	相关系数（r）	显著性（$p<0.05$）
进水 NH_4^+-N	0.142	0.023
进水 COD/N	—	—
水温	—	—
出水 TN	0.342	0.002

注：—表示无相关性。

3.4.2　城市污水处理厂 SBR 工艺 CH_4 的排放特征

3.4.2.1　SBR 工艺各处理单元（阶段）CH_4 的排放特征

图 3.51 为 SBR 工艺污水处理厂各处理单元（阶段）气态 CH_4 释放通量的对比。

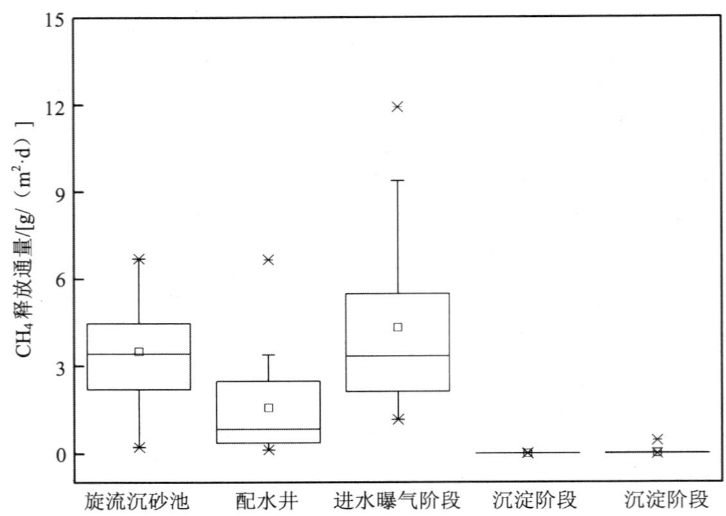

图 3.51 SBR 工艺各处理单元（阶段）气态 CH_4 的释放通量

图 3.52 为 SBR 工艺污水处理厂各处理单元（阶段）溶解态 CH_4 质量浓度的对比。

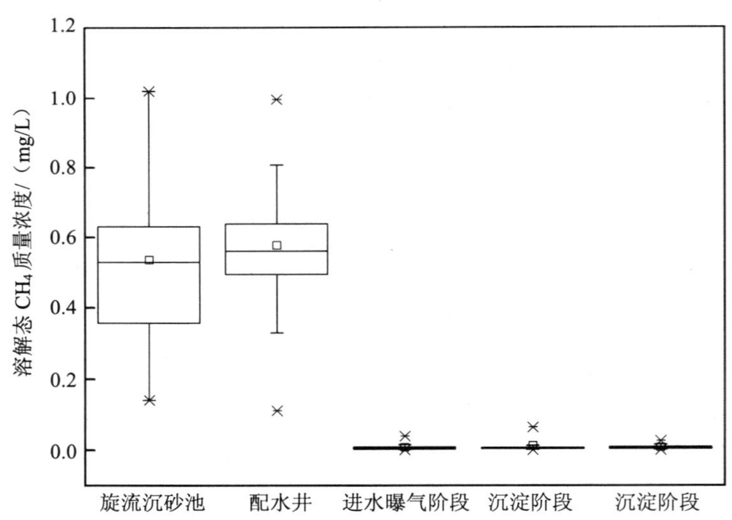

图 3.52 SBR 工艺各处理单元（阶段）溶解态 CH_4 的质量浓度

由图 3.51 可以看出，SBR 工艺各处理单元（阶段）气态 CH_4 释放通量大小依次为：进水曝气阶段＞旋流沉砂池＞配水井≫沉淀阶段＞滗水阶段。由图 3.52 可以看出，SBR 工艺各处理单元（阶段）溶解态 CH_4 质量浓度大小依次为：配水井＞旋流沉砂池≫进水曝气阶段＞沉淀阶段＞滗水阶段。

旋流沉砂池和配水井中的溶解态 CH_4 含量最高，这部分 CH_4 大多来自于进水中溶解的 CH_4。污水在旋流沉砂池中高速旋转，水面扰动相当大，因此 CH_4 释放通量较高；配水井用于进行阶段性配水过程，水面扰动较为明显，也形成了一定的气态 CH_4 释放通量。污水进入 SBR

反应池后被 SBR 池中的污水稀释，CH_4 质量浓度迅速降低，加之 SBR 进水曝气阶段剧烈的曝气吹脱作用，将大部分进水中溶解态 CH_4 都吹脱出来，因此进水曝气阶段溶解态 CH_4 的质量浓度很低，而 CH_4 的释放通量最高。当污水进入沉淀阶段和滗水阶段之后，溶解态 CH_4 质量浓度变化不大。这是因为曝气阶段的曝气吹脱作用将污水中大部分溶解态 CH_4 释放出来，且曝气阶段微生物消耗了水中大部分有机物导致剩余有机物浓度很低，因此沉淀阶段和滗水阶段几乎没有 CH_4 产生，而这两个阶段的气态 CH_4 释放通量也处于很低的水平。

图 3.53 为 SBR 工艺各处理单元（阶段）气态 CH_4 吨水释放量的对比。

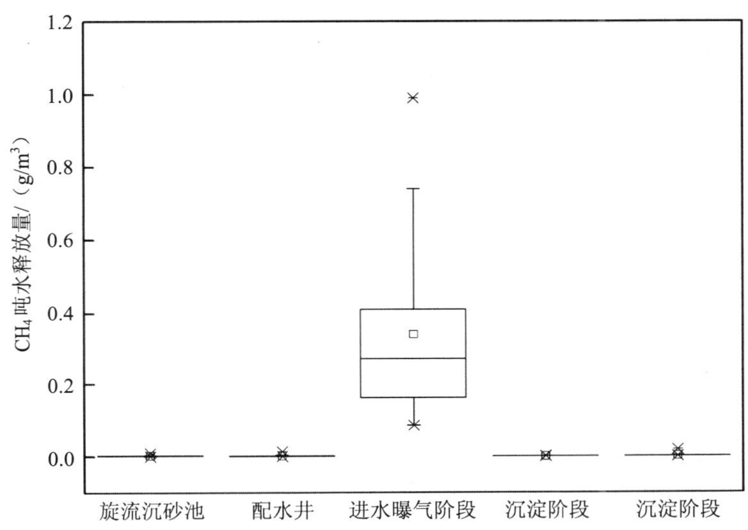

图 3.53　SBR 工艺各处理单元（阶段）气态 CH_4 的吨水排放量

由图 3.53 可以看出，SBR 工艺各处理单元（阶段）气态 CH_4 吨水释放量大小依次为：进水曝气阶段>>配水井>旋流沉砂池>沉淀阶段>滗水阶段。由于 SBR 进水曝气阶段 CH_4 的释放通量最高，且水力停留时间较长，导致其气态 CH_4 吨水释放量最大，为 0.34 g/m^3，占所有污水处理单元（阶段）气态 CH_4 排放总量的 98.94%。

3.4.2.2　SBR 工艺 CH_4 产生与排放的主要点位

表 3.21 给出了 SBR 工艺污水处理厂各处理单元（阶段）CH_4 产生量的对比。

表 3.21　SBR 工艺各处理单元 CH_4 产生量的对比　　单位：g/m^3

处理单元	溶解态 CH_4 的增加量	气态 CH_4 的释放量	CH_4 的产生量
旋流沉砂池	-1.73×10^{-3}	1.73×10^{-3}	0.00
配水井	0.05	1.11×10^{-3}	0.05
进水曝气阶段	−0.43	0.34	−0.09
沉淀阶段	0.00	9.19×10^{-5}	9.19×10^{-5}
滗水阶段	0.00	6.82×10^{-4}	6.82×10^{-4}

由表 3.21 可以看出，各处理单元（阶段）CH_4的产生量都很小，可以认为 SBR 工艺污水处理过程中几乎无 CH_4 产生，所排放的 CH_4 几乎全部来自于进水中溶解的 CH_4，而 SBR 进水曝气阶段是降低 CH_4 排放的主要控制点位。

3.4.2.3 SBR 生物池周期内 CH_4 的排放特征解析

图 3.54 和图 3.55 给出了 SBR 生物池周期内各监测时间段气态 CH_4 释放通量和溶解态 CH_4 质量浓度的变化情况。

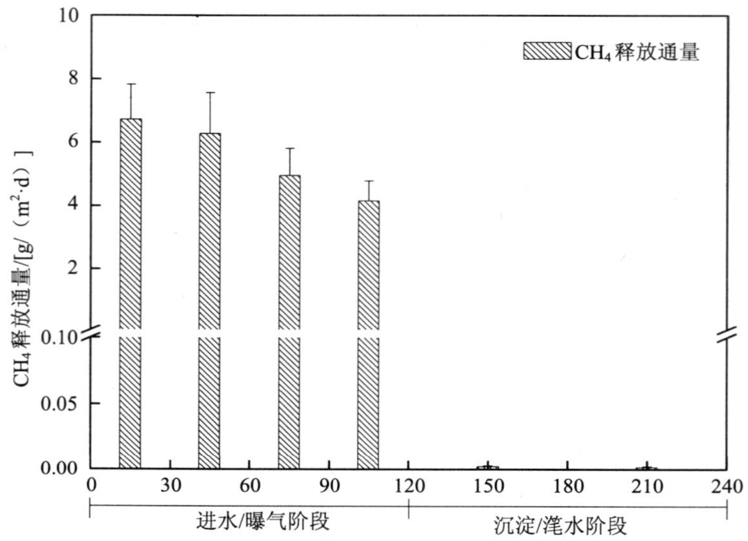

图 3.54 SBR 周期内不同监测时间段气态 CH_4 释放通量的变化情况

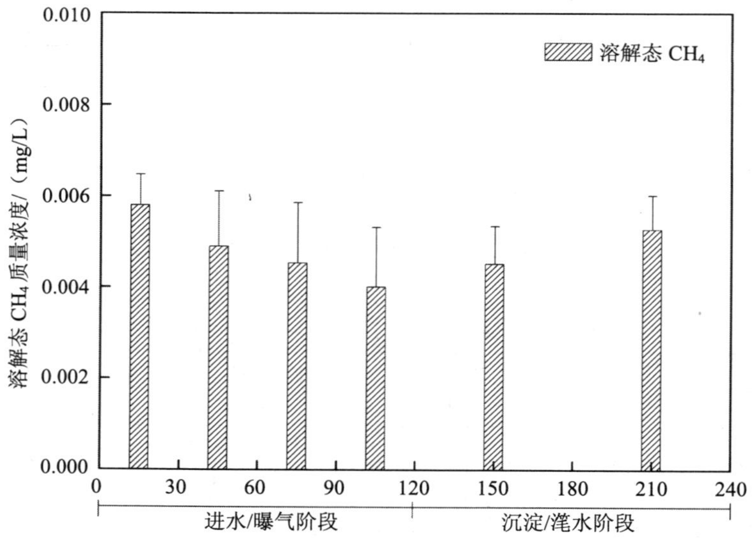

图 3.55 SBR 周期内不同监测时间段溶解态 CH_4 质量浓度的变化情况

由图 3.54 与图 3.55 可以看到，进水曝气阶段气态 CH_4 的释放通量和溶解态 CH_4 含量都逐渐降低，这是因为 SBR 进水曝气阶段释放的气态 CH_4 来自于配水井中溶解的高质量浓度 CH_4，而该阶段本身不具备产甲烷条件，因此随着曝气过程的逐渐进行，水中溶解态 CH_4 的含量逐渐减少，气态 CH_4 的释放通量也逐渐降低。由于 SBR 沉淀阶段与滗水阶段无明显的水力扰动，因此这两个阶段气态 CH_4 释放通量较低。而局部厌氧环境的存在有利于 CH_4 的产生，使得这两个污水处理阶段的溶解态 CH_4 含量较进水曝气阶段后期有所升高。

3.4.2.4　水质参数对污水处理厂 SBR 工艺 CH_4 排放的影响

表 3.22 给出了 SBR 工艺污水处理厂气态 CH_4 的吨水释放量与各主要水质参数，包括进水 COD、进水 TN、水温和出水 COD 的相关性大小。回归分析结果显示，出水 COD 和水温可能与气态 CH_4 的释放存在一定关系。其中，出水 COD 越低，水温越高，气态 CH_4 释放量越大，进水 COD 与进水 TN 对 SBR 工艺气态 CH_4 的释放影响不大。

表 3.22　SBR 工艺 CH_4 的吨水释放量与各水质参数的关系

水质参数	相关系数（r）	显著性（$p<0.05$）
进水 COD	—	—
进水 TN	—	—
水温	0.11	0.042
出水 COD	0.103	0.034

注：—表示无相关性。

3.4.3　城市污水处理厂 SBR 工艺 CO_2 的排放特征

3.4.3.1　SBR 工艺各处理单元 CO_2 的排放特征

图 3.56 为 SBR 工艺污水处理厂各处理单元（阶段）气态 CO_2 释放通量的对比。

图 3.57 为 SBR 工艺污水处理厂各处理单元（阶段）溶解态 CO_2 的质量浓度的对比。

由图 3.56 可以看出，SBR 工艺各处理单元（阶段）气态 CO_2 释放通量大小依次为：进水曝气阶段>>旋流沉砂池>配水井>沉淀阶段>滗水阶段。由图 3.57 可以看出，SBR 工艺各处理单元（阶段）溶解态 CO_2 质量浓度大小依次为：旋流沉砂池>滗水阶段>沉淀阶段>配水井>进水曝气阶段。

旋流沉砂池与配水井中溶解态 CO_2 含量相对较高，这部分 CO_2 来自于进水中溶解的 CO_2，由于这两个单元的污水处理过程相对平缓，因此气态 CO_2 的释放通量较低。当污水进入 SBR 反应池后，由于进水曝气阶段存在剧烈的曝气吹脱作用，将微生物的降解有机物产生的 CO_2 大量地吹脱释放出来，导致进水曝气阶段气态 CO_2 释放通量最高，而溶解态 CO_2 质量浓度相对较低。沉淀阶段与滗水阶段，微生物继续利用污水中的有机物进行反硝化作用，产生的 CO_2 大多溶于污水中，从而使得沉淀阶段和滗水阶段溶解态 CO_2 质量浓度有所升高。由于无明显的水力扰动，因此这两个阶段 CO_2 的释放通量较小。

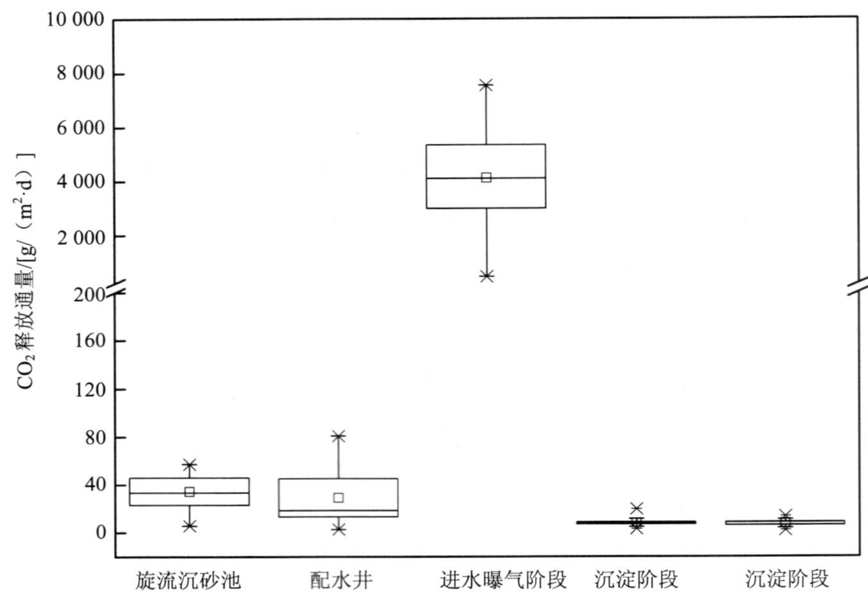

图 3.56 SBR 工艺各处理单元（阶段）气态 CO_2 的释放通量

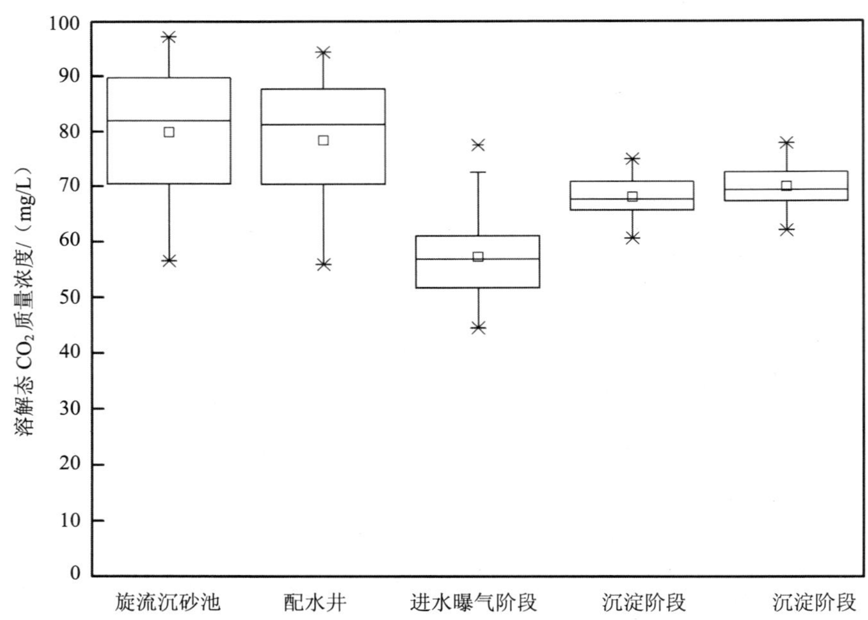

图 3.57 SBR 工艺各处理单元（阶段）溶解态 CO_2 的质量浓度

图 3.58 给出了 SBR 工艺各处理单元（阶段）气态 CO_2 吨水释放量的对比。

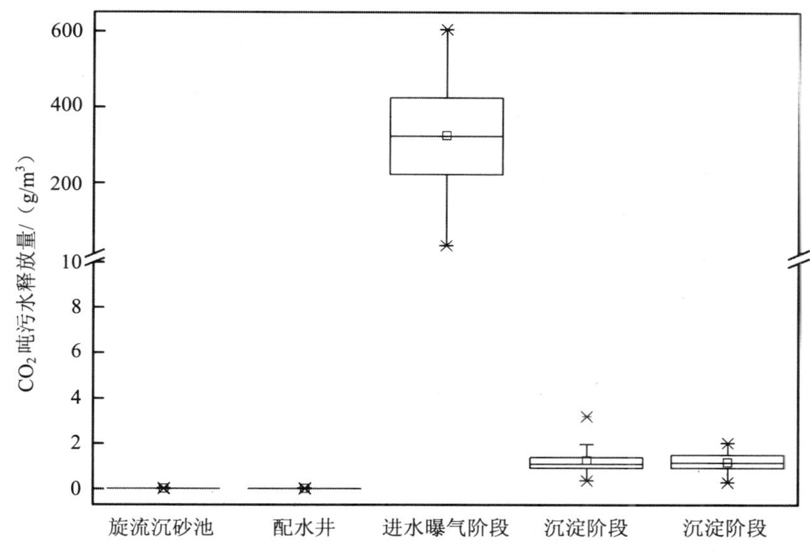

图 3.58　SBR 工艺各处理单元气态 CO_2 的吨水释放量

由图 3.58 可以看出，SBR 工艺各处理单元（阶段）气态 CO_2 吨水释放量大小依次为：进水曝气阶段>>沉淀阶段>滗水阶段>配水井>旋流沉砂池。由于 SBR 进水曝气阶段 CO_2 的释放通量最高，且水力停留时间较长，导致其气态 CO_2 吨水释放量最大，为 343.86 g/m^3，占所有污水处理单元（阶段）气态 CO_2 排放总量的 99%。

3.4.3.2　SBR 工艺 CO_2 产生与排放的主要点位

表 3.23 给出了 SBR 工艺污水处理厂各处理单元（阶段）CO_2 产生量的对比。

表 3.23　SBR 工艺各处理单元 CO_2 产生量的对比　　单位：g/m^3

处理单元	溶解态 CO_2 的增加量	气态 CO_2 的释放量	CO_2 的产生量
旋流沉砂池	−0.14	0.14	0.00
配水井	−1.49	0.15	−1.34
进水曝气阶段	−14.83	343.86	329.03
沉淀阶段	10.84	1.83	12.67
滗水阶段	1.85	1.36	3.21

由表 3.23 可以看出，SBR 进水曝气阶段 CO_2 的产生量为 329.03 g/m^3，明显大于其他处理单元（阶段），是 SBR 工艺 CO_2 产生的主要点位，也是降低 CO_2 排放的主要控制点位。

3.4.3.3　SBR 生物池周期内 CO_2 的排放特征解析

图 3.59 和图 3.60 给出了 SBR 生物池周期内各监测时间段气态 CO_2 的释放通量和溶解态 CO_2 质量浓度的变化情况。

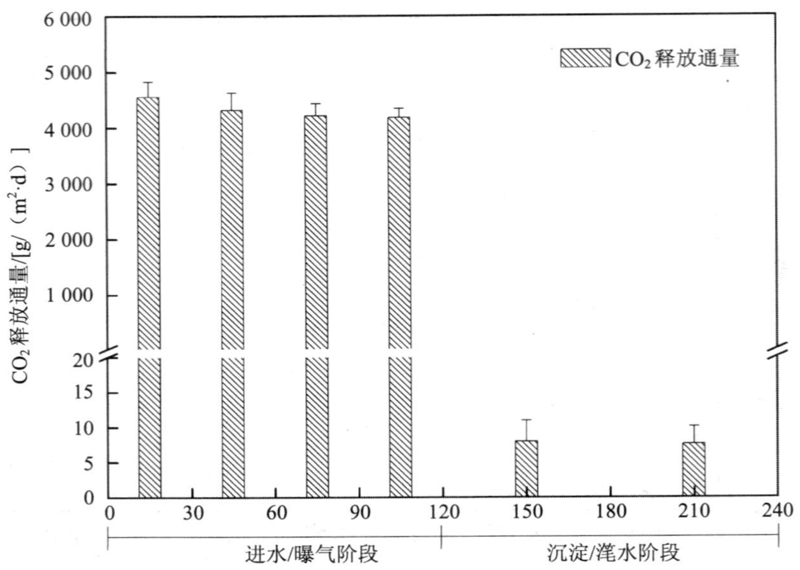

图 3.59 SBR 周期内不同监测时间段气态 CO_2 释放通量的变化情况

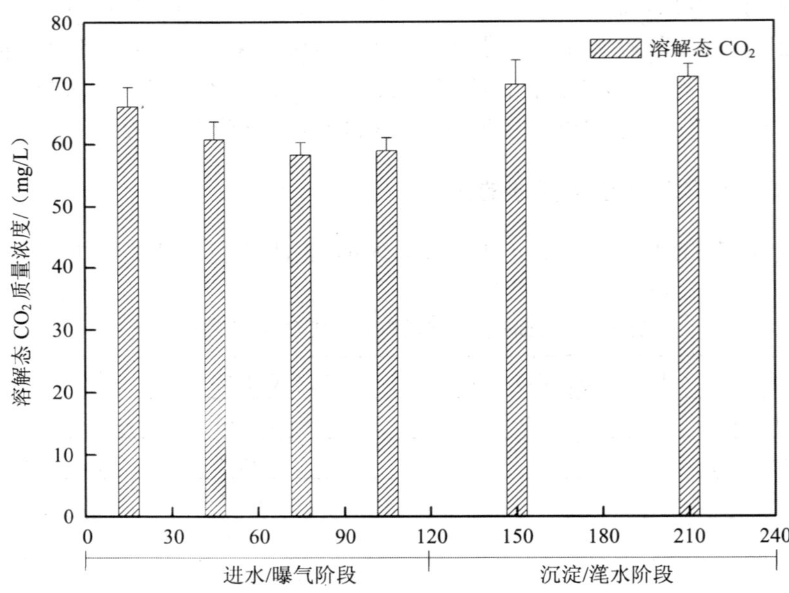

图 3.60 SBR 周期内不同监测时间段溶解态 CO_2 质量浓度的变化情况

由图 3.59 和图 3.60 可出看出，进水曝气阶段，前 60 min 时间段内，持续的进水过程使得 SBR 反应器内有机物含量逐渐升高，微生物降解有机物产生大量的 CO_2 气体，这部分 CO_2 被曝气作用迅速地吹脱释放出来。后 60 min 时间段内，随着污水中有机物的逐渐消耗，CO_2 的产生量逐渐降低，使得其释放通量也随之减小。SBR 沉淀阶段与滗水阶段不存在明显的水力扰动，导致这两个阶段气态 CO_2 的释放通量很低。微生物继续降解有机物产生 CO_2 并溶解在水中，导致沉淀与滗水阶段的溶解态 CO_2 质量浓度有所升高。

3.4.3.4　水质参数对污水处理厂 SBR 工艺 CO_2 排放的影响

表 3.24 给出了 SBR 工艺污水处理厂气态 CO_2 的吨水释放量与各主要水质参数，包括进水 COD、进水 TN、水温和出水 COD 的相关性大小。回归分析结果显示，水温可能与气态 CO_2 的释放存在一定关系，水温越低，CO_2 释放越少。其他水质参数对 CO_2 释放的影响不大。

表 3.24　SBR 工艺 CO_2 的吨水释放量与各主要水质参数的关系

水质参数	相关系数（r）	显著性（$p<0.05$）
进水 COD	—	—
进水 TN	—	—
水温	0.101	0.007
出水 COD	—	—

注：— 表示无相关性。

参考文献

[1] Hu Z，Zhang J，Li S，et al. Effect of aeration rate on the emission of N_2O in anoxic–aerobic sequencing batch reactors（A/O SBRs）[J]. Journal of Bioscience and Bioengineering，2010，109（5）：487-491.

[2] Guisasola A，de Haas D，Keller J，et al. Methane formation in sewer systems[J]. Water Research，2008，42（6）：1421-1430.

[3] Daelman M R，van Voorthuizen E M，van Dongen U G，et al. Methane emission during municipal wastewater treatment[J]. Water Research，2012，46（11）：3657-3670.

[4] Diaz-Valbuena L R，Leverenz H L，Cappa C D，et al. Methane，carbon dioxide，and nitrous oxide emissions from septic tank systems[J]. Environmental Science and Technology，2011，45（7）：2741-2747.

[5] Wang J H，Zhang J，Xie H，et al. Methane emissions from a full-scale A/A/O wastewater treatment plant[J]. Bioresource Technology，2011，102（9）：5479-5485.

[6] Toyoda S，Suzuki Y，Hattori S，et al. Isotopomer analysis of production and consumption mechanisms of N_2O and CH_4 in an advanced wastewater treatment system[J]. Environmental Science and Technology，2010，45（3）：917-922.

[7] Templeton A S，Chu K H，Alvarez-Cohen L，et al. Variable carbon isotope fractionation expressed by aerobic CH_4-oxidizing bacteria[J]. Geochimica et Cosmochimica Acta，2006，70（7）：1739-1752.

[8] Ettwig K F，Butler M K，Le Paslier D，et al. Nitrite-driven anaerobic methane oxidation by oxygenic bacteria[J]. Nature，2010，464（7288）：543-548.

[9] Raghoebarsing A A，Pol A，van de Pas-Schoonen K T，et al. A microbial consortium couples anaerobic methane oxidation to denitrification[J]. Nature，2006，440（7086）：918-921.

[10] Liu X H，Peng Y Z，Wu C Y，et al. Nitrous oxide production during nitrogen removal from domestic wastewater in lab-scale sequencing batch reactor[J]. Journal of Environmental Sciences，2008，20（6）：641-645.

[11] Tallec G，Garnier J，Billen G，et al. Nitrous oxide emissions from denitrifying activated sludge of urban wastewater treatment plants，under anoxia and low oxygenation[J]. Bioresource Technology，2008，99（7）：2200-2209.

[12] Itokawa H，Hanaki K，Matsuo T. Nitrous oxide production in high-loading biological nitrogen removal process under low COD/N ratio condition[J]. Water Research，2001，35（3）：657-664.

第4章　城市污水处理典型工艺温室气体排放影响因素研究

通过对城市污水处理厂典型工艺温室气体排放的现场监测研究，确定了典型工艺主要处理单元温室气体的排放特征和排放规律。但由于城市污水处理厂长期处于稳定运行状态，运行参数几乎不发生改变，因此，现场监测所得到的结果只是基于污水处理厂稳定运行工况条件下的温室气体的排放情况，无法进一步考察污水处理过程中工况参数的改变对于温室气体排放的影响。为了探索污水处理工况参数的改变对于温室气体排放的影响，可通过设计典型工艺的中试与小试实验，来研究典型工艺工况参数的改变对温室气体排放强度及排放规律的影响。

城市污水处理厂 N_2O 排放的研究结果表明，DO、亚硝酸盐浓度、进水 COD/N、污泥龄、进水底物浓度、水温及 pH 等会对污水处理过程中 N_2O 的产生造成影响，其中，DO 质量浓度、和进水 COD/N 是主要影响因素。对于中试实验而言，硝化及反硝化过程的 DO 质量浓度可以通过调节典型工艺的运行模式、曝气系统的曝气方式、曝气速率以及内回流比等方式来实现人为控制；而反硝化过程对于进水中碳源的利用率（相当于进水 COD/N 大小）可以通过调节各工艺硝化与反硝化的运行组合模式来实现。因此，本章主要研究了典型工艺不同运行参数条件下硝化及反硝化过程的 DO 质量浓度和缺氧反硝化工段对进水中碳源的利用率对于典型工艺 N_2O 排放的影响。对于 A/O 工艺，本章选取了好氧池曝气速率和内回流比作为主要的控制参数；对于氧化沟工艺，选取了曝气转刷运行模式及转动速率作为主要控制参数；对于 SBR 工艺，选取了 SBR 运行模式以及曝气速率作为主要控制参数。

中试及小试实验研究中，有关样品的采集与分析及水质测定的方法与现场监测过程中所使用的方法基本相同。

4.1　A/O 工艺温室气体排放的影响因素研究

由于 A^2/O 工艺和 A/O 工艺都包含反硝化处理单元，且现场监测结果显示，这两种工艺对温室气体排放产生影响的主要控制参数基本相同，变化规律比较一致。因此，只选定 A/O 工艺进行中试实验，研究主要控制参数的改变对温室气体排放的影响。

4.1.1 A/O 工艺中试实验设计

A/O 工艺中试实验装置如图 4.1 所示。A/O 中试实验装置包括生物池（缺氧池和好氧池）、二沉池 2 个构筑物，生物池由不锈钢钢板分为 4 部分，其中缺氧池 1 个，有效容积为 1.5 m^3，好氧池 3 个，每个好氧池的有效容积为 2.5 m^3，如图 4.2 所示。A/O 中试装置接种的污泥来自于污水处理厂 A/O 工艺二沉池的回流污泥，而中试装置的进水则是来自于污水处理厂的初沉池出水。实验过程中，进水流速控制在 1 m^3/h 左右，二沉池污泥的回流速率为 0.5 m^3/h，污泥龄 SRT 为 20 d，水力停留时间 HRT 为 9 h，混合污泥（MLSS）质量浓度为 4 500 mg/L。

图 4.1 A/O 工艺中试实验装置

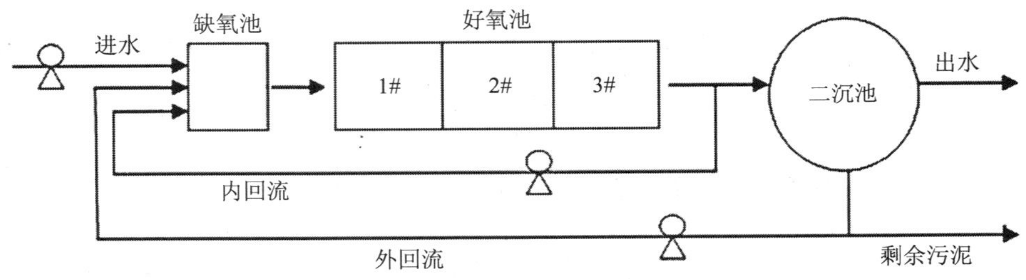

图 4.2 A/O 工艺示意图

根据国内外已有的研究结果和现场监测所得实验结果，A/O 工艺温室气体的产生主要来自于生物硝化过程、反硝化过程以及有机物氧化过程，而 DO 是影响这些过程中温室气体产生的最主要因素。由于曝气速率会影响好氧池的 DO 质量浓度，混合液回流会影响缺氧池的 DO 质量浓度，因此，研究选定曝气速率和内回流比作为 A/O 工艺温室气体排放的主要控制参数，考察了 3 种内回流比（200%、300%和 400%）和 4 种曝气速率（3.5 m^3/h、4.5 m^3/h、5.5 m^3/h 和 6.5 m^3/h）对温室气体排放的影响。

4.1.2 A/O 工艺中试装置的污水处理效能

表 4.1 给出了不同曝气速率条件下污染指标去除率的对比结果。可以看出，曝气速率越大，系统的 COD 去除率及 NH_4^+-N 转化率越高。TN 去除率随着曝气速率的增大先升高后降低，当曝气速率为 5.5 m^3/h 时，TN 去除率最高，为 57.6%。

表 4.1　不同曝气速率条件下污染指标的去除率

曝气速率/（m^3/h）	COD 去除率/%	NH_4^+-N 转化率/%	TN 去除率/%
3.5	79.10±2.26	77.21±3.13	49.29±3.35
4.5	86.46±5.15	87.32±4.28	53.59±3.30
5.5	85.40±1.52	97.59±0.90	57.58±2.20
6.5	88.70±3.12	99.05±0.50	55.09±2.71

表 4.2 给出了不同内回流比条件下污染指标去除率的对比结果。从表 4.2 可以看出，内回流比的改变对 COD 去除率、NH_4^+-N 转化率和 TN 去除率的影响不大。

表 4.2　不同内回流比条件下污染指标的去除率

内回流比/%	COD 去除率/%	NH_4^+-N 转化率/%	TN 去除率/%
200	82.73±3.10	97.24±1.35	51.14±4.44
300	85.40±2.29	97.59±1.91	57.59±3.30
400	81.15±3.15	96.96±2.24	58.88±3.51

4.1.3 A/O 工艺 N_2O 排放的影响因素研究

对于 A/O 工艺而言，好氧池的曝气速率能直接影响硝化过程中的 DO 质量浓度。曝气不足时，好氧池 DO 质量浓度低，导致硝化过程进行的不彻底，硝化细菌利用亚硝酸盐作为电子受体，发生硝化细菌的反硝化作用，产生 N_2O；曝气过量时，好氧池末端大量剩余的 DO 会随着内回流作用进入缺氧池，缺氧池中 DO 的存在会抑制 N_2O 还原酶的生物活性，导致 N_2O 的积累和排放。内回流比可以通过影响缺氧池的 DO 质量浓度来进一步影响反硝化过程中 N_2O 的产生量。内回流比越高，进入缺氧池的 DO 就越多，反硝化过程越容易受到抑制，N_2O 产生量越大。

4.1.3.1 曝气速率对 N_2O 排放的影响

图 4.3～图 4.5 分别为 A/O 中试装置在不同曝气速率下各处理单元 N_2O 释放通量、溶解态 N_2O 质量浓度以及 DO 质量浓度的变化情况。

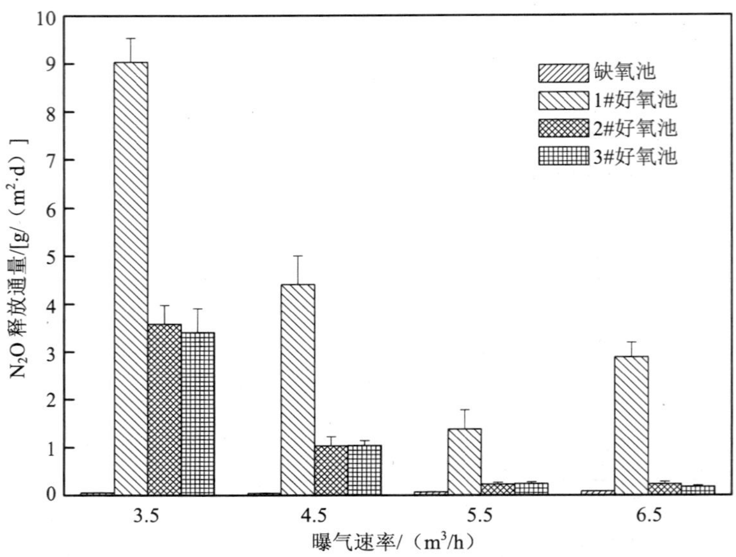

图 4.3 A/O 中试装置不同曝气速率条件下 N_2O 释放通量

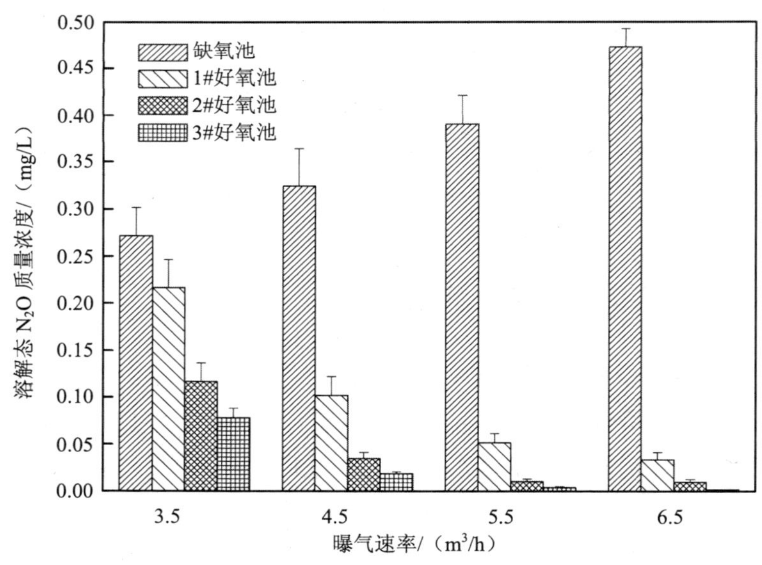

图 4.4 A/O 中试装置不同曝气速率条件下溶解态 N_2O 质量浓度

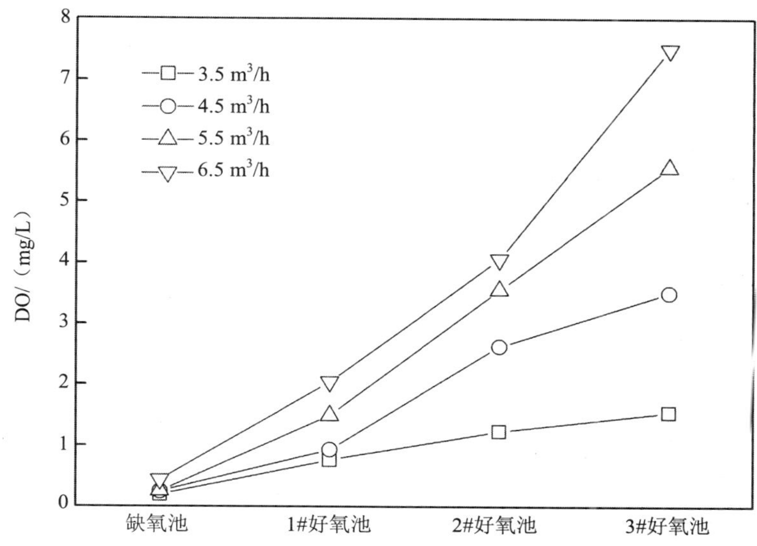

图 4.5　A/O 中试装置不同曝气速率条件下 DO 的变化情况

从图 4.3 可以看出，在 4 种曝气速率条件下，好氧池释放的 N_2O 均占到了系统 N_2O 总释放量的 99%以上。其中 1#好氧池的释放通量最大，达到了 1.39～9.0 g/（m^2·d）。由于缺氧池存在搅拌作用，也释放了一定量的 N_2O，其 N_2O 的释放通量为 0.04～0.08 g/（m^2·d）。

由于不彻底的反硝化过程产生的中间产物 N_2O 在缺氧池中不断地积累，导致缺氧池溶解态 N_2O 的质量浓度达到了 0.27～0.47 mg/L，这部分 N_2O 在污水经过曝气池时连同好氧池新产生的 N_2O 被一同吹脱释放出来，使得 3#好氧池剩余的溶解态 N_2O 质量浓度只有 0.01～0.07 mg/L。

由图 4.4 可以看出，曝气速率越高，缺氧池溶解态 N_2O 的质量浓度越大，当曝气速率达到 6.5 m^3/h 时，缺氧池溶解态 N_2O 质量浓度达到最大，为 0.47 mg/L。这是因为高曝气速率导致 3#好氧池中 DO 大量存在，DO 通过内回流作用进入缺氧池，曝气速率越高，进入缺氧池的 DO 越多，对反硝化的抑制作用越明显，N_2O 积累的就越多[1-5]。

对比图 4.3 与图 4.4 可以发现，当好氧池的曝气速率从 3.5 m^3/h 升至 6.5 m^3/h 时，缺氧池溶解态 N_2O 的质量浓度升高了 0.2 mg/L。但是，曝气速率为 6.5 m^3/h 时，好氧池 N_2O 的释放通量明显小于曝气速率为 3.5 m^3/h 时好氧池 N_2O 的释放通量，这就说明在 3.5 m^3/h 条件下，好氧池中有大量的 N_2O 产生，这是因为当曝气速率为 3.5 m^3/h 时，1#好氧池与 2#好氧池的 DO 质量浓度小于 1 mg/L（见图 4.5）。Guisasola 等[6]研究指出，AOB 的氧饱和常数为 0.20～0.40 mg/L，NOB 的氧饱和常数为 1.20～1.50 mg/L。因此，当 DO＜1 mg/L 时，AOB 对于 DO 的竞争能力要强于 NOB，系统中亚硝酸盐不能被及时地氧化为硝酸盐，从而导致了亚硝酸盐的积累，造成 N_2O 的大量产生。

随着曝气速率的逐渐升高，好氧池中 DO 质量浓度也逐渐升高，硝化过程中 N_2O 的产生量也随之降低，好氧池 N_2O 释放通量也随之减少。当好氧池曝气速率为 5.5 m^3/h 时 N_2O 的释放通量最低。

表 4.3 给出了 A/O 中试装置不同曝气速率条件下 N_2O 的吨水释放量对比结果。可以看出，N_2O 的吨水释放量随着曝气速率的升高先迅速降低后又升高，曝气速率为 3.5 m^3/h 对应的 N_2O 吨水释放量最大，为 0.80 g/m^3；曝气速率为 5.5 m^3/h 时，好氧池 N_2O 的吨水释放量最小，为 0.09 g/m^3。

表 4.3　A/O 中试装置不同曝气速率条件下 N_2O 的吨水释放量

曝气速率/（m^3/h）	N_2O 的吨水释放量/（g/m^3）
3.5	0.80±0.13
4.5	0.44±0.11
5.5	0.09±0.03
6.5	0.17±0.02

4.1.3.2　内回流比对 N_2O 排放的影响

在好氧池曝气速率为 5.5 m^3/h 条件下，研究了内回流比分别为 200%、300%和 400%时 A/O 工艺中试装置 N_2O 排放的变化情况，结果如图 4.6 和图 4.7 所示。

由图 4.6 和图 4.7 可以看出，内回流比越高，缺氧池溶解态 N_2O 的质量浓度越高，1#好氧池 N_2O 的释放通量越大。这是因为内回流比越高，从 3#好氧池进入缺氧池的 DO 就越多，由于 N_2O 还原酶的活性更易受到 DO 的抑制[3]，反硝化过程进行得不彻底，导致 N_2O 的积累，这部分积累的 N_2O 在污水进入 1#好氧池时被大量地吹脱释放出来，导致 1#好氧池 N_2O 的释放通量要明显高于 2#好氧池与 3#好氧池。

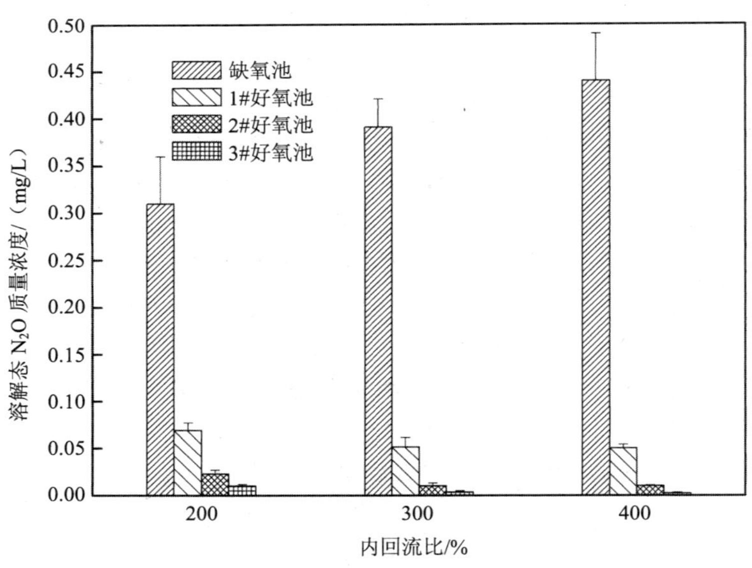

图 4.6　A/O 中试装置不同内回流比条件下溶解态 N_2O 的质量浓度

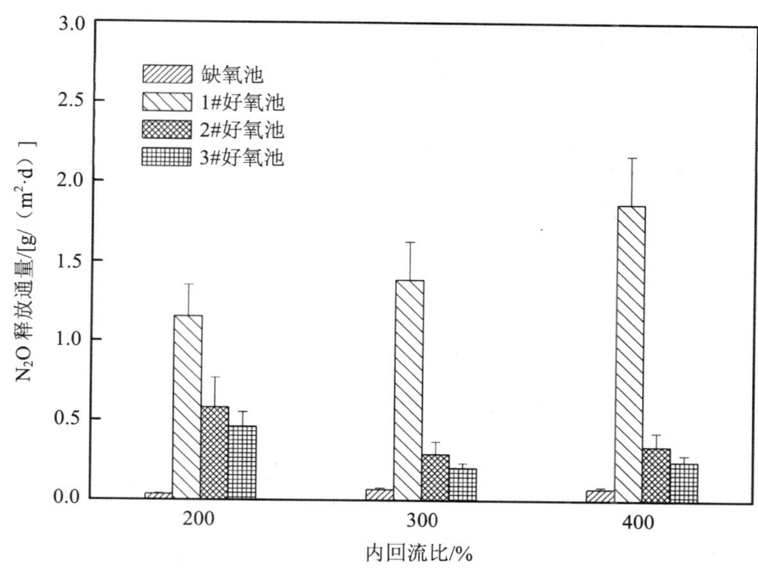

图 4.7　A/O 中试装置不同内回流比条件下 N_2O 的释放通量

由图 4.7 还可以看到，内回流比为 200%时，2#好氧池与 3#好氧池的 N_2O 释放通量要大于内回流比为 300%与 400%时的对应值。这可能是因为内回流比越低，越不利于系统脱氮。污水中较高的 NO_x^--N 浓度更容易导致硝化过程中发生硝化细菌的反硝化作用，产生更多的 N_2O，从而使得内回流比为 200%时，2#好氧池与 3#好氧池具有较高的 N_2O 释放通量。

表 4.4 给出了不同内回流比条件下中试 A/O 装置 N_2O 的吨水释放量对比结果。可以看出，不同内回流比条件下 N_2O 吨水释放量的差异不是很大。内回流比为 300%时，N_2O 的吨水释放量最小，为 0.094 g/m^3；内回流比为 400%时，N_2O 的吨水释放量最大，为 0.123 g/m^3。

表 4.4　A/O 中试装置不同内回流比条件下 N_2O 的吨水释放量

内回流比/%	N_2O 的吨水释放量/（g/m^3）
200	0.11±0.02
300	0.09±0.03
400	0.12±0.03

4.1.4　A/O 工艺 CH_4 排放的影响因素研究

由污水处理厂温室气体排放的现场监测结果可知，好氧池释放的 CH_4 全部来自于缺氧池的溶解态 CH_4。因此，A/O 工艺 CH_4 吨水排放量的大小与缺氧池中溶解态 CH_4 的含量多少直接相关。不同好氧池曝气速率导致的 DO 质量浓度的变化会通过内回流作用影响缺氧池中 DO 的质量浓度，进而对缺氧池溶解态 CH_4 的含量产生影响；由于存在内回流作用，不同的内回流比会导致进入缺氧池的 DO 量有所不同，这也会影响缺氧池中溶解态 CH_4 含量[7,8]。

4.1.4.1 曝气速率对 CH_4 排放的影响

由图 4.5 可知，4 种曝气速率条件对应的好氧池末端 DO 质量浓度分别为 1.5 mg/L、3.5 mg/L、5.5 mg/L 和 7.5 mg/L。好氧池末端不同 DO 质量浓度与缺氧池溶解态 CH_4 含量及 CH_4 吨水排放量的关系如图 4.8 所示。

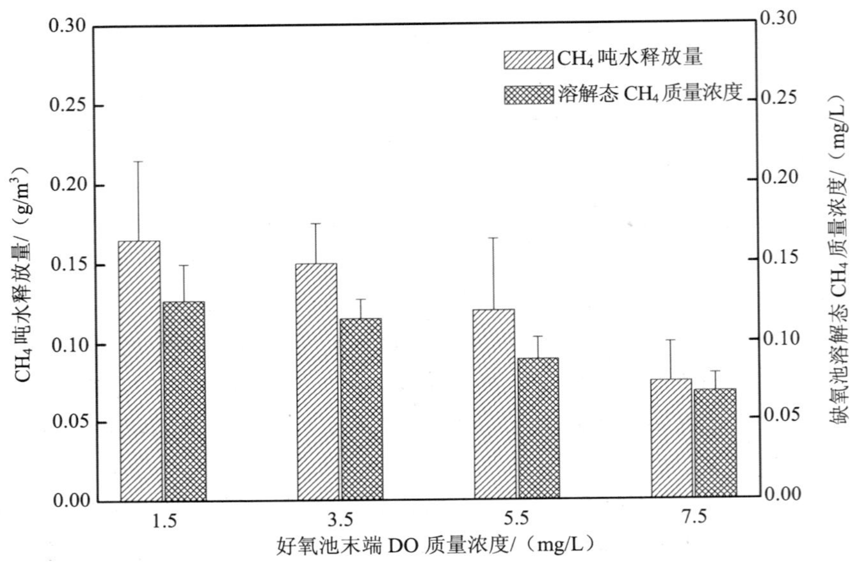

图 4.8 A/O 工艺缺氧池溶解态 CH_4 和 CH_4 吨水排放量随好氧池末端 DO 的变化情况

由图 4.8 可以看到，随着好氧池末端 DO 质量浓度不断升高，缺氧池中的溶解态 CH_4 含量逐渐降低，系统的 CH_4 吨水排放量逐渐降低。这是因为，当曝气池末端 DO 质量浓度升高时，回流污水中的 DO 质量浓度升高，进入缺氧池的 DO 会消耗掉更多的溶解态 CH_4，导致缺氧池中溶解态 CH_4 含量降低，在曝气池中被吹脱释放的 CH_4 量减少，进而导致 CH_4 的吨水排放量降低；另外，高 DO 质量浓度也会加大好氧池中 CH_4 的氧化速率，导致好氧池中溶解态 CH_4 被进一步消耗，从而减少了 CH_4 的吨水排放量。

4.1.4.2 内回流比对 CH_4 排放的影响

图 4.9 给出了中试 A/O 装置缺氧池溶解态 CH_4 含量与 CH_4 吨水排放量随内回流比的变化情况。可以发现，在 200%、300%和 400%三个内回流比条件下，随着内回流比的增大，缺氧池溶解态 CH_4 的质量浓度与 CH_4 的吨水排放量都逐渐减小。这是因为内回流比的增大：一方面，加大了对缺氧池进水中溶解态 CH_4 的稀释作用；另一方面，缺氧池中溶解的 CH_4 更加容易被回流污水中的 DO 消耗掉。所以，随着内回流比的增大，缺氧池中溶解态

CH_4 被氧化的越多，剩余的 CH_4 量越小，当污水进入好氧池时，被吹脱排出的 CH_4 量相对减少。

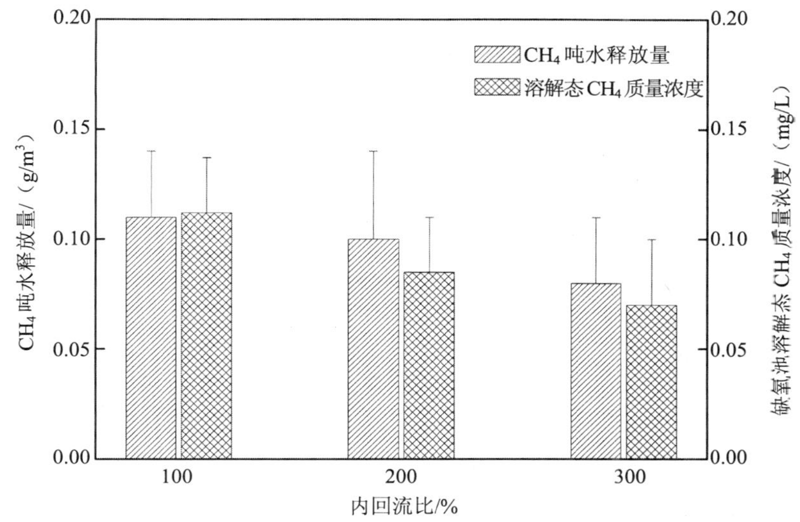

图 4.9　A/O 工艺缺氧池溶解态 CH_4 与 CH_4 吨水排放量随内回流比的变化情况

4.1.5　A/O 工艺 CO_2 排放的影响因素研究

4.1.5.1　曝气速率对 CO_2 排放的影响

在 A/O 工艺中，好氧池曝气速率的变化可以改变好氧池中的充氧条件，使一些好氧微生物的生物活性被激发，有机污染物被大量降解，产生一定量的 CO_2。同时，控制曝气量还可以控制水中污泥和污水的混合程度，曝气量越大，好氧池中泥水混合得越充分，微生物对水中有机物降解得越快越充分，有利于 CO_2 的产生。

在保证 COD 去除率的前提下，曝气速率的改变对 CO_2 吨水释放量的影响情况如表 4.5 所示。

表 4.5　A/O 中试装置不同曝气速率条件下 CO_2 的吨水释放量

曝气速率/（m^3/h）	CO_2 吨水释放量/（g/m^3）
3.5	63.78±4.76
4.5	78.19±7.06
5.5	87.73±7.60
6.5	83.87±6.07

由表 4.5 可以看出，CO_2 的吨水排放量随着曝气速率的变大而增大。随着曝气速率增大至 5.5 m^3/h 时，CO_2 的吨水释放量达到最大，当曝气速率继续升至 6.5 m^3/h 时，CO_2 的

吨水排放量有所降低，但变化不明显。

曝气速率在 3.5～5.5m^3/h 范围内逐渐升高时，水中的 DO 含量逐渐增加，有利于好氧微生物加快对有机物的降解，单位时间内可以产生更多的 CO_2，这部分 CO_2 在曝气过程中被吹脱释放出来，导致单位面积上 CO_2 的释放通量更大，从而使得 CO_2 吨水释放量更大。但是，曝气速率太大反而会使微生物在下一阶段缺乏营养，易于老化，结构变得松散。当曝气速率为 6.5 m^3/h 时，好氧段初期过大曝气速率会加快微生物的新陈代谢，使得 COD 快速降低，一些微生物因水中碳源不足，提前进入衰亡期而进行内源呼吸，消耗自身营养物质。在此情况下 CO_2 的释放量较曝气速率为 5.5 m^3/h 时有所降低。

4.1.5.2 A/O 工艺不同内回流比对 CO_2 吨水排放量的影响

表 4.6 给出了当曝气速率为 5.5 m^3/h 时，不同内回流比（200%、300%和 400%）对 CO_2 吨水释放量的影响。

表 4.6 A/O 中试装置不同内回流比条件下 CO_2 的吨水释放量

内回流比/%	CO_2 吨水释放量/（g/m^3）
200	89.30±5.83
300	87.73±7.60
400	87.59±4.49

由表 4.6 可以看出，随着内回流比的升高，CO_2 的吨水释放量略有降低。因此可以认为，A/O 工艺中内回流比的变化对 CO_2 的排放影响很小。

4.1.6 A/O 工艺微生物种群结构对 N_2O 排放的影响研究

城市污水处理厂 A/O 工艺 N_2O 排放的现场监测发现外部条件的变化会对 N_2O 的产生与排放造成影响。通过 A/O 工艺中试 N_2O 排放的研究结果，发现通过改变控制参数可以控制 N_2O 的产生与排放。但是，N_2O 的产生是一个生物化学过程，外部条件及改变工艺参数对于 N_2O 产生与排放的影响都是通过影响产 N_2O 微生物的种群结构以及微生物代谢途径来实现的。污水处理过程中产 N_2O 优势菌的存在会导致 N_2O 的产生与排放，可以通过抑制产 N_2O 优势菌的活性或改变它的代谢途径来减少 N_2O 的排放量。而现场及中试实验无法深入到微生物菌种类型这一层次，难以研究产 N_2O 的功能菌群。因此，在城市污水处理厂 A/O 工艺 N_2O 排放的现场监测及中试研究的基础上，选择了 A/O 工艺进行了微生物种群结构对 N_2O 产生的影响研究，以期进一步了解微生物菌种类型与 N_2O 排放之间的关系，并建立通过抑制产 N_2O 优势菌种来减少 N_2O 排放的可行方法。对于氧化沟和 SBR 工艺，也可以采用该方法来研究减少污水处理过程中 N_2O 的产生与排放。

4.1.6.1 A/O 工艺小试实验设计与方法

1. 小试实验设计

活性污泥中不同的微生物菌种类型会对污水处理过程中 N_2O 的产生与排放造成影响[8, 9]。在 A/O 工艺城市污水处理厂 N_2O 排放的现场监测研究和中试研究的基础上，为了进一步了解控制条件下微生物菌种类型与 N_2O 排放之间的关系，设计了以模拟废水为处理对象，以 DO、SRT 以及内回流比 R 为影响因素的连续运行的实验室小试实验。

A/O 工艺实验室小试装置采用有机玻璃制成（见图 4.10），由缺氧池、好氧池和二沉池组成。其中缺氧池有效容积为 1.6 L，采用电动搅拌器进行搅拌。好氧池有效容积为 4.8 L，分为 3 个隔室，每个 1.6 L。采用气泵进行鼓风曝气，通过转子流量计控制曝气速率。好氧池采用电动搅拌器进行搅拌以保证泥水充分混合。竖流式二沉池的有效容积为 3 L。反应器进水、污泥回流和硝化液回流均采用蠕动泵进行控制。采用连续流运行方式，反应区的 HRT 为 12 h，反应器中 MLSS 根据实验条件不同控制在 1 500～3 000 mg/L，污泥回流比为 50%，实验温度控制在（20.0±2.0）℃。活性污泥取自北京市某污水处理厂 A/O 工艺好氧段的混合污泥。接种前，将污泥闷曝 24 h，利用内源呼吸作用消耗残余物质，之后投入反应器中，进行活性污泥的培养与驯化。实验用水为人工配制的模拟城市生活污水。具体的配水成分和浓度参考 Hu 等[10]。

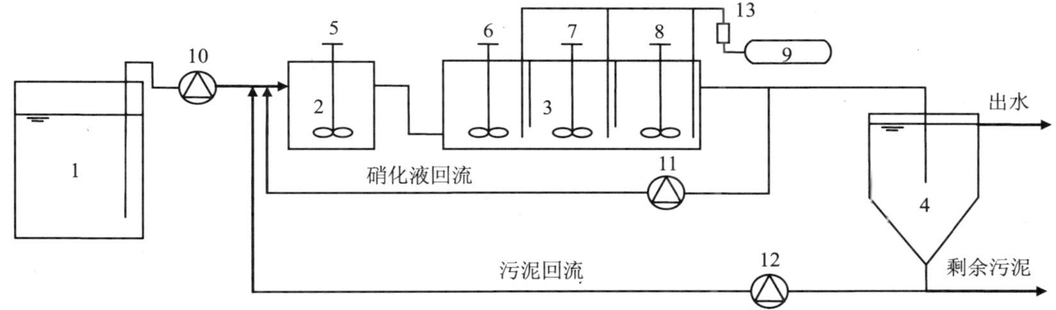

注：1. 水箱；2. 缺氧池；3. 好氧池；4. 二沉池；5～8. 搅拌器；9. 空压机；10～12. 蠕动泵；13. 流量计

图 4.10 A/O 工艺小试实验装置

研究中分别设置好氧池 DO 为 0.6 mg/L、1.2 mg/L 和 2.5 mg/L，SRT 分别为 10 d、15 d 和 20 d，内回流比 R 分别为 200%、300%和 400%作为各个参数的变化范围，通过正交实验设计，考察不同参数组合条件下污染指标的去除情况、微生物种群的变化情况以及 N_2O 的排放大小。在出水水质达标的前提下，研究控制条件下微生物种群变化与 N_2O 排放之间的关系，寻求 A/O 工艺 N_2O 减排的优势种群。正交实验设计结果如表 4.7 所示。

2. A/O 工艺小试实验材料与方法

（1）污泥样品预处理及总 DNA 提取　取适量污泥样品于 5 mL 灭菌离心管中，用无菌水清洗 3 次，离心 5 min（4℃，4 000 r/min），弃去上清液，得到沉淀污泥，用于总 DNA 的提取。总 DNA 的提取采用 Promega 公司生产的 Fast DNA Kit for Soil 试剂盒进行活性污泥的总 DNA 的提取及纯化。使用紫外可见分光光度计对纯化后的 DNA 样品进行浓度及纯度的测定。并通过 1%的琼脂糖凝胶检测。

表 4.7　正交实验设计结果

实验阶段/影响因素	DO/（mg/L）	SRT/d	*R*/%
stage 1	2.5	20	300
stage 2	2.5	15	200
stage 3	2.5	10	400
stage 4	1.2	20	200
stage 5	1.2	15	400
stage 6	1.2	10	300
stage 7	0.6	20	400
stage 8	0.6	15	300
stage 9	0.6	10	200

（2）DNA 的 PCR 扩增　对纯化后的 DNA 采用细菌通用引物进行 16S rRNA 基因的 V3 区 PCR 扩增，反应引物的序列如表 4.8 所示，为提高 DGGE 条带的分离效果，在前引物的 5′段添加 GC 夹。PCR 反应体系（50 μL）为：含 Mg^{2+}的 10×PCR buffer 5 μL，dNTP（2.5 mmol/L）5 μL，Taq 酶 0.25 μL，引物（10 μmol/L）各 2 μL，模板 5 ng/μL。PCR 扩增反应程序为：94℃预变性 3 min，之后 94℃变性 30 s，再 55℃退火 30 s，72℃延伸 1 min。在该条件下共循环 25 次，最后一次循环结束后在 72℃加时延伸 10 min，于 4℃保存。PCR 产物通过 2%的琼脂糖凝胶电泳（90 V，30 min）检测。

表 4.8　实验所用 16S rRNA 通用引物

项目	引物	序列
细菌	EUB338F	5'-CGCCCGCCGCGCGCGGCGGGCGGGGCGGGGGCACGGGGGACTCCTACGGGAGGCAGCAG-3'
	EUB534R	5'-ATTACCGCGGCTGCTGG-3'

注：下划线部分为“GC 夹”。

（3）PCR 产物变性梯度凝胶电泳（DGGE）分析　实验采用 Bio-Rad 公司的基因突变检测系统来对 PCR 扩增产物进行 DGGE 分离。首先，应用梯度混合装置制备 8%的丙烯酰胺凝胶，变性剂浓度从 35%～65%，配方如表 4.9 所示。变性剂的浓度从胶的上方向下方依次递增；待胶凝固后将胶板放入装有电泳缓冲液的电泳槽中，样品加完后在 80V，60℃条件下电泳 16 h。最后，电泳结束时，取出凝胶，将其放入 1×SYBR Green Ⅰ中染色 30 min。取出水洗 5 min 后，在紫外成像系统中观察，并获取胶图。

表 4.9　丙烯酰胺母液配制方案

变性剂浓度	40% 双丙烯酰胺	50×TAE	Urea	去离子甲酰胺	dH_2O
35%	4 mL	0.4 mL	2.94 g	2.8 mL	To 20 mL
65%	4 mL	0.4 mL	5.46 g	5.2 mL	To 20 mL

（4）高通量测序　将提取的污泥总DNA用带有不同的TAG标签的通用引物515F/806R（前引物序列 GTGCCAGCMGCCGCGGTAA，后引物序列 GGACTACHVGGGTWTCTAAT）进行 PCR 扩增，然后将 PCR 扩增产物进行切胶纯化，纯化后的样品溶解在适量的 TE 缓冲液中。然后将纯化后的 DNA 样品等 ng 混合，进行 454 高通量测序。

4.1.6.2　实验结果分析

1. 污泥样品的 DGGE 分析

（1）污泥样品总 DNA 的提取、纯化及 PCR 扩增　对 9 个正交实验条件下 A/O 工艺的缺氧池和好氧池的污泥样品进行编号分别为号 A1～A9 和 O1～O9，对其进行提取和纯化。然后对细菌 V3 区（338～534）进行 PCR 扩增，图 4.11 显示了 18 个样品的细菌 PCR 扩增产物在约 200 bp 处有较亮条带，说明 PCR 扩增效果较好，可以进行后续实验。

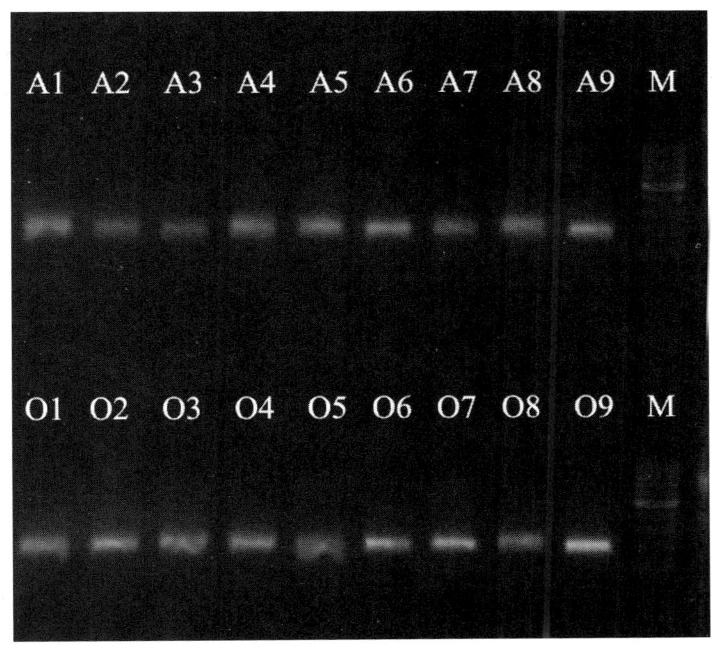

图 4.11　18 个 DNA 样品的 PCR 产物凝胶电泳图

（2）DGGE 实验结果分析　不同工艺参数条件下缺氧池 A1～A9 污泥样品和好氧池 O1～O9 污泥样品的总细菌的 DGGE 分离图谱见图 4.12。从 DGGE 图谱中可对各样品的条带多样性及均匀分布程度作一直观了解。电泳条带越多，说明微生物多样性越丰富；条带信号越强，表明该种属的数量越多。

通过对 DGGE 图谱的分析，可以对各污泥样品条带的多样性和均匀分布程度有一个直观的了解。电泳条带的数量越多，说明样品中微生物的多样性越丰富；而条带的信号越强，则表明该种属的微生物数量越多[11]。从图 4.12 中可以看出，18 个污泥样品的泳道均有较为丰富的条带且具有明显的变化性，进而表明 A/O 反应器中的微生物种类十分丰富。不同工艺参数条件下有一些始终保持稳定存在的菌种，它们中有些是优势菌种，有些并不占优势，也有一些随着工艺参数的改变而逐渐被淘汰的菌种，还有在新的工艺参数条件下逐渐成为优势菌的菌种。

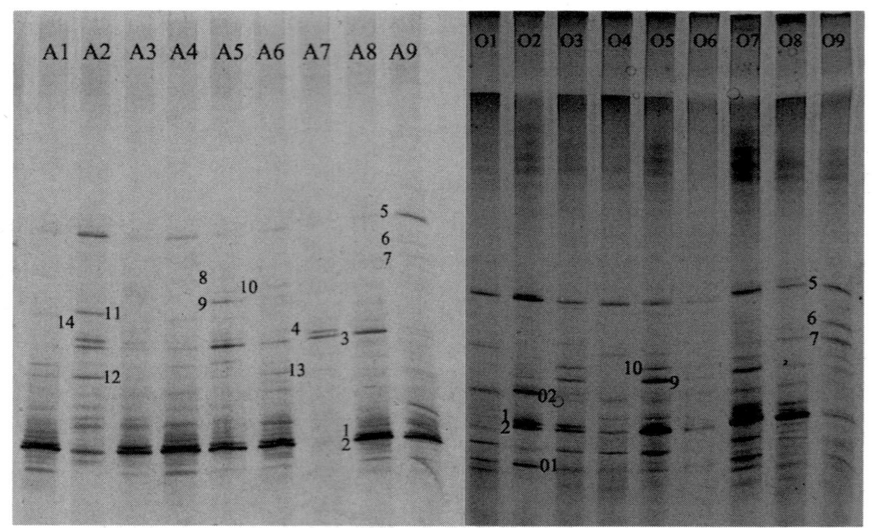

图 4.12 不同参数条件下缺氧池 A1～A9 和好氧池 O1～O9 污泥样品细菌 DGGE 分离图谱

根据 DGGE 图谱计算污泥样品细菌的香农多样性指数 SDI（Shannon's diversity index），结果如表 4.10 所示。

表 4.10 污泥样品细菌香农多样性指数

样品	A1	A2	A3	A4	A5	A6	A7	A8	A9
SDI	3.93	4.38	4.30	3.60	3.90	3.28	4.48	4.24	3.83
样品	O1	O2	O3	O4	O5	O6	O7	O8	O9
SDI	3.09	3.00	3.17	2.88	2.48	3.99	3.42	2.74	3.50

从表 4.10 中可以看出，总体上来说缺氧处理单元的细菌 SDI 比好氧处理单元高。并且不同工艺参数组合条件下好氧处理单元的细菌 SDI 波动比缺氧处理单元更大，分别为 1.2 和 1.57，说明好氧处理单元的细菌群落结构更容易受到环境因素的影响。缺氧处理单元污泥样品 A7 的 SDI 最高为 4.47，而好氧处理单元污泥样品 O6 的 SDI 最高为 3.99，即缺氧和好氧处理单元分别在 stage 7（DO = 2.5 mg /L，SRT = 10 d，R = 400%）和 stage 6（DO = 1.2 mg /L，SRT = 20 d，R = 200%）实验条件下多样性最好。

好氧处理单元细菌 SDI 均在 SRT 为 20 d 时达到最大值，而在 15 d 时最小，说明 SDI 随着 SRT 的增加先降低后有所回升。当好氧处理单元 DO 质量浓度为 2.5 mg/L 时好氧处理单元污泥样品的 SDI 最高，可能是高 DO 质量浓度条件有利于好氧处理单元细菌多样性。而缺氧处理单元正相反，当好氧处理单元 DO 质量浓度为 2.5 mg/L 时 SDI 最低，可能是高 DO 质量浓度会使缺氧微生物生长活动受到抑制。另外，缺氧处理单元 SDI 随着硝化液回流比的提高而增大，而好氧处理单元 SDI 则随着硝化液回流比的提高而减小。

表 4.11 和表 4.12 分别为不同实验条件下缺氧处理单元以及好氧处理单元污泥样品的菌群相似性分析结果。

表 4.11　不同实验条件下缺氧处理单元污泥样品的菌群相似性分析　单位：%

污泥样品	A1	A2	A3	A4	A5	A6	A7	A8	A9
A1	100.00	58.10	42.20	48.30	48.90	53.70	49.10	33.20	62.70
A2		100.00	39.00	55.30	69.70	57.90	60.50	31.60	68.80
A3			100.00	40.60	38.00	34.70	27.70	38.90	29.50
A4				100.00	67.80	70.60	66.30	39.30	52.50
A5					100.00	67.80	73.50	34.10	59.10
A6						100.00	74.20	27.90	67.90
A7							100.00	24.50	65.80
A8								100.00	25.20
A9									100.00

表 4.12　不同实验条件下好氧处理单元污泥样品的菌群相似性分析　单位：%

污泥样品	O1	O2	O3	O4	O5	O6	O7	O8	O9
O1	100.00	39.40	38.70	39.20	38.80	57.10	45.10	58.30	35.50
O2		100.00	91.60	89.60	85.80	35.10	47.90	35.90	17.10
O3			100.00	82.70	85.70	35.30	51.60	38.00	18.80
O4				100.00	82.80	34.10	43.70	32.50	16.10
O5					100.00	36.70	54.40	34.50	18.20
O6						100.00	42.30	66.00	52.60
O7							100.00	55.00	27.80
O8								100.00	49.90
O9									100.00

由表 4.11 和表 4.12 可以看出，缺氧处理单元不同实验条件下污泥样品活性污泥的菌群相似度较低，说明工艺参数的改变对细菌群落结构的影响明显。另外，同一个实验条件下缺氧和好氧处理单元污泥样品中各条带位置和亮度相似（见图 4.12），这可能是由于 A/O 反应器存在污泥和硝化液回流，所以缺氧和好氧处理单元微生物大致相似，但仍存在一定差异。

2. 微生物群落结构对 N_2O 排放的影响分析

（1）N_2O 释放量的对比分析　表 4.13 给出了 9 组实验条件下的 N_2O 释放情况。每组实验均稳定运行 1 个 SRT 以上，确保了工艺中活性污泥的微生物群落结构达到较为稳定的状态。

表 4.13 不同运行条件 A/O 反应器 N_2O 的吨水释放量

实验条件	N_2O 吨水释放量/（g/m^3）
条件 1	6.0×10^{-4}
条件 2	13.6×10^{-4}
条件 3	132.0×10^{-4}
条件 4	9.2×10^{-4}
条件 5	9.6×10^{-4}
条件 6	60.0×10^{-4}
条件 7	13.2×10^{-4}
条件 8	18.4×10^{-4}
条件 9	$3\,640.0\times10^{-4}$

由表 4.13 可以看出，条件 1 的 N_2O 吨水释放量最小，只有 6.0×10^{-4} g/m^3 污水；条件 9 的 N_2O 吨水释放量最大，达到了 $3\,640.0\times10^{-4}$ g/m^3 污水，两者相差 900 多倍，说明 A/O 运行条件的改变对于 N_2O 的释放存在显著影响。结合 DGGE 分析结果可知，运行条件的改变会导致活性污泥中微生物种群结构的显著变化，这也是 N_2O 产生与排放量出现明显差异的重要原因。

（2）活性污泥的微生物群落结构分析　对 9 组实验中 N_2O 释放量最大（条件 1）和最小（条件 9）情况下的活性污泥样品的总 DNA 进行高通量测序，分别分析 A 池和 O 池中活性污泥的微生物群落结构，其测得的污泥样品总 DNA 序列数如表 4.14 所示。

表 4.14 污泥样品总 DNA 的序列数

污泥样品名称	原始序列数	高质量序列数
A1	80 310	77 036
O1	79 392	74 115
A9	59 530	58 057
O9	85 895	83 211
总数	305 127	292 419
均值	76 281	73 104

从表 4.14 可知，高通量测序共获得 305 127 条原始序列，用 FLASH 软件将序列长度小于 150 bp 的低质量序列去掉，共得到 292 419 条高质量的序列，占测序总序列数的 95.8%，平均每个样品有 73 104 条高质量序列。

图 4.13 为条件 1 和条件 9 下 A 池和 O 池的活性污泥的微生物群落结构分布情况。

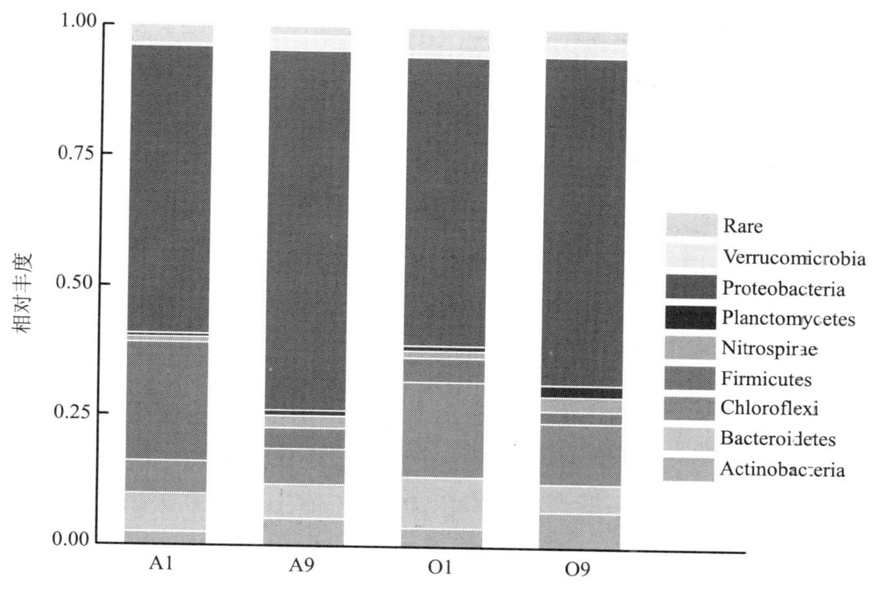

图 4.13　A/O 反应器中污泥样品的微生物群落结构分布

由图 4.13 可知，A1 中主要菌群相对丰度依次为：变形菌门（Proteobacteria，55.23%）>厚壁菌门（Firmicutes，23.02%）>拟杆菌门（Bacteroidetes，7.33%）>绿弯菌门（Chloroflexi，6.21%）>放线菌门（Actinobacteria，2.52%）>硝化螺旋菌门（Nitrospirae，1.02%）>浮霉菌门（Planctomycetes，0.68%）>疣微菌门（Verrucomicrobia，0.45%），其中优势菌种为变形菌门、厚壁菌门、拟杆菌门和绿弯菌门细菌，占所有微生物序列的 91.79%。

O1 中主要菌群相对丰度依次为：变形菌门（55.64%）>绿弯菌门（18.46%）>拟杆菌门（9.76%）>厚壁菌门（4.60%）>放线菌门（3.60%）>硝化螺旋菌门（1.38%）>疣微菌门（1.16%）>浮霉菌门（1.05%），优势菌种为变形菌门、绿弯菌门、拟杆菌门和厚壁菌门细菌，占所有微生物序列的 88.45%。

A9 中主要菌群相对丰度依次为：变形菌门（69.31%）>绿弯菌门（6.87%）>拟杆菌门（6.51%）>放线菌门（5.25%）>厚壁菌门（4.04%）>疣微菌门（2.83%）>硝化螺旋菌门（2.37%）>浮霉菌门（1.09%），优势菌种为变形菌门、绿弯菌门、拟杆菌门和放线菌门细菌，占所有微生物序列的 87.94%。

O9 中主要菌群相对丰度依次为：变形菌门（63.16%）>绿弯菌门（11.81%）>放线菌门（6.88%）>拟杆菌门（5.37%）>疣微菌门（2.83%）>硝化螺旋菌门（2.78%）>厚壁菌门（2.38%）>浮霉菌门（2.28%），优势菌种为变形菌门、绿弯菌门、放线菌门和拟杆菌门细菌，占所有微生物序列的 87.22%。

由以上结果可知，属于变形菌门的微生物在各污泥样品中均占绝对优势地位。对各污泥样品中的变形菌门进行了纲和目等级的进一步分析，其结果见表 4.15。

表 4.15 变形菌门主要细菌分布情况

所属纲	所属目	相对丰度/%			
		A1	A9	O1	O9
α-变形菌	红细菌目	1.48	2.41	2.51	3.55
	根瘤菌目	1.24	0.81	1.32	1.26
β-变形菌	红环菌目	29.84	3.72	31.72	4.77
	伯克氏菌目	4.73	2.22	4.84	3.19
γ-变形菌	发硫菌目	43.67	84.35	38.68	78.42
	黄色单胞菌目	2.44	0.67	2.08	1.00
	假单胞菌目	0.48	0.13	0.16	0.18

注：表中相对丰度指属于变形菌门各个目的微生物序列占该样品变形菌门总序列的百分比。

由表 4.15 可知，各污泥样品的变形菌门的细菌主要由 α-变形菌、β-变形菌和 γ-变形菌组成，其中 α-变形菌纲细菌主要以红细菌目（Rhodobacterales）和根瘤菌目（Rhizobiales）细菌为主；β-变形菌纲细菌主要有红环菌目（Rhodocyclales）和伯克氏菌目（Burkholderiales）细菌；γ-变形菌纲细菌主要有发硫菌目（Thiotrichales）、黄色单胞菌目（Xanthomonadales）和假单胞菌目（Pseudomonadales）细菌。其中，红环菌和发硫菌在变形菌中占优势地位。

变形菌门是细菌中最大的一门，包括 α-变形菌纲、β-变形菌纲、γ-变形菌纲、δ-变形菌纲和 ε-变形菌纲五类，是大部分污水处理工艺污泥样品中的优势菌种。Wagner 等[12]对两阶段曝气池活性污泥的微生物群落结构进行了分析，结果发现 80%的细菌都属于变形菌门。肖慧慧等[13]研究了分布于亚热带和温带地区、采用不同工艺、处理不同污水的 14 个污水处理厂的活性污泥样品，结果发现在所有活性污泥样品中变形菌门细菌的数量最多，在每个活性污泥样品中约占其细菌总含量的 40% ~ 70%。研究表明，最常见的反硝化细菌基本都属于变形菌纲。利用 cd1-亚硝酸还原酶进行反硝化作用的大多是 α-变形菌纲细菌，而利用 Cu-亚硝酸还原酶进行反硝化作用的大多属于 β-变形菌纲细菌[14-15]。以上研究中检测到的 α-变形菌纲的根瘤菌目细菌以及 β-变形菌纲的红环菌目和伯克氏菌目细菌是污水处理厂的主要反硝化群落[16-17]。另外，α-变形菌纲的红细菌目（Rhodobacterales）细菌含有编码 N_2O 还原酶的基因，具有脱氮的能力[18]。β-变形菌纲的丛毛单胞菌属（*Comamonas*）和 γ-变形菌纲的假单胞菌属（*Pseudomonas*）是两类具有特殊功能的细菌，其中的某些细菌具有好氧反硝化功能，能在好氧条件下把氨氮直接转化为气态化合物。同时其中的某些细菌又是异养硝化菌，能在好氧的条件下把氨氮、羟胺等含氨化合物氧化为亚硝酸盐和硝酸盐[19-20]。

另外，β-变形菌和 γ-变形菌多为兼性异养菌，以有机物为碳源，在污水处理系统中是降解 COD 的主要参与者[21]。根瘤菌目和假单胞菌目细菌能够产生大量胞外聚合物，具有自凝聚能力，对污泥絮体的形成和稳定运行具有重要作用[22]。

γ-变形菌纲的发硫菌目细菌属于丝状菌，广泛存在于自然界。它们能将硫化物氧化为硫，并将硫粒积累在细胞内。当环境缺乏硫化物时，便通过将硫粒氧化为硫酸以获得能量[23]。

同时，拟杆菌门细菌是除变形菌门之外的另一大优势菌种，代谢碳水化合物，降解复杂有机物。广泛存在于污水处理系统的污泥中，主要功能为去除 COD[24-25]。以上研究中除鞘脂杆菌纲之外还检测到属于拟杆菌门的主要是黄杆菌纲（Flavobacteria）细菌，该菌种的某些细菌属于异养硝化菌[26]，同时也有研究表明在低氧或厌氧条件下，该菌种的某些细菌能利用硝酸盐作为电子受体进行厌氧或微好氧生长[27]。同时它们也能够分泌胞外聚合物，并且产生橙色或黄色色素，这也是造成活性污泥呈现橙黄色的原因[22]。

厚壁菌门细菌也是污水处理系统中常见的优势菌种，芽孢杆菌纲细菌兼性或专性好氧，而梭菌纲细菌厌氧生长，两者普遍具有能形成芽孢的生理特性，因此可以抵御严酷的外界环境[27-28]。另外，芽孢杆菌纲中的芽孢杆菌属（*Bacillus*）也是一类已知的好氧反硝化菌。

硝化螺旋菌门细菌全部属于硝化螺旋菌目（Nitrospirales），这类细菌主要参与硝化过程，是将亚硝酸盐转化为硝酸盐的主要菌群[29-30]，也是主要的亚硝酸盐氧化菌。

绿弯菌门、放线菌门、浮霉菌门和疣微菌门都是污水处理系统中较常见的菌群[13, 31-32]。绿弯菌门细菌是一类通过光合作用产生能量的细菌，但是它们在光合作用中并不产生氧气，属于兼性厌氧生物。放线菌门细菌在自然界广泛分布，菌落呈放线状，大多数有发达的分枝菌丝。另外，活性污泥的泥腥味主要是来自于放线菌的代谢产物。浮霉菌门细菌是一小门水生细菌，存在于各种水体中。另外，能够在缺氧条件下通过利用亚硝酸盐氧化氨氮生成氮气来获得能量的厌氧氨氧化细菌也属于浮霉菌门。

（3）优势菌群对 N_2O 释放的影响　从图 4.13 可以看出，由于 A/O 工艺存在大量硝化液和污泥回流，因此 N_2O 释放量最多和最少条件下缺氧和好氧处理单元的污泥样品 A1 和 O1、A9 和 O9 的群落结构大致相似且变化趋势一致，并且通过之前的研究已知缺氧处理单元污泥样品的细菌多样性指数更高（见表 4.10）。因此，本文主要以 N_2O 释放量最大和最小条件下缺氧处理单元污泥样品 A1 和 A9 的微生物群落结构变化为主进行分析讨论。

由图 4.13 可知，A1 中优势菌群依次为变形菌门、厚壁菌门、拟杆菌门和绿弯菌门的细菌，其中又以 γ-变形菌纲、芽孢杆菌纲、β-变形菌纲和鞘脂杆菌纲细菌为主要菌种；A9 中优势菌群依次为变形菌门、绿弯菌门、拟杆菌门和放线菌门的细菌，其中又以 γ-变形菌纲、鞘脂杆菌纲、β-变形菌纲和绿弯菌纲细菌为主要菌种。

对比 A1 和 A9 的微生物群落结构变化可以看出，相比于 A9，A1 中大部分菌群的相对丰度都有所下降，放线菌门、变形菌门、硝化螺旋菌门和疣微菌门细菌明显减少，放线菌门、疣微菌门和硝化螺旋菌门细菌的相对丰度较 A9 减少了一倍以上，变形菌门细菌相对丰度降低了约 14%。同时，绿弯菌门和浮霉菌门细菌也有少量减少。只有厚壁菌门和拟杆菌门的细菌丰度有所上升。这说明在实验条件 1 中营造的严酷的外界环境（DO = 0.6 mg/L，SRT = 10 d，R = 200%）中，大部分细菌无法正常存活，因而数量大幅下降。

从图 4.13 和表 4.15 中可以看出，相比于 A9，在 A1 的微生物群落中变形菌门中主要是 α-变形菌纲和 γ-变形菌纲细菌减少，尤其是红细菌目和发硫菌目细菌丰度降低了约一半，而根瘤菌目细菌少量增加。而 β-变形菌纲细菌丰度上升幅度较大，升高为 A9 的 4 倍左右，主要是由于其中的红环菌目细菌相对丰度的大量提高，从 2.58%上升到 16.5%。伯克氏菌目也从 1.54%增长到 2.61%。而 γ-变形菌纲主要是发硫菌目细菌大幅减少，而假单胞菌目和黄色单胞菌目细菌则成倍的增长。其中，红细菌目、根瘤菌目、红环菌目、伯克氏菌目以及假单胞菌目都是已知的反硝化细菌，因此认为它们数量的大幅变动可能是引起 N_2O 释放量大幅波动的原因。

红细菌目细菌能够将 N_2O 还原为 N_2，其数量从 A9 的 1.67%下降为 A1 的 0.82%，可能使反硝化生成的 N_2O 不能充分地被还原为 N_2，造成 N_2O 释放量增长。

假单胞菌目的假单胞菌属和伯克氏菌目的丛毛单胞菌属的某些细菌属于异养硝化菌或好氧反硝化菌，并且大部分异养硝化菌在溶解氧浓度较低或者碳源浓度较高的情况下可以同时进行异养硝化和好氧反硝化作用，既可以将氨氮氧化为亚硝酸盐，也能够将氨氮转化为氮气，同时实现硝化反硝化[19,26]。异养硝化菌比自养硝化菌生长速率快，需要的溶解氧浓度低。而好氧反硝化菌的反硝化最终产物一般是 N_2O。因此这些细菌数量的升高更有利于 N_2O 的产生释放。

从图 4.13 还可以看出，实验中的亚硝酸盐氧化菌的硝化螺旋菌纲细菌相对丰度也从减少了约 50%。可能是由于其本身的世代时间较长，实验条件 1 中较短的 SRT 使得其数量大幅降低，同时好氧处理单元 DO 质量浓度较低，因此氨氧化作用产生的亚硝酸盐未能充分被氧化为硝酸盐，而是通过硝化细菌的反硝化作用被利用，进而产生大量 N_2O。另外，A1 中放线菌门和疣微菌门细菌较 A9 也有多达 20%以上的减少量，但是其与 N_2O 释放量的增加是否有关系目前还不清楚。

与 A1 中大多数门的细菌数量呈下降的趋势相反，厚壁菌门细菌丰度从 4.04%急剧升高至 23.0%，主要是其中的芽孢杆菌纲细菌丰度从 2.88%升高至 22.2%，提高了约 20%。同时，拟杆菌门的细菌数量也有少量增长。厚壁菌门细菌普遍能形成芽孢，因此在恶劣的外界条件下依然可以大量生长。而其中的芽孢杆菌纲的某些细菌也属于好氧反硝化菌，因此其数量的大幅升高对于 N_2O 释放量的大幅升高也有所贡献。

由图 4.13 可以发现，对比同一个工艺参数组合条件下的缺氧和好氧处理单元的污泥样品，放线菌门、拟杆菌门、硝化螺旋菌门、绿弯菌门、浮霉菌门、疣微菌门以及变形菌门的 α-变形菌纲、β-变形菌纲细菌在好氧处理单元比缺氧处理单元数量更多，只有厚壁菌门和变形菌门的 γ-变形菌纲在缺氧处理单元数量更多，可能是这两类细菌在缺氧条件下能更好地生长繁殖。

综上所述，β-变形菌纲和芽孢杆菌纲细菌数量的大幅升高可能对于 N_2O 释放量的增加有促进作用，其中 β-变形菌纲主要是红环菌目和伯克氏菌目细菌数量的增加。而 α-变形菌纲的红细菌目细菌数量的减少也会增加 N_2O 的释放量。另外，假单胞菌属、丛毛单胞菌属和芽孢杆菌纲等好氧反硝化细菌数量的升高会在一定程度上促进 N_2O 的释放。

因此，从 N_2O 减排角度来讲，应该减少活性污泥中红环菌目、伯克氏菌目和根瘤菌目等细菌为主的反硝化细菌的数量，并且减少假单胞菌属、丛毛单胞菌属和芽孢杆菌纲等以 N_2O 为反硝化最终产物的好氧反硝化细菌数量。同时适量增加红细菌目细菌，强化 N_2O 还原为 N_2 的途径。另外，调整硝化螺旋菌门这一亚硝酸盐氧化菌和氨氧化细菌的比例，可促进硝化过程充分彻底的进行。

4.2 氧化沟工艺温室气体排放的影响因素研究

4.2.1 氧化沟工艺中试实验设计

氧化沟工艺中试试验装置如图 4.14 和图 4.15 所示。装置的有效容积为 120 m^3，处理水量为 240 m^3/d。图 4.15 中小方框分别为氧化沟池曝气区温室气体排放监测点位和氧化沟池不曝气区温室气体排放的监测点位。图中，前端转刷靠近进水口，后端转刷远离进水口。实验过程中，设置水力停留时间（HRT）为 12 h，污泥龄（SRT）为 15 d 左右，混合污泥质量浓度控制在 4 000～4 500 mg/L 之间。中试实验期间气温在 20～30℃之间，水温在 20～25℃之间，变化不大。

图 4.14　氧化沟工艺中试实验装置

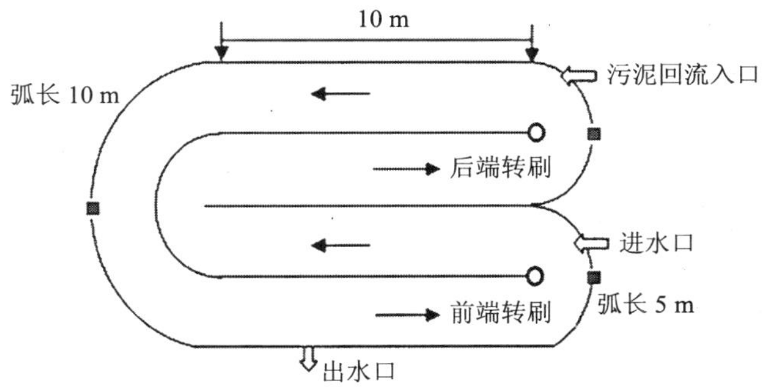

图 4.15　氧化沟中试装置

由于微生物对进水中有机物的消耗会受到 DO 的影响，当运行不同的转刷时，温室气体的产生量肯定存在差异；又因为不同的曝气转刷速率会直接影响水中溶解态的温室气体的排放，因此，设置了只运行前端转刷、只运行后端转刷和前后端转刷同时运行 3 种不同的运行模式以及 48 r/min、60 r/min 和 72 r/min 3 种不同的转刷速率，来研究 DO 对氧化沟工艺温室气体排放的影响。其中，只运行前端转刷的模式相当于在氧化沟池进行先硝化后反硝化的过程；只运行后端转刷的模式相当于在氧化沟池进行反硝化后硝化的过程；同时运行前后端转刷的模式相当于在氧化沟池进行强化硝化的过程。不同的转刷速率代表氧化沟池内不同的曝气强度和推流速度。

4.2.2 氧化沟工艺中试装置的污水处理效能

表 4.16 给出了氧化沟工艺中试装置在 3 种转刷运行模式、3 种转刷速率条件下进水 COD、NH_4^+-N 与 TN 的去除率。

表 4.16 氧化沟中试装置不同曝气转刷运行条件下的污水处理效能

转刷运行模式	转刷转速/（r/min）	COD 去除率/%	NH_4^+-N 转化率/%	TN 去除率/%
只运行前端转刷	48	78.86±2.48	39.27±5.00	34.42±1.56
	60	81.78±1.63	96.34±1.42	45.62±1.64
	72	80.80±4.95	98.13±3.56	39.47±1.63
只运行后端转刷	48	83.34±3.09	45.97±7.01	40.76±3.17
	60	80.14±9.04	97.77±1.33	62.02±1.84
	72	79.92±7.33	98.13±1.37	54.57±6.28
同时运行	48	83.35±3.60	87.60±2.63	49.96±1.72
	60	82.63±2.89	98.31±1.52	42.99±3.37
	72	76.09±3.05	97.88±1.39	35.97±5.22

由表 4.13 可以看出，同一转刷运行模式条件下，NH_4^+-N 的转化率都随着转刷速率的增大而升高；同一转刷速率条件下，只运行后端转刷时，NH_4^+-N 的转化率与 TN 去除率要高于只运行前端转刷或前端与后端转刷时的对应值。这是因为转刷速率越高，系统的充氧能力越强，越有利于硝化过程的进行；只运行后端转刷，进水中 COD 先参与反硝化过程，有利于反硝化过程的进行，同时减少了好氧过程 COD 对 O_2 的消耗，增加了硝化过程的氧含量，有利于硝化过程的进行。当只运行前端或后端转刷，转刷速率为 48 r/min 时，系统的充氧能力不足，水中 O_2 含量太低，NH_4^+-N 的转化率很低，只有 39.27%～45.97%。同时导致系统的脱氮能力降低，TN 去除率只有 34.42%～40.76%。氧化沟曝气转刷运行条件的改变对 COD 去除效果的影响不是很大。

4.2.3　氧化沟工艺 N_2O 排放的影响因素研究

对于氧化沟工艺而言，不同的转刷运行模式会影响微生物对进水中 COD 的利用率，间接地影响反硝化过程中的 COD/N，进而对 N_2O 的产生量造成影响；不同的转刷速率会影响系统的充氧能力以及曝气过程对溶解态 N_2O 的吹脱作用的强度，从而影响硝化过程中 N_2O 的产生与释放。

4.2.3.1　不同转刷运行模式及转动速率对 N_2O 排放的影响

图 4.16～图 4.18 分别给出了氧化沟工艺中试装置在曝气速率分别为 48 r/min、60 r/min 和 72 r/min 时，3 种转刷运行模式对应 N_2O 释放通量大小。

从图 4.16～图 4.18 中可以看出，相同转刷速率条件下，前端与后端转刷同时运行时对应的 N_2O 的释放通量最大，只运行前端转刷对应的 N_2O 释放通量次之，只运行后端转刷对应的 N_2O 释放通量最小。这是因为前端转刷靠近进水口，当前端转刷运行时或前端与后端转刷同时运行时，进水中的有机物更容易在好氧条件下被微生物氧化，而没有参与反硝化过程，碳源不足使反硝化过程进行得不彻底，造成 N_2O 积累；当只运行后端转刷时，则进水中的有机物会先作为碳源参与反硝化过程，有利于反硝化过程的彻底进行，减少了 N_2O 的产生量。前端与后端转刷同时运行时，系统的曝气区域面积更大，更有利于 N_2O 的释放。

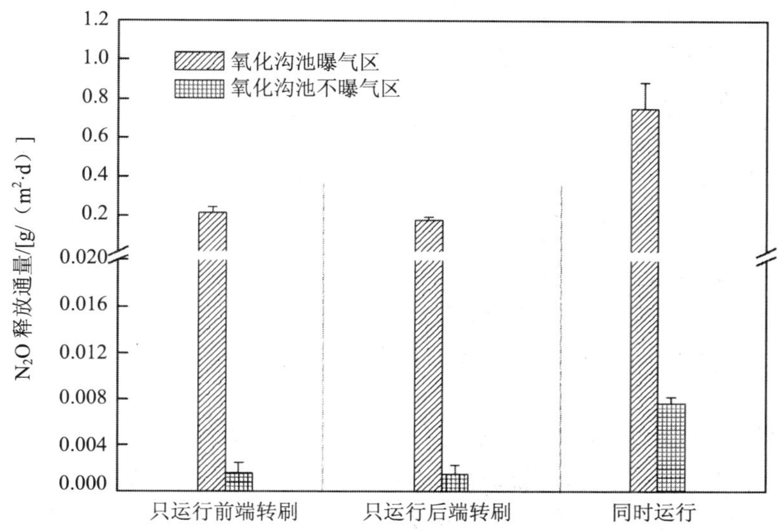

图 4.16　氧化沟中试装置转刷速率为 48 r/min 时 N_2O 的释放通量

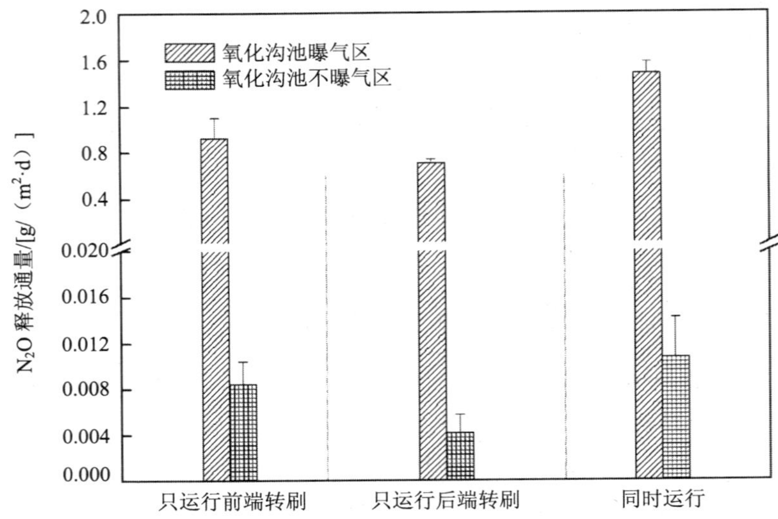

图 4.17 氧化沟中试装置转刷速率为 60 r/min 时 N_2O 的释放通量

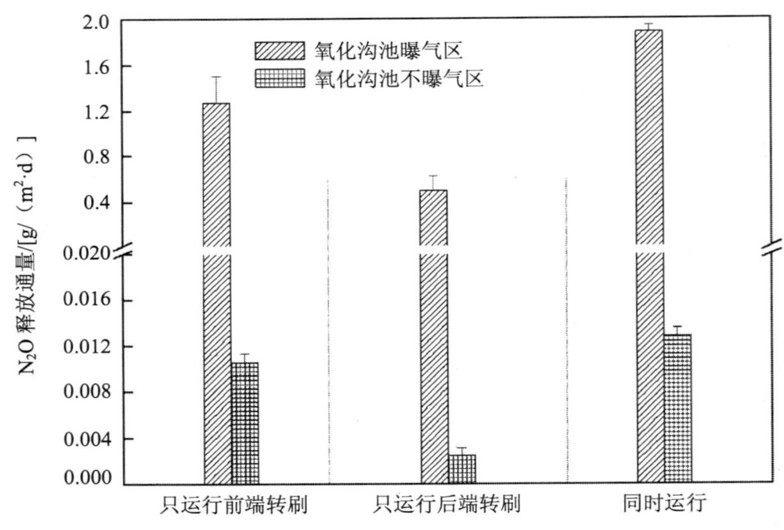

图 4.18 氧化沟中试装置转刷速率为 72 r/min 时 N_2O 的释放通量

当只运行前端转刷或前端与后端转刷同时运行时，N_2O 的释放通量随着转刷速率的升高而增大。这是因为，一方面，转刷速率越高，系统的充氧能力越强，进水中有机物更容易在好氧环境中被氧化分解，参与反硝化过程的 COD 总量变少，N_2O 的产生量变大；另一方面，转刷速率越高，曝气过程对水中溶解态 N_2O 的吹脱作用越强，导致 N_2O 的释放通量变大。

当只运行后端转刷时，N_2O 的释放通量随着转刷速率的升高先增大后减小。转刷速率为 48 r/min 时，N_2O 的释放通量最低，这主要是因为 NH_4^+-N 转化率低（见表 4.13），硝化过程没有完全进行，导致 N_2O 的产生量较少；同时，低转刷速率使氧化沟装置内 DO 一直处于较低水平，因此反硝化过程中 N_2O 的产生与释放也较少。当转刷速率为 60 r/min 时，N_2O 的释放通量最大，这可能是因为此时氧化沟内的 DO 质量浓度不足以实现彻底的硝化过程，亚硝酸盐在水中积累，导致 N_2O 的产生与排放。当转刷速率为 72 r/min 时，DO 质量浓度的升高有利于硝化过程的彻底进行，减少了 N_2O 的产生与排放。

4.2.3.2　不同转刷运行条件下 N_2O 的吨水排放量

表 4.17 对比了氧化沟中试装置不同转刷运行条件下 N_2O 的吨水排放量（g/m^3）。

表 4.17　氧化沟中试装置不同转刷运行条件下 N_2O 的吨水排放量　单位：g/m^3

转刷运行条件	48 r/min	60 r/min	72 r/min
只运行前端转刷	0.010±0.002	0.051±0.010	0.090±0.017
只运行后端转刷	0.009±0.002	0.039±0.005	0.035±0.009
同时运行	0.071±0.014	0.190±0.011	0.268±0.008

由表 4.17 可以看出，同一转刷速率条件下，前端与后端转刷都运行时，系统 N_2O 的吨水释放量要大于只运行前端转刷或只运行后端转刷时的对应值；只运行前端转刷时，系统 N_2O 的吨水释放量要大于只运行后端转刷时的 N_2O 吨水释放量。在只运行后端转刷的条件下，当转刷速率为 48 r/min 时，N_2O 的吨水释放量最低，为 0.009 g/m^3，但此时的进水中的 NH_4^+-N 转化率很低，出水 NH_4^+-N 没有达到《城镇污水处理厂污染物排放标准》（18918—2002）中的一级 B 排放标准。当转刷速率为 72 r/min 时，N_2O 的吨水释放量要低于转刷速率为 60 r/min 时的对应值。

4.2.4　氧化沟工艺 CH_4 排放的影响因素研究

对于氧化沟工艺，运行的转刷数量及转刷速率会对氧化沟中曝气区域的总面积以及对 CH_4 的吹脱作用产生直接的影响。另外，水中 DO 质量浓度也会受到运行的转刷的数量和转刷转速的影响，而不同的 DO 质量浓度会直接影响水中溶解的 CH_4 的含量。表 4.18 给出了氧化沟中试装置不同转刷运行条件下 CH_4 吨水释放量的对比结果。

表 4.18　氧化沟中试装置不同转刷运行条件下 CH_4 的吨水排放量　单位：g/m^3

转刷运行条件	48 r/min	60 r/min	72 r/min
只运行前端转刷	0.37±0.06	0.43±0.05	0.55±0.08
只运行后端转刷	0.32±0.02	0.42±0.02	0.53±0.04
同时运行	0.51±0.03	0.53±0.10	0.66±0.08

由表 4.18 可以看出，3 种运行模式下 CH_4 的吨水排放量都随着转刷转速的增大而增大，说明 CH_4 排放量随曝气量的提高而增加。原因可能是曝气量大，水面扰动更加剧烈，CH_4 更易被吹脱释放。两个转刷都运行比只有前端或者只有后端转刷运行时的 CH_4 排放量高，

这是因为，转刷数量越多，曝气区域的面积越大，所以 CH_4 排放量高。只运行前端转刷与只运行后端转刷相比，在 3 种转刷速率的条件下，都是前者 CH_4 排放量大于后者，说明在氧化沟进水处曝气比出水处曝气 CH_4 排放量大。原因在于氧化沟进水中含有更高浓度的 CH_4，而其他区域溶解态 CH_4 质量浓度较低，但是 CH_4 的吨水释放量相差不大，转刷运行模式不是影响 CH_4 排放的主要因素。相对来说，氧化沟工艺中曝气量的大小是影响 CH_4 排放的主要因素。

虽然只运行前端或后端转刷、转刷速率为 48 r/min 时，CH_4 的吨水释放量较其他条件要低，但是这两种条件下进水中的 NH_4^+-N 转化率很低，出水 NH_4^+-N 没有达到《城镇污水处理厂污染物排放标准》（18918—2002）中的一级 B 排放标准。

4.2.5 氧化沟工艺 CO_2 排放的影响因素研究

在氧化沟工艺中，氧化沟池曝气区是 CO_2 的最主要排放源。通过改变运行的转刷数量及转刷速率可以影响曝气区域大小和表面曝气的强弱，从而对 CO_2 的释放产生影响。

表 4.19 给出了氧化沟中试装置不同曝气转刷运行条件下 CO_2 吨水释放量的对比结果。从表 4.19 中可以看出，3 种转刷运行模式下，CO_2 的吨水排放量都随着转刷速率的减小而降低。同一转刷速率条件下，前端与后端转刷同时运行时 CO_2 的吨水释放量最大，只运行后端转刷时 CO_2 的吨水释放量最低。其原因被认为是曝气转刷速率越快，系统的充氧能力以及对溶解态温室气体的吹脱能力越强，水中溶解的 DO 含量越高，越有利于 COD 降解生成 CO_2 并被直接吹脱释放出来；运行的曝气转刷数量越多，系统的好氧区域面积越大，越有利于水中溶解的 CO_2 的释放。

表 4.19 氧化沟中试装置不同转刷运行条件下 CO_2 的吨水排放量 单位：g/m^3

转刷运行方式	48 r/min	60 r/min	72 r/min
只运行前端转刷	154.32±18.44	199.63±23.19	247.71±12.07
只运行后端转刷	156.60±14.83	176.01±13.76	200.63±21.54
同时运行	193.68±21.72	200.63±19.52	315.97±30.43

4.3 SBR 工艺温室气体排放的影响因素研究

4.3.1 SBR 工艺中试实验设计

SBR 工艺中试实验装置如图 4.19 所示。装置的主体是一个由 PLC 控制有效容积为 120 L 的有机玻璃反应器，每个周期处理水量 30 L。反应器设有搅拌装置，进水时进行搅拌。在整个 SBR 周期内，采用 DO/pH 测试仪（3420，WTW Company，Germany）每 5 min 自动记录反应器中 DO、pH 的变化情况。反应器的活性污泥接种于北京市某污水处理厂二沉池的回流污泥，混合污泥浓度为 2 500～3 000 mg/L，污泥龄（SRT）为 20 d。

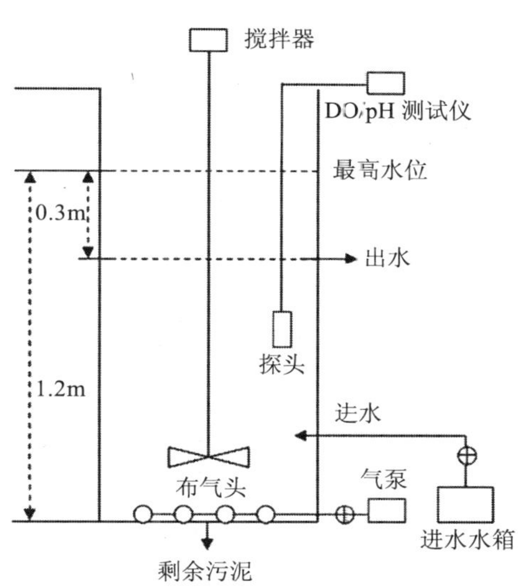

图 4.19　SBR 工艺中试实验装置

已有的研究结果表明[33]，城市污水处理厂 SBR 工艺采用同时进水曝气、沉淀和滗水序批式运行模式，会使进水中的有机物在曝气过程中被大量消耗，导致缺氧反硝化阶段碳源不足，产生了大量的 N_2O。不同的 SBR 运行模式对于进水中有机物利用程度的差异很大，会对温室气体的产生与排放造成明显的影响。

基于上述情况，SBR 中试实验设计了 3 个不同的运行模式，运行周期为 4 h，包括缺氧（进水搅拌）、曝气、沉淀、滗水 4 个阶段，每个阶段的时间长度如表 4.20 所示。其中，模式 1 相当于进水与曝气阶段的反硝化与硝化时间相同；模式 2 相当于进水与曝气阶段的硝化时间是反硝化的 3 倍；模式 3 相当于进水与曝气阶段几乎全部进行硝化。

另外，SBR 曝气阶段的不同曝气量对应的 DO 质量浓度会对硝化及反硝化过程中温室气体的产生造成不同的影响，因此，针对 3 种不同的 SBR 运行模式，分别研究了 4 种曝气速率（0.3 m^3/h、0.6 m^3/h、0.9 m^3/h 和 1.2 m^3/h）条件下温室气体的排放情况。在出水水质达标的前提下，寻求 SBR 工艺最优运行条件。。

表 4.20　SBR 工艺中试运行模式

SBR 运行模式	进水/min	曝气/min	沉淀/min	滗水/min
模式 1	60	60	60	60
模式 2	30	90	60	60
模式 3	3	117	60	60

4.3.2　SBR 工艺中试装置的污水处理效能

表 4.21 给出了 SBR 工艺中试装置在 3 种运行模式下进水污染指标的去除率。

表 4.21 SBR 中试装置不同运行模式条件下的污水处理效能

SBR 运行模式	曝气速率/（m^3/h）	COD 去除率/%	NH_4^+-N 转化率/%	TN 去除率/%
模式 1	0.3	75.5±7.3	54.3±2.2	46.7±5.5
	0.6	84.6±7.1	76.7±4.5	69.1±8.1
	0.9	85.5±9.2	97.8±3.1	66.4±8.0
	1.2	86.1±6.5	99.5±2.9	63.4±7.1
模式 2	0.3	79.6±8.2	57.8±4.3	48.5±3.6
	0.6	85.8±8.6	85.8±7.0	58.4±6.6
	0.9	85.6±10.1	99.3±5.1	57.9±6.9
	1.2	83.5±7.7	99.6±3.3	56.3±5.4
模式 3	0.3	80.5±6.8	82.7±3.6	53.2±4.7
	0.6	82.5±7.6	94.4±4.5	46.8±4.9
	0.9	82.3±8.8	99.6±2.7	41.4±3.5
	1.2	82.2±10.3	99.6±2.9	39.2±3.0

由表 4.21 可以看出，同一 SBR 运行模式下，NH_4^+-N 的去除率都随着曝气速率的增大而变大；不同运行模式下，曝气时间越长，NH_4^+-N 的去除率越高。说明水中的 DO 质量浓度越高，硝化过程进行得越彻底。模式 1 与模式 2 条件下，当曝气速率为 0.3 m^3/h 时，体系中 DO 质量浓度过低，硝化过程不彻底，NH_4^+-N 的转化率低，因此导致 TN 的去除率也较低，只有 46.7%～48.5%。当曝气速率高于 0.6 m^3/h 时，TN 的去除率明显升高。不同运行模式条件下，当曝气速率相同时，曝气时间过长，不利于反硝化过程的彻底进行，导致 TN 的去除率降低。SBR 运行模式的改变对 COD 去除效果的影响不是很大，当曝气速率变大时，COD 去除率只升高了 6%～9%。

4.3.3 SBR 工艺 N_2O 排放的影响因素研究

对于 SBR 工艺而言，不同运行模式会影响微生物对进水中 COD 的利用率。采用前置反硝化处理模式，进水中的有机物直接充当缺氧反硝化过程的碳源，有利于反硝化过程的彻底进行；若进水曝气同时进行，则进水中的有机物先会被异养微生物好氧氧化，后续反硝化过程中，微生物所需碳源不足，反硝化进行得不彻底，导致 N_2O 积累。

曝气阶段不同的曝气速率则会直接影响系统的 DO 质量浓度。曝气不足时，硝化阶段 DO 质量浓度过低，会导致硝化过程亚硝酸盐的积累，发生硝化细菌的反硝化作用，产生 N_2O；曝气过量时，滗水结束时水中剩余 DO 会对下一周期开始时缺氧反硝化过程造成影响，抑制 Nos 的活性，导致反硝化过程进行得不彻底，造成 N_2O 积累。

4.3.3.1　不同进水与曝气条件下 SBR 工艺 N_2O 的排放特征

1. 模式 1 运行条件

图 4.20 和图 4.21 分别给出了 SBR 中试装置在模式 1 条件下曝气速率对 N_2O 释放强度、DO 以及 N 去除的影响。

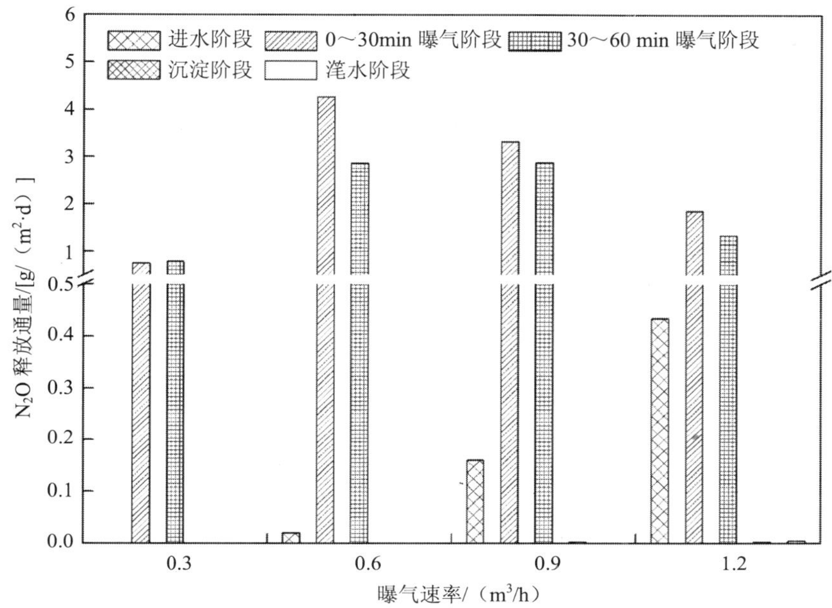

图 4.20　SBR 中试模式 1 条件下曝气速率对 N_2O 释放强度的影响

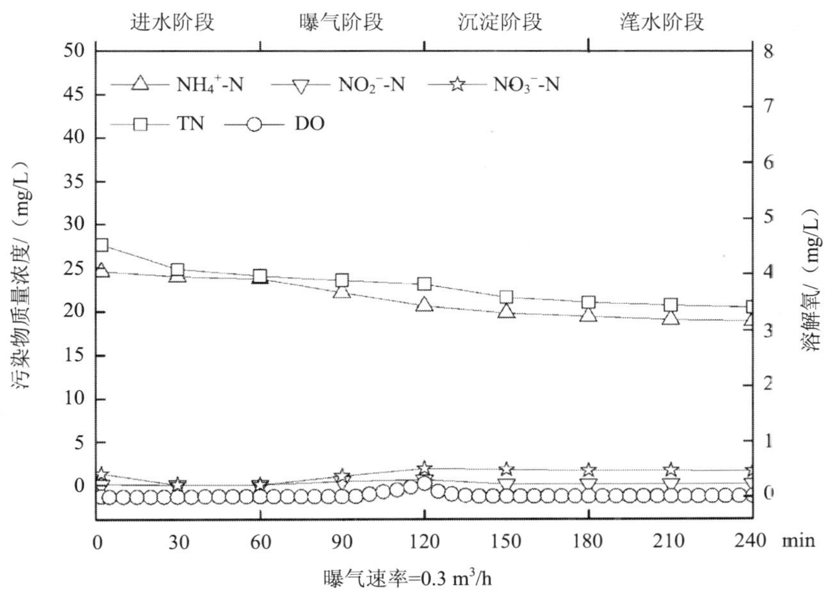

进水阶段
曝气阶段
沉淀阶段
滗水阶段
NH4+-N
NO2−-N
NO3−-N
TN
DO
污染物质量浓度/（mg/L）
溶解氧/（mg/L）
min
曝气速率=0.6 m3/h

b

进水阶段
曝气阶段
沉淀阶段
滗水阶段
NH4+-N
NO2−-N
NO3−-N
TN
DO
污染物质量浓度/（mg/L）
溶解氧/（mg/L）
min
曝气速率=0.9 m3/h

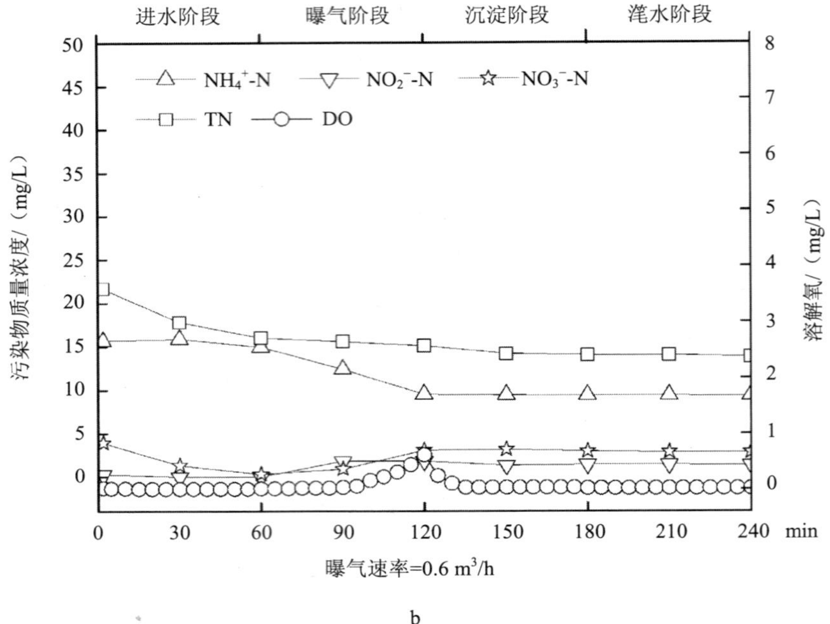

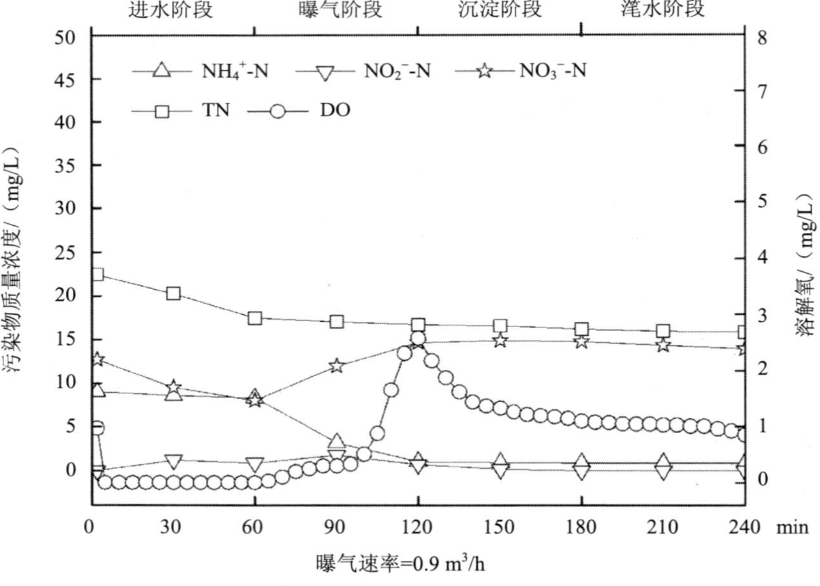

c

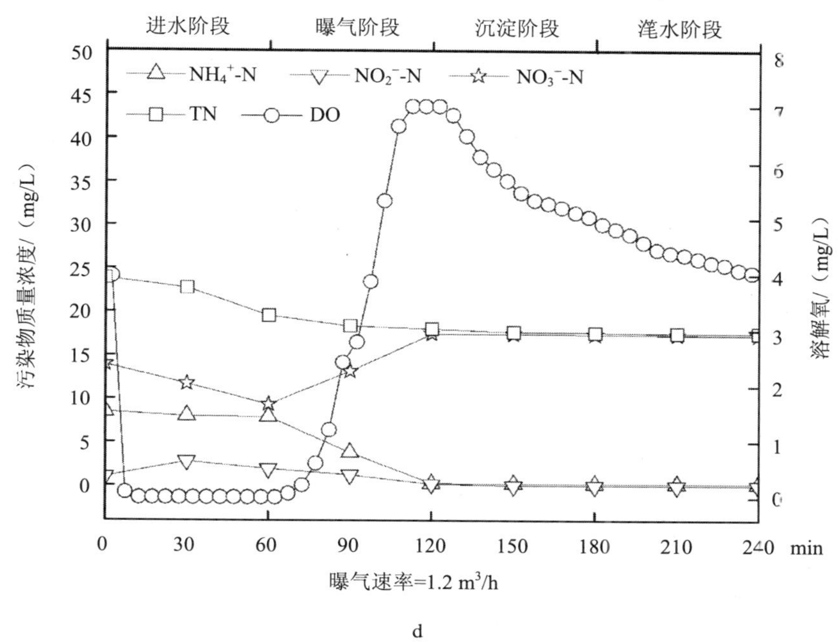

图 4.21　SBR 中试模式 1 条件下曝气速率对 N 去除和 DO 的影响

由图 4.20 可以看出，受曝气吹脱作用的影响，曝气阶段 N_2O 的释放通量要远远大于不曝气阶段 N_2O 的释放通量。Colliver 和 Stephensom[34]指出，硝化过程中 DO 不足会导致 NO_2^--N 积累，有利于硝化细菌的反硝化作用，导致 N_2O 的产生与排放，增加硝化阶段的 DO 质量浓度可以降低 N_2O 的排放量。除曝气速率为 0.3m^3/h 外，曝气速率越大，曝气阶段的 N_2O 释放通量越小，进水阶段的 N_2O 释放通量越大。其原因被认为当曝气速率增加时，曝气阶段 SBR 反应器中的 DO 质量浓度升高（见图 4.21），有利于硝化反应的彻底进行，N_2O 产生量减小。Schulthess[35]和 Otte 等[3]研究指出，反硝化过程中 NO_2^--N 的积累会导致 N_2O 的产生与排放。由于 SBR 周期结束时反应器中残余 DO 会对下一个周期进水阶段的缺氧反硝化作用产生抑制作用，反硝化不彻底，导致 NO_2^--N 的积累，产生一定量的 N_2O，随搅拌过程释放出来。因此进水阶段 N_2O 的释放通量随着曝气速率的增加而逐渐增加。

当曝气速率为 0.3 m^3/h 时，N_2O 的释放量较小。这主要是因为在该条件下 NH_4^+-N 转化率偏低（见图 4.21a），导致了曝气阶段 N_2O 的产生量较少；同时，低曝气速率使 SBR 装置内 DO 一直处于较低水平（DO＜1.00 mg/L），上一周期反应器内剩余的 DO 质量浓度几乎为 0，不会对下一周期进水阶段的反硝化过程造成抑制，因此 N_2O 的产生与释放也较少。

从图 4.21 还可以看出，0～30 min 曝气阶段 N_2O 的释放通量要大于 30～60 min 曝气阶段 N_2O 的释放通量。这是因为曝气开始阶段，由于微生物降解 COD 消耗了大量的 DO，导致水中 DO 质量浓度维持在 1 mg/L 以下。Guisasola 等[5]指出，AOB 的氧饱和常数为 0.20～0.40 mg/L，而 NOB 的氧饱和常数为 1.20～1.50 mg/L。因此，低 DO 质量浓度抑制了 NOB 的活性，导致水中 NO_2^--N 的积累（见图 4.21 b、c、d），造成 N_2O 的产生与排放。30～60 min 时，系统的 DO 质量浓度逐渐升高，有利于硝化过程的彻底进行，N_2O 产生量随之降低。

2. 模式 2 运行条件

图 4.22 和图 4.23 分别给出了 SBR 中试装置在模式 2 条件下曝气速率对 N_2O 释放强度、DO 以及 N 去除的影响。

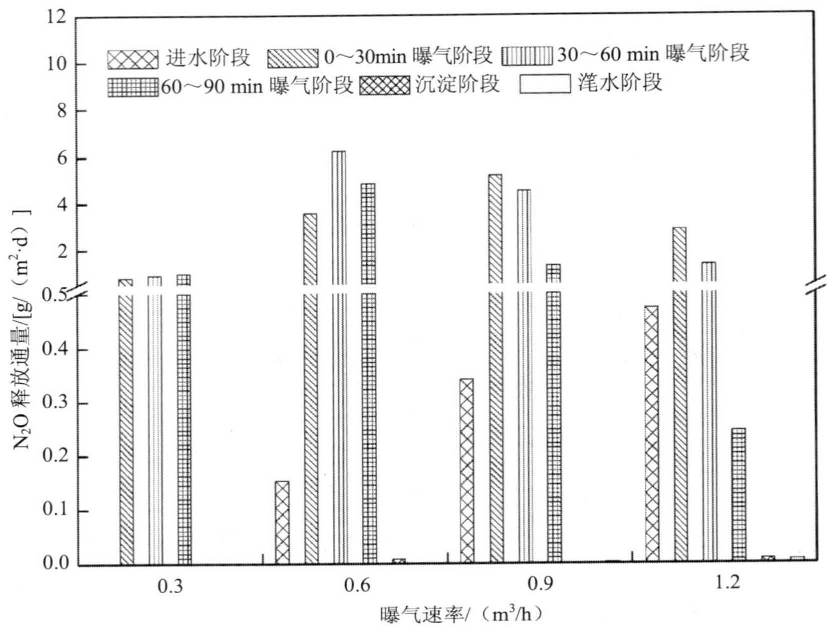

图 4.22　SBR 中试模式 2 条件下曝气速率对 N_2O 释放强度的影响

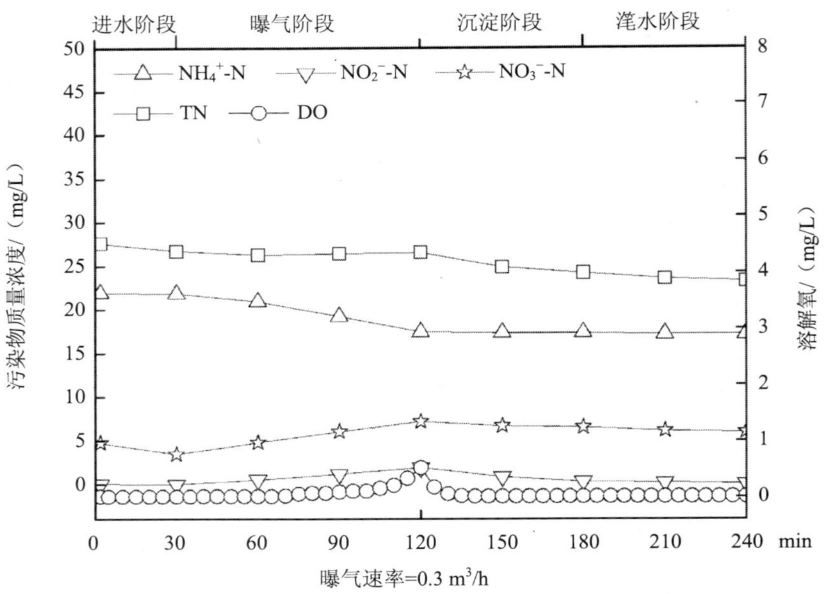

a

进水阶段
曝气阶段
沉淀阶段
滗水阶段
NH_4^+-N
NO_2^--N
NO_3^--N
TN
DO
污染物质量浓度/（mg/L）
溶解氧/（mg/L）
min
曝气速率=0.6 m³/h

b

进水阶段
曝气阶段
沉淀阶段
滗水阶段
NH_4^+-N
NO_2^--N
NO_3^--N
TN
DO
污染物质量浓度/（mg/L）
溶解氧/（mg/L）
min
曝气速率=0.9 m³/h

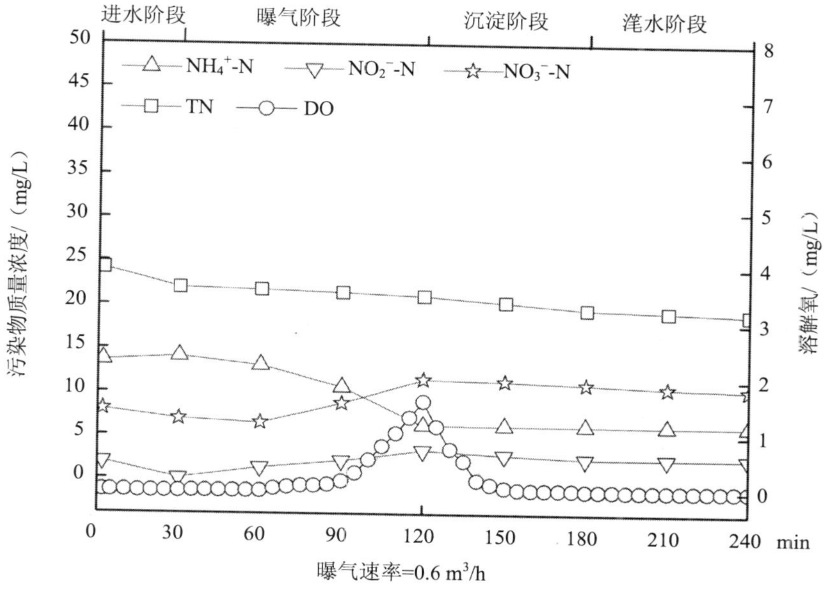

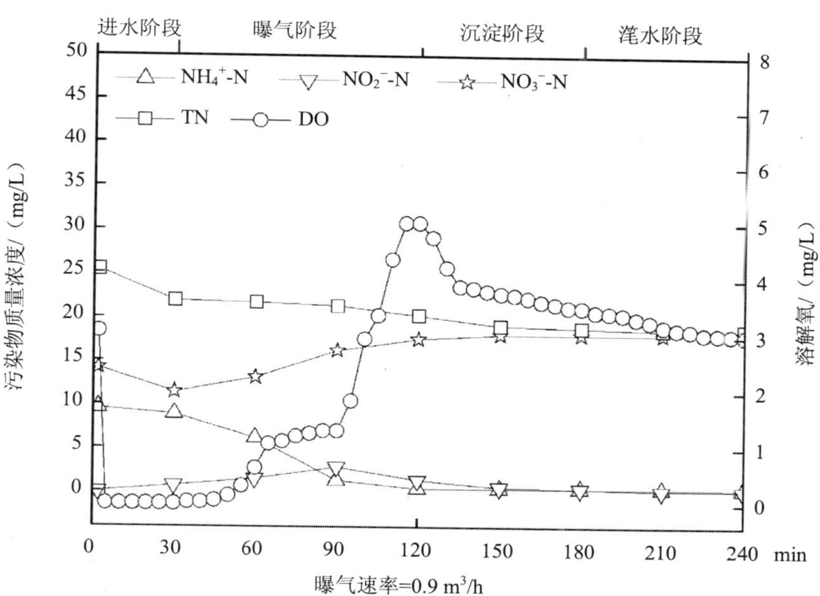

c

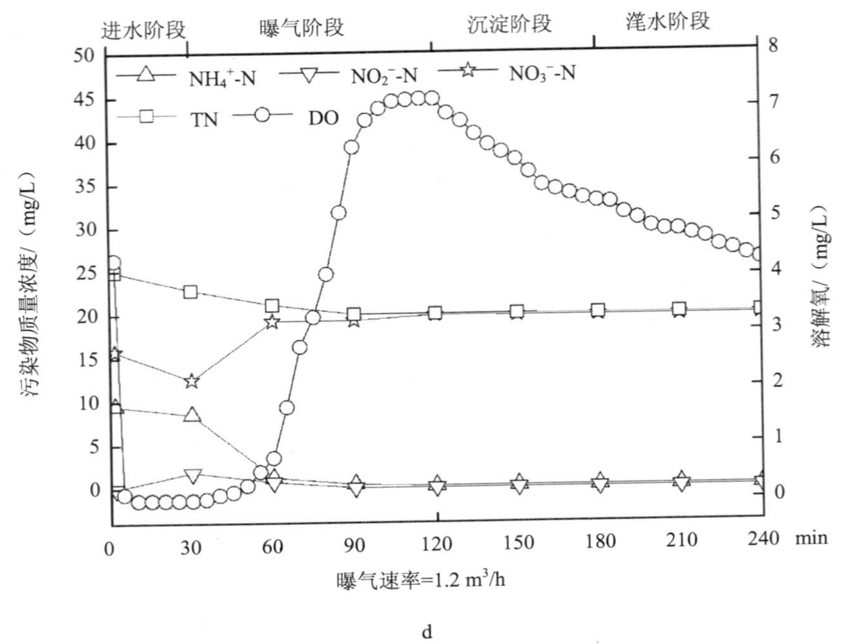

图 4.23　SBR 中试模式 2 条件下曝气速率对 N 去除和 DO 的影响

由图 4.22 可以看出，除曝气速率为 0.3m^3/h 外，曝气速率越大，SBR 曝气阶段 N_2O 的释放通量越小，进水阶段 N_2O 的释放通量越大。其原因与进水和曝气时间均为 60 min 时 N_2O 的不同释放的情况类似。但相对于进水和曝气时间均为 60 min，进水搅拌与曝气分别为 30 min 和 90 min 时 SBR 在相同曝气速率条件下，曝气阶段 N_2O 的释放通量变大，其原因在于 30 min 进水条件下，反硝化过程结束时水中剩余的 NO_x^--N 含量较 60 min 进水时要大，有利于硝化细菌进行反硝化作用，产生了更多的 N_2O[2]，加上曝气时间延长的效应，导致了单个周期内系统的 N_2O 释放总量增大。

对于曝气阶段的不同时期，N_2O 的释放通量逐渐降低，这主要是因为反应器中的 DO 在曝气阶段逐渐升高，硝化反应逐渐变得彻底，产生的 N_2O 量随着减小。当曝气速率为 0.3 m^3/h 时，N_2O 的释放量很小，其原因主要在于 NH_4^+-N 转化率低（见图 4.23a），这与进水和曝气时间均为 60 min 时 N_2O 的释放通量很小的情况类似。

3. 模式 3 运行条件

图 4.24 和图 4.25 分别给出了 SBR 中试装置在模式 3 条件下曝气速率对 N_2O 释放强度、DO 以及 N 去除的影响。

由图 4.24 可以看出，对于不设置前置反硝化过程的 SBR 装置，曝气速率为 0.6 m^3/h 和 0.9 m^3/h 时的 N_2O 释放通量要大于曝气速率为 1.2 m^3/h 和 0.3 m^3/h 的相应值。由图 4.25 可以看出，低曝气速率条件下，DO 在曝气阶段开始时呈现较低的水平，并持续一段时间；高曝气速率条件下，DO 很快会升高至较高水平。

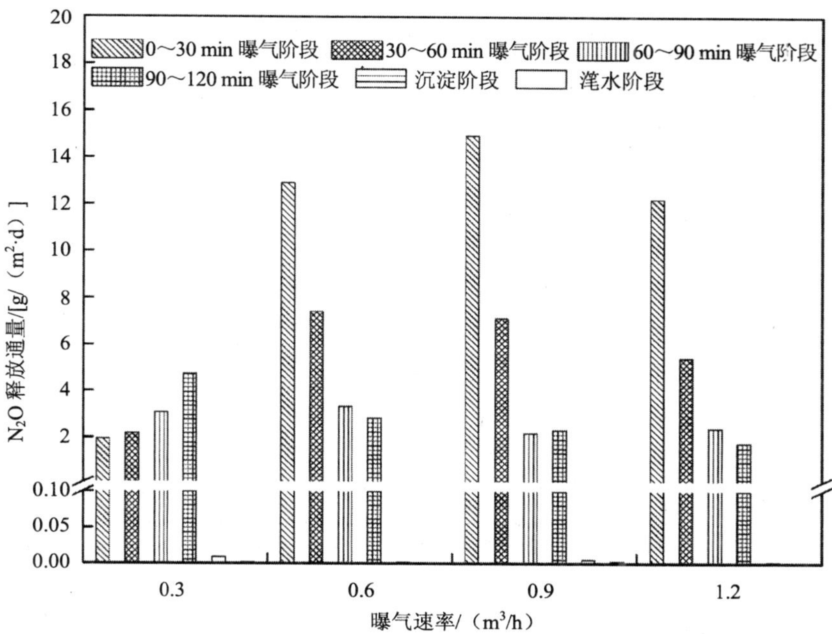

图 4.24　SBR 中试模式 3 条件下曝气速率对 N_2O 释放强度的影响

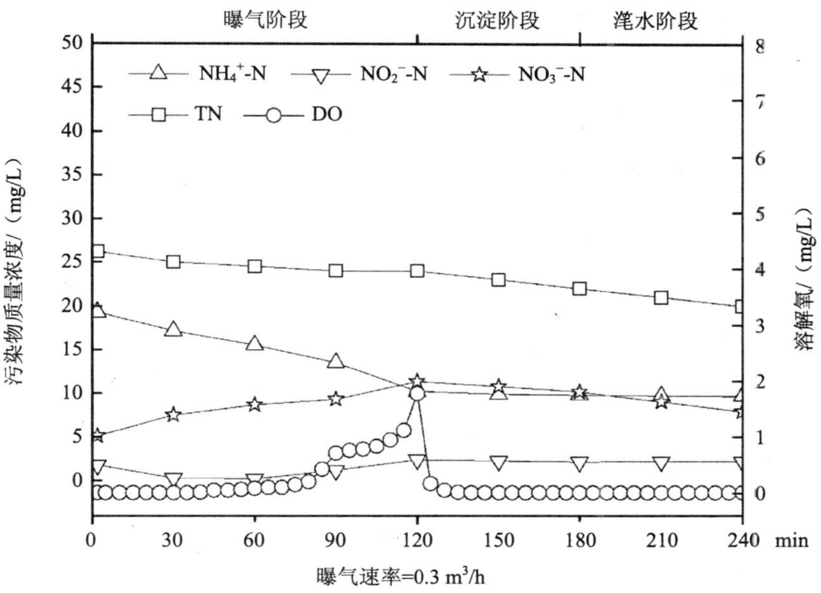

a

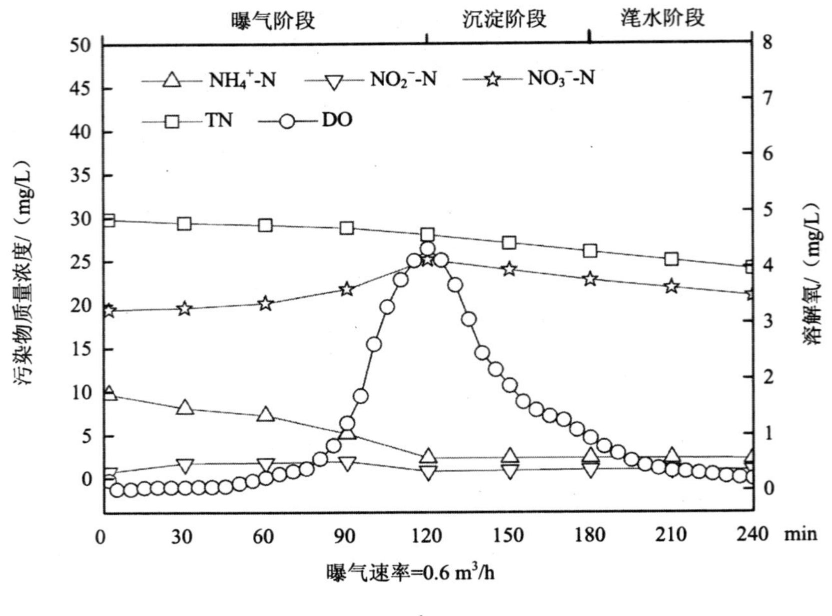

b

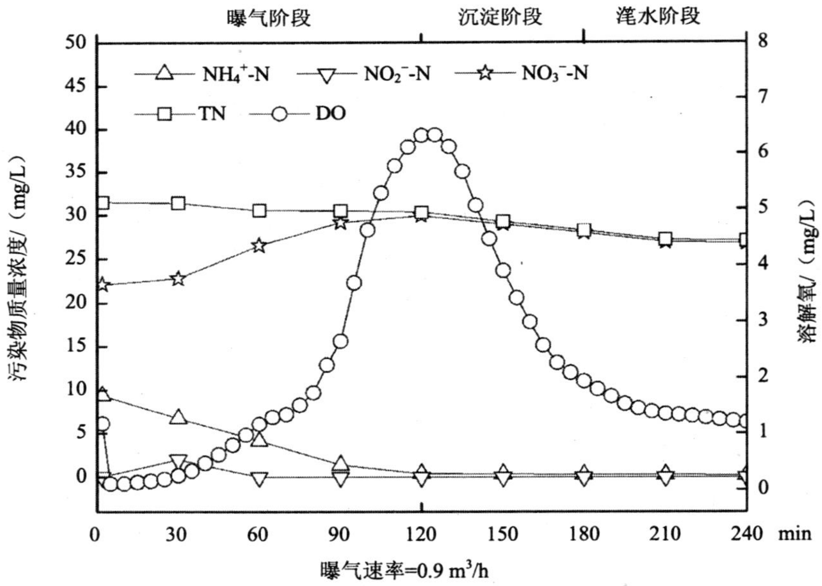

c

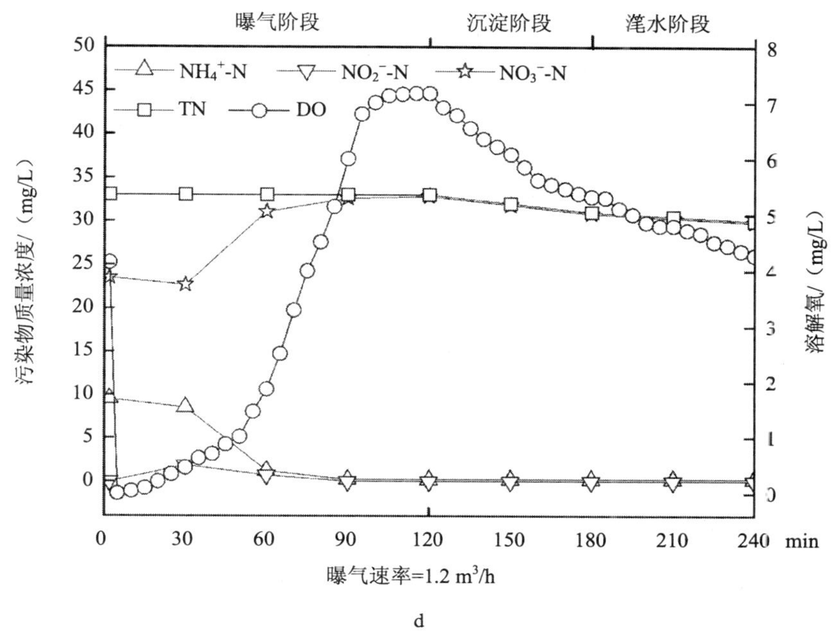

图 4.25　SBR 中试模式 3 条件下曝气速率对 N 去除和 DO 的影响

曝气速率大于 0.3 m^3/h 时，SBR 曝气阶段 N_2O 的释放通量随着曝气时间的延长而逐渐降低。这是因为曝气开始时，上一周期产生的溶解态 N_2O 由于曝气吹脱作用被大量释放出来；同时，较低的 DO 质量浓度也会导致了亚硝酸盐的积累，易于产生 N_2O。随着曝气时间的延长，反应器中的 DO 质量浓度逐渐升高，此时硝化过程较为彻底，不易导致亚硝酸盐的积累，N_2O 产生量少。

当曝气速率为 0.3 m^3/h 时，SBR 曝气阶段 N_2O 的释放通量随着硝化反应的逐渐进行而逐渐升高，装置内的 DO 长时间维持在 1 mg/L 以下（见图 4.24 和图 4.25a）。低曝气条件下，系统中的 DO 被异养微生物降解 COD 所大量消耗，硝化反应几乎不发生，系统释放的 N_2O 主要来自于上一运行周期 SBR 装置内残留的溶解态 N_2O；随着有机物的不断消耗，硝化作用开始进行，低 DO 条件导致了硝化过程中 N_2O 的大量产生并在曝气过程中被释放出来。因此，N_2O 的释放通量随着曝气时间的延长而逐渐升高[35]。

4.3.3.2　SBR 工艺不同运行模式条件下 N_2O 的吨水释放量

表 4.22 给出了 SBR 中试装置不同运行模式下 N_2O 吨水释放量的对比结果。在模式 1 与模式 2 条件下，当曝气速率为 0.3 m^3/h 时，虽然 N_2O 的吨水释放量低于其他运行条件，但由于 NH_4^+-N 转化率很低，出水 NH_4^+-N 不达标，因此不能满足 SBR 工艺 N_2O 减排的前提要求。

因此，在出水水质达标的前提下，合理控制硝化与反硝化作用时间、提高曝气速率能显著降低 SBR 工艺 N_2O 的排放量。

表 4.22 SBR 中试装置不同运行模式条件下曝气速率对 N_2O 吨水释放量的影响

曝气速率/（m^3/h）	N_2O 吨水释放量/（g/m^3）		
	模式 1	模式 2	模式 3
0.3	0.16±0.04	0.28±0.05	1.20±0.21
0.6	0.75±0.13	1.57±0.29	2.59±0.44
0.9	0.68±0.11	1.25±0.21	2.42±0.39
1.2	0.42±0.09	0.61±0.10	2.06±0.52

4.3.4 SBR 工艺 CH_4 排放的影响因素研究

在 SBR 工艺中，不同的曝气速率和曝气时长会直接影响水中溶解态 CH_4 的吹脱作用，从而影响了 CH_4 的排放量。另外，水中 DO 质量浓度的大小受曝气速率的影响，而不同的 DO 质量浓度会直接影响水中微生物对于溶解态 CH_4 的氧化过程，进而影响 CH_4 的排放量。表 4.23 给出了 SBR 中试装置不同运行模式下的 CH_4 吨水释放量对比结果。

表 4.23 SBR 中试装置不同运行模式条件下曝气速率对 CH_4 吨水释放量的影响

曝气速率/（m^3/h）	CH_4 吨水释放量/（g/m^3）		
	模式 1	模式 2	模式 3
0.3	0.28±0.05	0.35±0.05	0.22±0.03
0.6	0.31±0.05	0.44±0.07	0.82±0.05
0.9	0.59±0.05	0.57±0.03	0.10±0.15
1.2	0.91±0.10	1.00±0.14	1.35±0.18

由表 4.23 可以看出，3 种运行模式下，CH_4 吨水排放量均是随着曝气量的增大而增加，这是由于巨大的曝气扰动而使排放量增加。在相同曝气量下，模式 1 和模式 2 下的 CH_4 吨水排放量相差不大，而模式 3 相比前两个模式排放量较大。其原因可能在于前端缺氧时进水进行反硝化作用及残留的 DO 消耗部分 CH_4，另外曝气时间过长更容易使产生的 CH_4 排放。

与氧化沟中试的研究类似，理论上认为在曝气作用增强时，水中 DO 质量浓度升高，强化了对水中溶解态 CH_4 的氧化过程，导致水中溶解的 CH_4 含量降低，CH_4 的排放量减小。但在 SBR 工艺的中试研究中，并没有发现该变化规律，这说明 DO 对 SBR 工艺 CH_4 的排放可能不存在影响，或是影响不是很大，被曝气吹脱作用抵消。在模式 1 与模式 2 条件下，当曝气速率为 0.3 m^3/h 时，虽然 CH_4 的吨水释放量低于其他运行条件，但由于 NH_4^+-N 转化率很低，出水不达标，不能满足 SBR 工艺温室气体减排的前提要求。

4.3.5 SBR 工艺 CO_2 排放的影响因素研究

表 4.24 给出了 SBR 中试装置不同运行模式下的 CO_2 吨水释放量对比结果。

表 4.24　SBR 中试装置不同运行模式条件下曝气速率对 CO_2 吨水释放量的影响

曝气速率/（m^3/h）	CO_2 吨水释放量/（g/m^3）		
	模式 1	模式 2	模式 3
0.3	183.84±27.12	201.20±24.32	209.14±33.42
0.6	159.65±25.20	236.21±22.90	253.93±29.85
0.9	205.42±35.19	275.82±30.25	345.17±31.43
1.2	236.47±41.37	340.83±50.72	369.95±40.59

由表 4.24 可以看出，3 种运行模式下，CO_2 的吨水排放量都随曝气速率的增大而增加，这是因为，曝气速率越大，曝气过程对水中溶解态 CO_2 的吹脱作用越强，导致 CO_2 的释放量越大；同一曝气速率条件下，不同 SBR 运行模式与 CO_2 吨水释放量之间没有表现出明显的变化趋势。

参考文献

[1] Banihani Q，Sierra-Alvarez R，Field J A. Nitrate and nitrite inhibition of methanogenesis during denitrification in granular biofilms and digested domestic sludges[J]. Biodegradation，2009，20（6）：801-812.

[2] Kampschreur M J，Temmink H，Kleerebezem R，et al. Nitrous oxide emission during wastewater treatment[J]. Water Research，2009，43（17）：4093-4103.

[3] Otte S，Grobben N G，Robertson L A，et al. Nitrous oxide production by Alcaligenes faecalis under transient and dynamic aerobic and anaerobic conditions[J]. Applied and Environmental Microbiology，1996，62（7）：2421-2426.

[4] Wunderlin P，Mohn J，Joss A，et al. Mechanisms of N_2O production in biological wastewater treatment under nitrifying and denitrifying conditions[J]. Water Research，2012，46（4）：1027-1037.

[5] Guisasola A，de Haas D，Keller J，et al. Methane formation in sewer systems[J]. Water Research，2008，42（6）：1421-1430.

[6] Ettwig K F，Butler M K，Le Paslier D，et al. Nitrite-driven anaerobic methane oxidation by oxygenic bacteria[J]. Nature，2010，464（7288）：543-548.

[7] Raghoebarsing A A，Pol A，van de Pas-Schoonen K T，et al. A microbial consortium couples anaerobic methane oxidation to denitrification[J]. Nature，2006，440（7086）：918-921.

[8] Noda N，Kaneko N，Mikami M，et al. Effects of SRT and DO on N_2O reductase activity in an anoxic-oxic activated sludge system[J]. Water Science and Technology，2004，48（11）：363-370.

[9] Liu X H，Peng Y Z，Wu C Y，et al. Nitrous oxide production during nitrogen removal from domestic wastewater in lab-scale sequencing batch reactor[J]. Journal of Environmental Sciences，2008，20（6）：641-645.

[10] Hu Z，Zhang J，Li S，et al. Effect of aeration rate on the emission of N_2O in anoxic–aerobic sequencing batch reactors（A/O SBRs）[J]. Journal of Bioscience and Bioengineering，2010， 109（5）：487-491.

[11] 苏彩丽. SBR 系统中好氧颗粒污泥的培养及脱氮除硫研究[J].中国环境科学，2010，4：522-526.

[12] Wagner M.，Amann R.，Lemmer H.，et al. Probing activated sludge with oligonucleotides specific for proteobacteria：inadequacy of culture-dependent methods for describing microbial community structure[J]. Appl. Environ. Microbiol，1993，59（5）：1520-1525.

[13] 肖慧慧，倪晋仁. 城镇污水处理厂活性污泥细菌群落结构特征分析[J]. 应用基础与工程科学学报，2013，21（3）：522-531.

[14] Heylen K，Gevers D，Vanparys B，et al. The incidence of nirS and nirK and their genetic heterogeneity in cultivated denitrifiers[J]. Environmental Microbiology，8（11）：2012-2021.

[15] Heylen K.，Vanparys B.，Gevers D.，et al. Nitric oxide reductase（norB） gene sequence analysis reveals discrepancies with nitrite reductase（nir） gene phylogeny in cultivated denitrifiers[J]. Environmental Microbiology，9（4）：1072-1077.

[16] 辛明秀，赵颖，周军，等. 反硝化细菌在污水脱氮中的作用[J]. 微生物学通报，2007，34（4）：773-776.

[17] 方芳，王淑梅，冯翠杰，等.. 好氧条件下复合生物膜-活性污泥反应器中的反硝化菌群结构[J].生态学杂志，2011，30（3）：430-437.

[18] Shapleigh J. P.. The denitrifying prokaryotes[J]. Prokaryotes，2006，2：769-792.

[19] Robertson L. A.，Kuenen J. G. *Thiospaera pantotropha* gen.nov.sp.nov.，a facultatively anaerobic，facultatively autotrophic sulphur bacterium[J]. J Gen Microbiol，1983，129（8）：2847-2855.

[20] 窦娜莎. 曝气生物滤池处理城市污水的主要影响因素及细菌多样性研究[D]. 青岛：中国海洋大学，2010.

[21] 石芳永，宋奔奔，傅松哲. 竹子填料海水曝气生物滤器除氮性能和硝化细菌群落变化研究[J].渔业科学进展，2009，30（1）：92-96.

[22] 李建婷，纪树兰，刘志培，等. 16S rDNA 克隆文库方法分析好氧颗粒污泥细菌组成[J]. 环境科学研究，2009，22（10）：1218-1223.

[23] 张胜华. 水处理微生物学[M]. 北京：化学工业出版社，2005.

[24] 杨长福. 基于 DGGE 技术的好氧脱氮颗粒污泥微生物群落结构和功能分析[D]. 哈尔滨：东北农业大学，2007.

[25] 姜昕，马鸣超，李俊，等. 污水处理系统中活性污泥细菌多样性研究[J].地学前缘，2008，15（6）：163-168.

[26] 林燕，孔海南，王茸影，等. 异养硝化作用的主要特点及其研究动向[J]. 环境科学，2008，29（11）：3291-3296.

[27] Mechichi T.，Labat M.，Patel B. K.，et al. *Clostridium methoxybenzovorans sp. nov.*，a new aromatic o-demethylating homoacetogen from an olive mill wastewater treatment digester[J]. Int J Syst Evol Micr，

1999，49（3）：1201-1209.

[28] Heider J.，Fuchs G.. Microbial anaerobic aromatic metabolism[J]. Anaerobe，1997，3（1）：1-22.

[29] 叶姜瑜，罗固源，吉芳英，等. 污水生物处理功能微生物的多样性[J]. 重庆大学学报（自然科学版），2005，28（10）：119-123.

[30] 崔有为，丁洁然，李晶，等. 嗜盐污泥处理高盐生活污水的短程硝化及其诱因辨析[J]. 应用基础与工程科学学报，2012，20（4）：552-562.

[31] 安晓宇. 污水处理过程中短程硝化的微生物生态调控技术研究[D]. 石家庄：河北科技大学，2010.

[32] 吕卓. 处理渗滤液陈垃圾生物反应器脱氮功能微生物分子解析[D]. 上海：华东师范大学，2012.

[33] Kimochi Y，Inamori Y，Mizuochi M，et al. Nitrogen removal and N_2O emission in a full-scale domestic wastewater treatment plant with intermittent aeration[J]. Journal of Fermentation and Bioengineering，1998，86（2）：202-206.

[34] Colliver B，Stephenson T. Production of nitrogen oxide and dinitrogen oxide by autotrophic nitrifiers[J]. Biotechnology Advances，2000，18（3）：219-232.

[35] Schulthess R，Kühni M，Gujer W. Release of nitric and nitrous oxides from denitrifying activated sludge[J]. Water Research，1995，29（1）：215-226.

第 5 章　城市污水处理厂温室气体排放量的预测

国际上有关城市污水处理厂温室气体排放的预测大多是依据 IPCC 温室气体排放清单提供的计算模型或方法，另外，学者们根据污水处理厂温室气体的排放机理研发出了几种方法。目前，还没有一种计算方法得到广泛的认可，这与污水处理厂温室气体排放的复杂过程有关。我国在城市污水处理厂温室气体排放的预测研究方面起步晚，报道也相对较少，已有报道的文献包括：郭运功[1]采用 IPCC 有关废水处理过程中温室气体排放估算方法研究了上海市污水处理领域的温室气体排放总量；马欣[2]运用 IPCC 的相关模型估算了我国污水处理行业不同地域、水质和工艺类型条件下温室气体排放的变化。但是，鉴于 IPCC 推荐值缺乏科学的验证，导致估算得到的温室气体排放总量的准确性存在争议。因此，研究出一套科学、准确的城市污水处理厂温室气体排放量预测方法，对于整体把握我国城市污水处理领域温室气体的排放情况以及制定更加准确的温室气体排放清单具有非常重要的意义。

近年来，我国城市污水处理厂的数量和处理能力仍保持较快增长速度[3]，如表 5.1 所示。这势必导致我国污水处理领域温室气体排放总量的增加。在我国其他行业温室气体相应削减的情况下，污水处理厂所排放的温室气体占我国温室气体总量排放的比例将会明显提高。因此，开展污水处理厂温室气体的预测研究，对于控制我国温室气体的排放总量具有重要意义。

表 5.1　我国城市污水处理能力变化情况

年份	城市污水处理厂数量/座	污水处理总量/（万 m^3/d）
2003	—	4 682
2005	906	6 034
2007	1 235	7 711
2008	1 529	8 836
2009	1 993	10 560
2010	2 832	12 500
2011	3 135	13 600
2012	3 272	14 900

5.1 研究概述

5.1.1 城市污水处理厂温室气体排放量预测研究概述

目前，有关城市污水处理厂温室气体排放量的预测方法有多种，包括：排放清单估算法、物料平衡法、活性污泥动力学模型预测法等。

5.1.1.1 温室气体排放清单估算法

建立国家或地区的温室气体排放清单是目前应用最为普遍的温室气体排放总量估算方法，该方法主要通过温室气体排放因子和活动量相乘的方法得到某个国家或地区污水处理领域的碳排放总量。例如，IPCC[4]国家温室气体排放清单给出了污水处理领域温室气体 N_2O 的排放因子（N_2O/TN）为 0.01 kg/kg（变化范围：0.002～0.12），IPCC[5]又将这一值修改为 0.005 kg/kg（变化范围：0.000 5～0.25），IPCC[6]又考虑了脱氮的影响，将这一值进一步修改，N_2O 排放量为 0.003 2 kg/（a·人）（变化范围：0.002～0.008）。国际地方环境理事会（ICLEI）则建议采用“Local Government Operations Protocol for the Quantification And Reporting of Greenhouse Gas Emissions Inventories”（LGO）编制各国家和地区的温室气体排放清单。LGO 排放清单中包含了能源生产及消耗、交通运输、农业以及废物处理等几大主要人为排放源的温室气体排放量的估算方法[7]。《联合国气候变化框架公约》（UNFCCC）编制的畜禽废弃物沼气发电 CDM 项目开发所使用的方法学（ACM0010）[8]、世界企业可持续发展协会（WBCSD）与世界资源研究所（WRI）联合编制的《温室气体核算体系——企业核算与报告标准》[9]和“GHG Protocol Project Quantification Standard”[10]、国际标准化组织（ISO）制定的 ISO 14064 标准（包含一套 GHG 计算和验证准则）和 ISO 14065 标准（采用 ISO 14064 或其他相关标准或规范进行 GHG 确认和验证机构的提供规范及指南）、欧盟环保署（EEA）编制的“EU emission inventory report 1990—2011 under the UNECE Convention on LRTAP”[11]以及澳大利亚编制的“National Greenhouse and Energy Reporting Technical Guidelines 2009”[12]等都给出了有关污水处理过程温室气体排放的计算方法。但是，这些方法存在的普遍问题就是温室气体排放因子的变化范围很大，针对某一具体的污水处理厂，无法准确确定具体的排放因子的数值，这会导致不同国家或地区的温室气体排放总量的计算结果存在巨大差异。

5.1.1.2 物料平衡法

Foley 等[13]运用 N 元素在污水处理过程中的物料平衡和反应计量关系，结合污水处理厂相关的运行参数及环境条件，建立了 N_2O 排放量的估算方法，用来估算澳大利亚 7 座污水处理厂 N_2O 的排放量，计算过程中数据的名称及来源如图 5.1 所示。他们使用 7 座污水处理厂已有的数据和现场监测数据建立了每座污水处理厂污水处理过程中 TN 的物质平衡关系，并依此给出了在水厂稳定运行的前提下 N_2O 排放量的计算式；同时，又针对不同的处理单元建立了水中溶解态 N_2O 的物质平衡关系，得到了不同处理单元、不同处理条件下水中溶解态 N_2O 质量浓度的计算方法，并给出了每个处理单元 N_2O 净产生量与净排放量的计算式；最后，结合每一个处理单元 N_2O 的净产生量和净排放量，计算了整个污水处理厂 N_2O 的净产生量和净排放量。

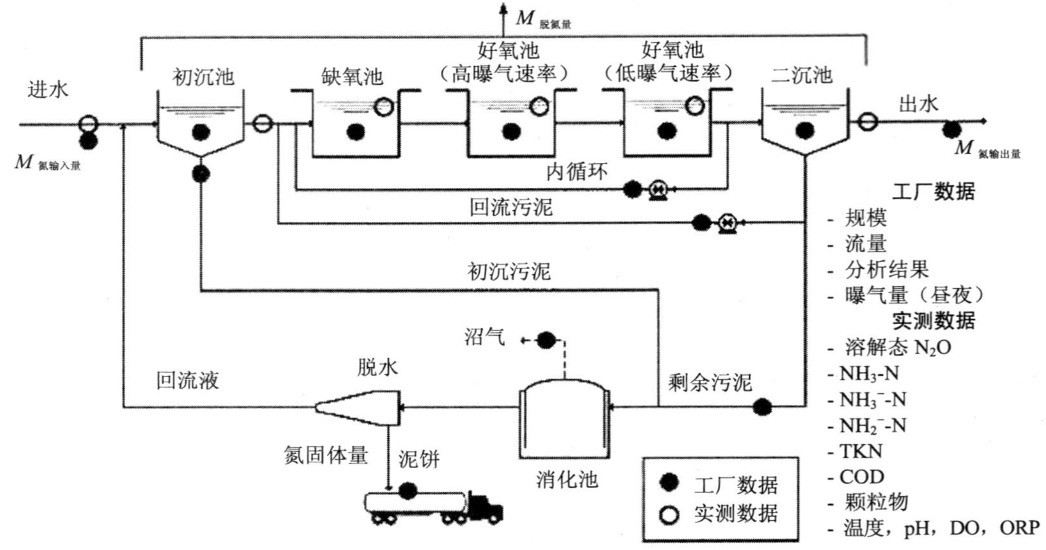

图 5.1 物质平衡法数据构成[13]

可见，运用物料平衡法计算污水处理厂温室气体 N_2O 的排放量较排放清单法更能结合污水处理厂的实际情况，结果更加客观准确。但该方法的缺陷在于计算过程复杂、计算过程中存在较多假设前提，这些假设往往与实际情况存在着很大的差异，导致计算结果无法反映污水处理厂温室气体的真实排放情况。

5.1.1.3 活性污泥动力学模型预测法

目前，使用活性污泥动力学模型进行污水处理过程中温室气体 N_2O 排放量的计算主要是基于 Henze 等[14]提出的“Activated Sludge Model No.1”和 Gujer 等[15]提出的“Activated Sludge Model No.3”及其改进的模型。Schulthess 等[16]运用修订的 ASM 模型计算了污水反硝化过程中的 N_2O 排放量，研究了不同控制条件下的 N_2O 的排放情况；Hiatt 等[17]运用改进了的 ASM 模型模拟了污水硝化过程和反硝化过程的 N_2O 产生量，结果显示该模型较 ASM No.1 模型具有更高的准确性；Corominas 等[18]在 ASM 模型的基础上，结合自动控制系统，模拟了污水处理的出水水质及 N_2O 的排放量。另外，Batstone 等[19]利用厌氧消化模型（ADM 1）估算了厌氧消化过程中温室气体 CH_4 和 CO_2 的排放量；Snowling 等[20]则将 ASM 模型与 ADM 模型结合，用来估算城市污水处理厂温室气体的排放总量。通过 ASM 和 ADM 模型预测污水处理过程中的温室气体排放量较前两种方法具有更高的精确性，但依然存在计算过程复杂，易受环境因素及控制因素改变影响等不足。另外，该模型只针对于活性污泥处理过程中温室气体 N_2O 产生与排放量的计算，无法涵盖污水处理厂所有的处理过程，例如曝气沉砂池中温室气体的排放大多都是来自于进水管网中溶解的温室气体。因此，该方法存在明显的局限性。

5.1.2 人工神经网络预测模型在污水处理领域的应用概述

人工神经网络（Artificial Neural Network，ANN）是 20 世纪 80 年代之后迅速发展起来的一门新兴信息处理方法，是人工智能的一个分支，它通过人工构造的方式由大量简单的处理单元（神经元）广泛连接组成网络系统。人工神经网络能从已知数据中自动归纳、获得这些数据的内在规律，具有很强的非线性映射能力，目前已经在环境质量评价中得到了较为广泛的应用。人工神经网络具有结构简单、可塑性强、非线性回归能力强、所需数据量少等优点，特别是它的数学意义明确、步骤分明，已经在大气预测中得到了应用并取得了较好的结果。与传统方法相比，人工神经网络技术不需要对变量间的关系进行假设，具有建模方便、预测可扩展性好等特点，此外，它对信息的处理具有自学习的特点，可随数据变化自动改进模型参数。

迄今，在 ANN 预测模型应用于污水处理领域的研究方面，大多集中在预测污水处理厂处理的出水水质，例如，Hamed 等[21]应用人工神经网络技术预测了埃及某污水处理厂的出水水质情况；Mjalli 等[22]采用人工神经网络黑箱模型预测了卡塔尔多哈某污水处理厂的出水水质情况；易赛莉[23]应用 BP 人工神经网络预测了 UASB 反应器处理生活污水的出水水质情况；高平平[24]应用人工神经网络预测了我国西南某污水处理厂的出水水质情况。但目前尚没有发现关于应用 ANN 技术预测污水处理领域温室气体排放量的研究报道。

5.2 城市污水处理厂温室气体排放量的预测

基于城市污水处理厂典型工艺温室气体排放的监测及相关的中试研究结果，以影响典型工艺污水处理过程中温室气体排放的主要因素，包括进水 COD、进水 NH_4^+-N、进水 COD/N、水温、出水 TN、出水 COD 等水质参数作为模型输入因子，以典型工艺城市污水处理厂的温室气体吨水排放量作为模型的输出因子，建立了基于遗传算法优化的城市污水处理厂温室气体排放量的 GA-BP 人工神经网络预测模型，来预测不同水质参数下典型工艺城市污水处理厂温室气体的排放量。

5.2.1 训练数据的准备

建立基于 BP 神经网络的温室气体排放量预测模型的一个重要前提就是要确定模型的输入因子。

本章中仅选择影响污水处理过程中温室气体排放的水质参数作为模型的输入因子，主要是基于以下几点考虑：

（1）通过现场监测研究与查阅文献，可以确定影响典型工艺污水处理过程中温室气体排放的主要水质参数。在现场监测过程中，进水 NH_4^+-N、进水 COD/N、出水 TN 以及水温等对污水处理过程中 N_2O 的排放具有一定的影响；进水 COD、进水 TN、出水 COD 与水温对污水处理过程中 CH_4 与 CO_2 的排放具有一定的影响。

（2）这些数据在现场监测和中试研究过程中较易获得，且数值准确。

（3）BP 神经网络预测模型不需要将所有与温室气体排放有关的环境因素都作为模型的输入因子。

基于这 3 点原因，本章分别针对 3 种温室气体选择了对应的模型输入因子，以 3 种温室气体的吨水排放量作为模型的输出因子。

在确定初始输入因子之后，为了建立温室气体 BP 神经网络预测模型，还需要有包含初始输入因子和温室气体吨水排放量输出值的训练数据。训练数据是温室气体吨水排放量 BP 神经网络预测模型建立的基础，科学合理地选择训练数据会对网络性能产生很大影响。训练结束后，以实际监测结果作为检验数据来考察所建立的预测模型的预测能效，根据检验结果调整模型的参数，使所建立的 BP 人工神经网络预测模型的预测结果具有更高的准确性。

本章中所使用的模型训练数据与检验数据均来自于典型工艺城市污水处理厂温室气体排放的现场监测结果和相关的中试研究结果，具体数据来源及用途如表 5.2 所示。

表 5.2 典型工艺城市污水处理厂温室气体排放量预测模型的数据来源及用途

数据来源	A^2/O 工艺	AO 工艺	氧化沟工艺	SBR 工艺
现场数据（组）	72	72	72	72
中试数据（组）	36	36	48	40
总数（组）	108	108	120	112
数据用途	A^2/O 工艺	AO 工艺	氧化沟工艺	SBR 工艺
模型训练数据（组）	72	72	80	75
模型检验数据（组）	36	36	40	37
总数（组）	108	108	120	112

注：每组数据包含 4 个输入数据和 1 个输出数据，随机抽取数据总量的 2/3 作为模型的训练样本，其余 1/3 作为模型的检验样本。

5.2.2 预测模型的建立与训练

5.2.2.1 隐含层层数的确定

除一个输入层和一个输出层，BP 神经网络可以包含两个以上不同的隐含层。通常情况下，隐含层层数应根据问题的复杂性，综合考虑网络的精度和训练时间。增加网络的隐含层层数可以更进一步降低误差，提高精度，但同时也使网络复杂化，从而增加了网络权值的训练时间。

理论上已经证明，在不限制隐含层节点数的情况下，含有一个隐含层的三层 BP 网络可以实现任意非线性映射，如图 5.2 所示。因此，本章中采用的是含有一个隐含层的三层 BP 神经网络。

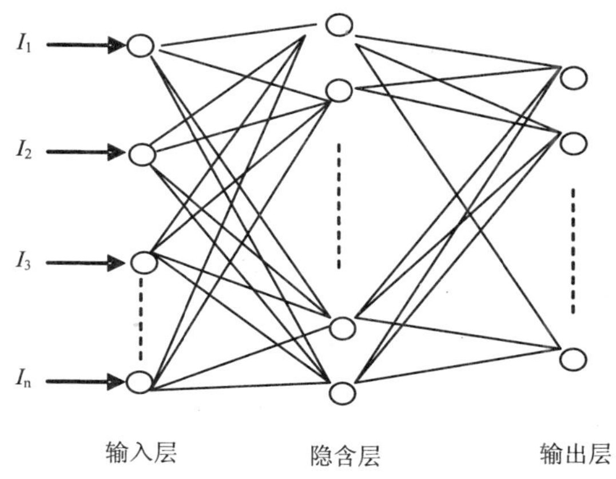

图 5.2　BP 人工神经网络结构

5.2.2.2　输入层与输出层神经元数的选取

输入层接收外部的输入数据，BP 神经网络的输入向量为影响因子或自变量，若输入向量的维数过多会使网络的计算量激增，从而导致系统瘫痪。一般输出层节点数取决于两个方面，输出数据类型和表示该类型所需的数据大小。本章中选取了与温室气体吨水排放量关系密切的 4 个重要的水质参数数据作为输入因子，以温室气体吨水排放量作为输出因子，建立了典型工艺温室气体排放量的预测模型。因此，对于所建立的温室气体排放量的预测模型，输入层神经元数为 4，输出层神经元数为 1。

5.2.2.3　隐含层神经元个数的选取

具有一个隐含层、无限个隐含层节点的三层 BP 网络可以实现任意从输入到输出的非线性映射，但对于有限个输入模式到输出模式的映射，并不需要无限个隐含层节点，这就涉及如何选择隐含层神经元数的问题。隐含层神经元数可以根据前人的经验或进行试验来确定。一般认为，隐含层神经元数与求解问题的要求、输入、输出层神经元数多少都有直接的关系。另外，隐含层神经元数过多会导致学习时间较长；而隐含层神经元数太少，则容错性差，识别未经学习的样本能力低，因此必须综合考虑确定。确定隐含层神经元数一般采取的原则是：在能正确反映输入、输出关系的基础上，尽量先选取较少的隐含层神经元的个数，这样可使网络尽可能简单，然后在训练中根据实际情况逐步增加，直到满足网络性能要求为止。根据前人经验，隐含层神经元数初始值可以参照式（5-1）确定。

$$n_1 = \sqrt{n_0 + n_2} + a \tag{5-1}$$

式中：n_1 —— 隐含层神经元数；

n_0 —— 输入层神经元个数；

n_2 —— 输出层神经元个数；

a —— 1～10 之间的整数。

就所建立的温室气体预测模型而言，隐含层神经元数的确定也没有一个统一明确的规定，增加神经元数目可提高网络训练精度，但 BP 算法训练的神经网络并不是隐含层神经元数越多网络的性能越好，反而会使网络的性能下降，即隐含层神经元过多会使网络的泛化能力降低。但隐含层神经元也不能太少，太少将导致 BP 网络学习不收敛。因而对于具体的问题，BP 神经网络都有适当的网络结构，使网络的泛化能力最强。所以在具体设计中，应通过对不同神经元数进行训练对比，根据预测集的预测精度综合考虑隐含层的神经元数，从而确定具有最佳泛化能力的网络结构。

由于本章中所建立的温室气体排放量预测模型输入端的参数为 4 个，输出端的参数为 1 个，因此，根据式（5-1），隐含层神经元数初步确定为 3～12 之间的数，最佳隐含层神经元个数需要通过对比预测模型的预测效能之后才能确定。

5.2.2.4 传递函数的选择

预测网络中选取的隐含层传递函数为 S（sigmoid）型函数。

$$f_{(x)}=\frac{1}{1+\mathrm{e}^{-x}} \tag{5-2}$$

输出传递选择线性函数，该函数可以自动调节训练速率，解决陷入局部最小值的问题，并大大缩短训练时间。

5.2.2.5 训练方法

针对不同的应用，BP 网络提供了多种训练方法，其中 Traingdx 训练函数对数据输入不分先后顺序且不存在普通带动量梯度训练函数较难找到最小值的问题。此外 Traingdx 训练函数运行较快，因而本章中采用了 Traingdx 作为网络的训练函数。

5.2.2.6 模型的建立

确定模型的输入因子是建立基于 BP 神经网络的温室气体排放量预测模型的一个重要前提。本章中综合考虑了典型工艺城市污水处理厂影响 3 种温室气体排放的主要参数以及参数数据获取的难易程度，来分析并确定了典型工艺 3 种温室气体排放量预测模型的输入因子。

1. 典型工艺 N_2O 排放量预测模型输入因子的选择

已有的研究表明，影响污水处理过程中 N_2O 产生与排放的因素包括 DO 质量浓度、亚硝酸盐及硝酸盐浓度、NH_4^+-N 浓度、进水 COD/N 大小、pH、SRT、水温等。根据典型工艺城市污水处理厂温室气体排放的现场监测和中试研究结果，发现 pH 和 SRT 在污水处理过程中保持相对稳定，不存在明显变化；另外，虽然 DO 质量浓度对 N_2O 的产生与排放具有重要的影响，但典型污水处理工艺的生物池中 DO 表现出明显的空间或时间变化趋势，难以给出某一 DO 质量浓度，使其能够反映生物池整体的 DO 水平。因此，可主要探索研究城市污水处理厂进出水水质条件及水温与 N_2O 释放之间的对应关系。由第 3 章的研究结果可知，进水 NH_4^+-N、进水 COD/N、出水 TN 和水温对典型工艺 N_2O 的释放存在影响，且这些数据在监测过程中较易获得，因此本章最终确定这 4 个参数作为典型工艺 N_2O 排放量预测模型的输入因子。

2. 典型工艺 CH_4 与 CO_2 排放量预测模型输入因子的选择

第 1 章指出，影响污水处理过程中 CH_4 和 CO_2 产生与排放的因素包括污泥负荷、亚硝酸盐及硝酸盐浓度、DO 质量浓度、pH、水温等。由于 pH 保持相对稳定，不存在明显变化，而生物池平均 DO 水平难以测定，因此，可主要探索典型工艺城市污水处理厂进出水水质条件及水温与 CH_4 和 CO_2 释放之间的对应关系。第 3 章关于水质参数对污水处理厂典型工艺 CH_4 和 CO_2 排放特征的影响研究结果表明，进水 COD、进水 TN、出水 COD 和水温对典型工艺 CH_4 和 CO_2 的释放存在影响，且这些数据在监测过程中较易获得，因此本章中最终确定这 4 个参数作为典型工艺 CH_4 和 CO_2 排放量预测模型的输入因子。

综上所述，给出了温室气体 N_2O、CH_4 与 CO_2 排放量预测模型的 BP 人工神经网络结构，如图 5.3～图 5.5 所示。

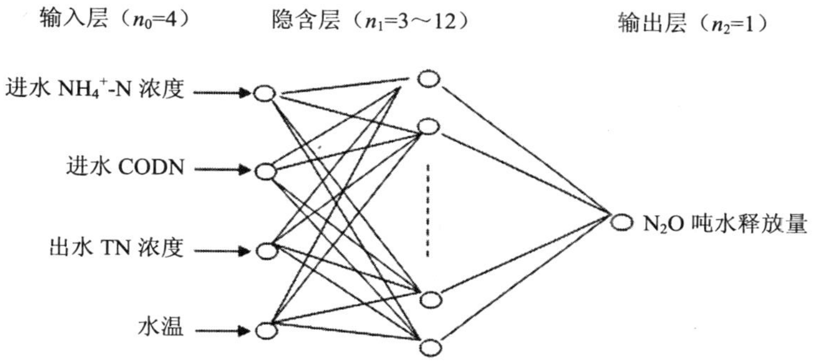

图 5.3　N_2O 排放 BP 神经网络结构图

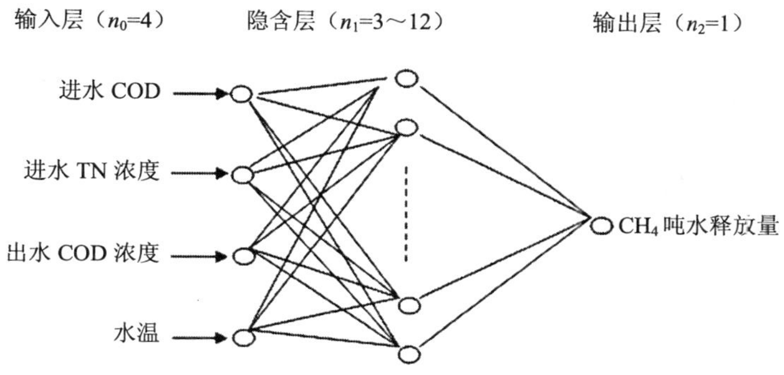

图 5.4　CH_4 排放 BP 神经网络结构图

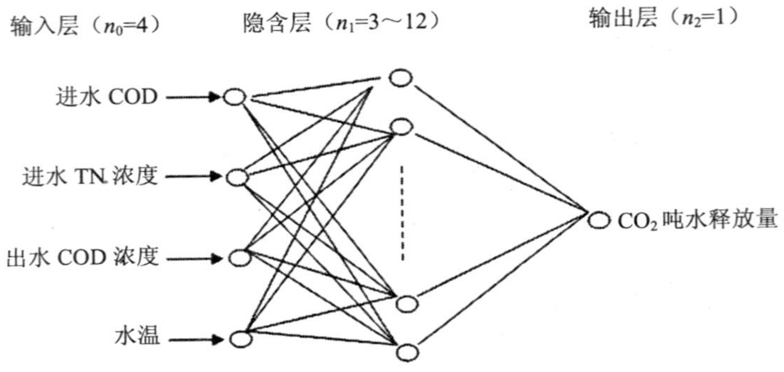

图 5.5 CO_2排放 BP 神经网络结构图

5.2.3 评价指标的选择

选择相关系数 r 和均方误差 MSE 作为 BP 神经网络预测模型预测效果的评价指标。其中 r 是指一组数据的测量值与真实值之间的相关性大小；MSE 是指一组数据的测量值与真实值的误差的平方和的平均值。对于所建立的 BP 神经网络预测模型，预测结果与真实值之间的相关系数 r 越高，均方误差越小，则预测模型的预测值与真实值越接近，模型的预测效能越好。

各指标的计算式如下所示：

$$r=\frac{\sum_{i=1}^{n}(Y_i-\overline{Y})(\hat{Y}_i-\overline{Y})}{\sqrt{\sum_{i=1}^{n}(Y_i-\overline{Y})^2\sum_{i=1}^{n}(\hat{Y}_i-\overline{Y})^2}} \tag{5-3}$$

$$\mathrm{MSE}=\frac{1}{n}\sum_{i=1}^{n}\left(Y_i-\hat{Y}_i\right)^2 \tag{5-4}$$

式中，Y_i ——温室气体吨水排放量的实测值；

$\overline{Y}$ ——温室气体吨水排放量实测值的平均值；

$\hat{Y}_i$ ——温室气体吨水排放量的预测值；

n——数据组数量。

5.2.4 典型工艺温室气体预测模型的效能测试

为了考察典型工艺 3 种温室气体排放模型的预测效能，对于不同的隐含层神经元个数，分别计算典型工艺 3 种温室气体现场监测的实测值与模型预测值之间的 r 值与 MSE 值，经过对比，给出了具有最优预测效能的预测模型的隐含层神经元个数。

5.2.4.1 A^2/O 工艺温室气体排放预测模型的效能测试

表 5.3～表 5.5 分别给出了不同隐含层神经元个数条件下 A^2/O 工艺 3 种温室气体（N_2O、CH_4 与 CO_2）排放预测模型预测效能的测试结果。可以看出，当隐含层神经元个数分别为 7、7 和 6 时，A^2/O 工艺 N_2O、CH_4 和 CO_2 排放预测模型的预测值与现场监测的实测值之间的 r 值最大，MSE 值最小，模型的预测效能最优。

表 5.3 不同隐含层神经元个数条件下 A^2/O 工艺 N_2O 排放预测模型的效能测试结果

神经元个数	3	4	5	6	7
r	0.76	0.49	0.61	0.73	0.85
MSE	0.07	0.12	0.10	0.07	0.03
神经元个数	8	9	10	11	12
r	0.74	0.81	0.62	0.50	0.79
MSE	0.08	0.05	0.11	0.14	0.06

表 5.4 不同隐含层神经元个数条件下 A^2/O 工艺 CH_4 排放预测模型的效能测试结果

神经元个数	3	4	5	6	7
r	0.77	0.82	0.76	0.87	0.97
MSE	0.55	0.41	0.50	0.44	0.19
神经元个数	8	9	10	11	12
r	0.71	0.76	0.78	0.61	0.84
MSE	0.53	0.97	0.52	0.84	0.60

表 5.5 不同隐含层神经元个数条件下 A^2/O 工艺 CO_2 排放预测模型的效能测试结果

神经元个数	3	4	5	6	7
r	0.90	0.90	0.90	0.96	0.90
MSE	1 636.46	1 949.91	1 611.53	532.87	1 453.49
神经元个数	8	9	10	11	12
r	0.91	0.96	0.86	0.69	0.88
MSE	2 208.88	639.32	4 585.11	5 969.27	1 968.70

5.2.4.2 A/O 工艺温室气体排放预测模型的效能测试

表 5.6～表 5.8 分别给出了不同隐含层神经元个数条件下 A/O 工艺 3 种温室气体（N_2O、CH_4 与 CO_2）排放预测模型预测效能的测试结果。可以看出，当隐含层神经元个数分别为 8、8 和 11 时，A/O 工艺 N_2O、CH_4 和 CO_2 排放预测模型的预测值与现场监测的实测值之间的 r 值最大，MSE 值最小，模型的预测效能最优。

表 5.6 不同隐含层神经元个数条件下 A/O 工艺 N_2O 排放预测模型的效能测试结果

神经元个数	3	4	5	6	7
r	0.76	0.46	0.78	0.53	0.32
MSE	0.09	0.11	0.06	0.11	0.31
神经元个数	8	9	10	11	12
r	0.89	0.34	0.69	0.64	0.64
MSE	0.03	0.14	0.14	0.10	0.11

表 5.7 不同隐含层神经元个数条件下 A/O 工艺 CH_4 排放预测模型的效能测试结果

神经元个数	3	4	5	6	7
r	0.57	0.76	0.66	0.62	0.70
MSE	5.58	1.28	2.00	2.18	2.18
神经元个数	8	9	10	11	12
r	0.85	0.56	0.57	0.53	0.11
MSE	0.56	0.95	8.51	9.69	2.34

表 5.8 不同隐含层神经元个数条件下 A/O 工艺 CO_2 排放预测模型的效能测试结果

神经元个数	3	4	5	6	7
r	0.68	0.80	0.78	0.74	0.73
MSE	3 331.91	2 192.88	2 415.44	2 696.15	2 973.78
神经元个数	8	9	10	11	12
r	0.35	0.58	0.60	0.86	0.73
MSE	5 556.84	4 085.24	4 280.49	1 658.57	2 817.73

5.2.4.3 氧化沟工艺温室气体排放预测模型的效能测试

表 5.9～表 5.11 分别给出不同隐含层神经元个数条件下氧化沟工艺 3 种温室气体（N_2O、CH_4 与 CO_2）排放预测模型预测效能的测试结果。可以看出，当隐含层神经元个数分别为 12、5 和 7 时，氧化沟工艺 N_2O、CH_4 和 CO_2 排放预测模型的预测值与现场监测的实测值之间的 r 值最大，MSE 值最小，模型的预测效能最优。

表 5.9 不同隐含层神经元个数条件下氧化沟工艺 N_2O 排放预测模型的效能测试结果

神经元个数	3	4	5	6	7
r	0.58	0.64	0.73	0.51	0.66
MSE	0.02	0.01	0.01	0.02	0.01
神经元个数	8	9	10	11	12
r	0.69	0.74	0.67	0.69	0.92
MSE	0.01	0.01	0.02	0.02	0.00

表 5.10 不同隐含层神经元个数条件下氧化沟工艺 CH_4 排放预测模型的效能测试结果

神经元个数	3	4	5	6	7
r	0.70	0.72	0.83	0.78	0.83
MSE	0.11	0.12	0.07	0.09	0.08
神经元个数	8	9	10	11	12
r	0.63	0.63	0.73	0.67	0.61
MSE	0.15	0.13	0.11	0.15	0.22

表 5.11 不同隐含层神经元个数条件下氧化沟工艺 CO_2 排放预测模型的效能测试结果

神经元个数	3	4	5	6	7
r	0.89	0.83	0.72	0.75	0.96
MSE	3 906.62	6 385.45	9 312.25	8 244.53	1 468.38
神经元个数	8	9	10	11	12
r	0.75	0.90	0.93	0.77	0.84
MSE	8 702.99	3 889.92	2 555.60	12 348.32	11 644.30

5.2.4.4 SBR 工艺温室气体排放预测模型的效能测试

表 5.12～表 5.14 分别给出了不同隐含层神经元个数条件下 SBR 工艺 3 种温室气体（N_2O、CH_4 和 CO_2）排放预测模型预测效能的测试结果。可以看出，当隐含层神经元个数分别为 8、12 和 9 时，SBR 工艺 N_2O、CH_4 和 CO_2 排放预测模型的预测值与现场监测的实测值之间的 r 值最大，MSE 值最小，模型的预测效能最优。

表 5.12 不同隐含层神经元个数条件下 SBR 工艺 N_2O 排放预测模型的效能测试结果

神经元个数	3	4	5	6	7
r	0.82	0.85	0.52	0.82	0.96
MSE	2.82	2.03	6.16	2.48	0.55
神经元个数	8	9	10	11	12
r	0.98	0.75	0.81	0.64	0.69
MSE	0.29	3.12	2.53	4.33	3.97

表 5.13 不同隐含层神经元个数条件下 SBR 工艺 CH_4 排放预测模型的效能测试结果

神经元个数	3	4	5	6	7
r	0.82	0.79	0.82	0.83	0.82
MSE	3.20	3.61	3.28	3.03	3.07
神经元个数	8	9	10	11	12
r	0.85	0.80	0.83	0.68	0.89
MSE	2.67	3.95	3.13	7.54	1.02

表 5.14 不同隐含层神经元个数条件下 SBR 工艺 CO_2 排放预测模型的效能测试结果

神经元个数	3	4	5	6	7
r	0.78	0.79	0.80	0.86	0.87
MSE	10 779.08	9 431.04	9 521.21	7 130.35	5 962.77
神经元个数	8	9	10	11	12
r	0.83	0.93	0.85	0.54	0.88
MSE	7 767.94	3 594.72	7 251.55	19 278.51	6 190.11

5.2.5 基于遗传算法的 BP 预测模型的优化

由 4 种典型工艺 3 种温室气体排放量的预测结果可以看出，基于 BP 人工神经网络的预测模型能够较好地实现典型工艺城市污水处理厂温室气体排放的预测，但存在局部预测值与实际监测值差异较大的现象。这种现象很可能是由于网络局部极小值问题的出现影响了网络的回归能力以及预测准确性，而通过优化 BP 人工神经网络的权值是减少局部极小值问题出现的有效途径之一。

遗传算法（Genetic Algorithm）是一种借鉴生物界优胜劣汰的进化规律演化而来的随机化搜索方法，由美国 J. Holland 教授于 1975 年首先提出。遗传算法的主要特点有以下几个方面：直接对结构对象进行操作，不存在求导和函数连续性的限定；具有内在的隐并行性和更好的全局寻优能力；采用概率化的寻优方法，能自动获取和指导优化的搜索空间，自适应地调整搜索方向，不需要确定的规则。遗传算法的这些特点使其被广泛地应用于许多学科之中。

将遗传算法应用于人工神经网络技术（ANN）主要是通过两种途径进行，一方面是使用遗传算法对人工神经网络的结构进行优化，另一方面是使用遗传算法对神经网络的权值进行优化，也就是用遗传算法取代神经网络常用的一些传统的学习算法，提高网络的学习效率。使用梯度学习算法的 BP 人工神经网络容易出现局部极小值的问题，这会大大地降低 BP 人工神经网络的回归能力，而优化 BP 人工神经网络的权值则是减少局部极小值问题出现的有效途径之一。因此，本章使用遗传算法对所建立的 BP 人工神经网络权值进行优化，以提高网络的预测效能和准确性。

为了获得 4 种典型工艺 3 种温室气体排放量预测过程中遗传算法的最优遗传代数，在遗传代数为 1 000～12 000 的范围内，针对具有最优隐含层个数的不同污水处理工艺和不同温室气体的预测模型，分别计算经不同遗传代数优化的 GA-BP 人工神经网络对于检验数据的预测结果与真实值之间的 MSE 与 r 值，通过对比，得出了 4 种典型工艺 3 种温室气体排放量预测过程中遗传算法的最优遗传代数的值。

5.2.5.1 典型工艺温室气体排放预测模型最优遗传代数的确定

1. A^2/O 工艺温室气体排放预测模型最优遗传代数的确定

表 5.15～表 5.17 分别给出了经不同遗传代数优化的 A^2/O 工艺 3 种温室气体排放预测

模型预测效能的测试结果。可以看出，当遗传代数分别为 10 000、8 000 和 8 000 时，A^2/O 工艺 N_2O、CH_4 和 CO_2 排放预测模型的预测值与现场监测的实测值之间的 r 值最大，MSE 值最小，模型的预测效能最优。

表 5.15　不同遗传代数优化条件下 A^2/O 工艺 N_2O 排放预测模型的效能测试结果

神经元个数	1 000	2 000	3 000	4 000	5 000	6 000
r	0.82	0.80	0.82	0.81	0.85	0.84
MSE	0.08	0.12	0.10	0.12	0.05	0.07
神经元个数	7 000	8 000	9 000	10 000	11 000	12 000
r	0.85	0.88	0.89	0.91	0.88	0.88
MSE	0.07	0.06	0.04	0.02	0.06	0.07

表 5.16　不同遗传代数优化条件下 A^2/O 工艺 CH_4 排放预测模型的效能测试结果

神经元个数	1 000	2 000	3 000	4 000	5 000	6 000
r	0.88	0.90	0.91	0.94	0.95	0.96
MSE	0.31	0.28	0.25	0.22	0.22	0.20
神经元个数	7 000	8 000	9 000	10 000	11 000	12 000
r	0.97	0.99	0.96	0.96	0.95	0.94
MSE	0.18	0.13	0.19	0.20	0.22	0.24

表 5.17　不同遗传代数优化条件下 A^2/O 工艺 CO_2 排放预测模型的效能测试结果

神经元个数	1 000	2 000	3 000	4 000	5 000	6 000
r	0.80	0.82	0.87	0.88	0.91	0.92
MSE	4 036.12	3 949.91	2 809.84	1 723.92	1 499.51	1 365.72
神经元个数	7 000	8 000	9 000	10 000	11 000	12 000
r	0.94	0.97	0.91	0.90	0.90	0.91
MSE	993.26	517.21	1 502.84	1 777.62	1 821.85	1 608.84

2. A/O 工艺温室气体排放预测模型最优遗传代数的确定

表 5.18～表 5.20 分别给出了经不同遗传代数优化的 A/O 工艺 3 种温室气体（N_2O、CH_4 与 CO_2）排放预测模型预测效能的测试结果。可以看出，当遗传代数分别为 8 000、9 000 和 9 000 时，A/O 工艺 N_2O、CH_4 和 CO_2 排放预测模型的预测值与现场监测的实测值之间的 r 值最大，MSE 值最小，模型的预测效能最优。

表 5.18　不同遗传代数优化条件下 A/O 工艺 N_2O 排放预测模型的效能测试结果

神经元个数	1 000	2 000	3 000	4 000	5 000	6 000
r	0.82	0.85	0.85	0.86	0.89	0.90
MSE	0.10	0.09	0.08	0.05	0.02	0.01
神经元个数	7 000	8 000	9 000	10 000	11 000	12 000
r	0.93	0.95	0.93	0.94	0.91	0.92
MSE	0.01	0.01	0.01	0.01	0.02	0.02

表 5.19 不同遗传代数优化条件下 A/O 工艺 CH_4 排放预测模型的效能测试结果

神经元个数	1 000	2 000	3 000	4 000	5 000	6 000
r	0.74	0.76	0.74	0.75	0.77	0.83
MSE	2.09	1.87	2.11	2.04	1.93	0.59
神经元个数	7 000	8 000	9 000	10 000	11 000	12 000
r	0.82	0.84	0.86	0.82	0.77	0.79
MSE	0.63	0.60	0.53	0.65	1.84	1.32

表 5.20 不同遗传代数优化条件下 A/O 工艺 CO_2 排放预测模型的效能测试结果

神经元个数	1 000	2 000	3 000	4 000	5 000	6 000
r	0.73	0.75	0.77	0.76	0.78	0.79
MSE	3 528.99	3 383.64	2 789.02	2 993.91	2 702.32	2 564.55
神经元个数	7 000	8 000	9 000	10 000	11 000	12 000
r	0.82	0.85	0.88	0.86	0.86	0.85
MSE	2 020.52	1 704.32	1 328.65	1 599.74	1 604.92	1 629.39

3. 氧化沟工艺温室气体排放预测模型最优遗传代数的确定

表 5.21～表 5.23 分别给出了经不同遗传代数优化的氧化沟工艺 3 种温室气体（N_2O、CH_4 与 CO_2）排放预测模型预测效能的测试结果。可以看出，当遗传代数分别为 10 000、11 000 和 9 000 时，氧化沟工艺 N_2O、CH_4 和 CO_2 排放预测模型的预测值与现场监测的实测值之间的 r 值最大，MSE 值最小，模型的预测效能最优。

表 5.21 不同遗传代数优化条件下氧化沟工艺 N_2O 排放预测模型的效能测试结果

神经元个数	1 000	2 000	3 000	4 000	5 000	6 000
r	0.88	0.89	0.90	0.91	0.93	0.95
MSE	0.01	0.01	0.00	0.00	0.00	0.00
神经元个数	7 000	8 000	9 000	10 000	11 000	12 000
r	0.96	0.97	0.96	0.98	0.95	0.91
MSE	0.00	0.00	0.00	0.00	0.00	0.01

表 5.22 不同遗传代数优化条件下氧化沟工艺 CH_4 排放预测模型的效能测试结果

神经元个数	1 000	2 000	3 000	4 000	5 000	6 000
r	0.80	0.82	0.83	0.82	0.84	0.84
MSE	0.14	0.12	0.07	0.10	0.07	0.08
神经元个数	7 000	8 000	9 000	10 000	11 000	12 000
r	0.83	0.85	0.87	0.87	0.88	0.86
MSE	0.07	0.07	0.06	0.05	0.04	0.05

表 5.23　不同遗传代数优化条件下氧化沟工艺 CO_2 排放预测模型的效能测试结果

神经元个数	1 000	2 000	3 000	4 000	5 000	6 000
r	0.91	0.90	0.92	0.93	0.95	0.94
MSE	2 409.65	2 621.73	2 444.81	2 359.25	1 878.55	1 909.77
神经元个数	7 000	8 000	9 000	10 000	11 000	12 000
r	0.95	0.96	0.98	0.97	0.94	0.95
MSE	1 688.76	1 579.32	1 366.26	1 482.85	1 831.55	1 762.44

4. SBR 工艺温室气体排放预测模型最优遗传代数的确定

表 5.24～表 5.26 分别给出了经不同遗传代数优化的 SBR 工艺 3 种温室气体（N_2O、CH_4 与 CO_2）排放预测模型预测效能的测试结果。可以看出，当遗传代数分别为 9 000、10 000 和 9 000 时，SBR 工艺 N_2O、CH_4 和 CO_2 排放预测模型的预测值与现场监测的实测值之间的 r 值最大，MSE 值最小，模型的预测效能最优。

表 5.24　不同遗传代数优化条件下 SBR 工艺 N_2O 排放预测模型的效能测试结果

神经元个数	1 000	2 000	3 000	4 000	5 000	6 000
r	0.89	0.90	0.92	0.93	0.95	0.97
MSE	2.79	2.44	1.88	1.52	0.71	0.47
神经元个数	7 000	8 000	9 000	10 000	11 000	12 000
r	0.97	0.98	0.99	0.98	0.96	0.95
MSE	0.44	0.31	0.27	0.35	0.62	0.66

表 5.25　不同遗传代数优化条件下 SBR 工艺 CH_4 排放预测模型的效能测试结果

神经元个数	1 000	2 000	3 000	4 000	5 000	6 000
r	0.85	0.90	0.89	0.88	0.92	0.94
MSE	3.04	2.52	2.61	2.89	1.87	1.54
神经元个数	7 000	8 000	9 000	10 000	11 000	12 000
r	0.93	0.95	0.95	0.96	0.94	0.95
MSE	1.66	0.58	0.62	0.44	0.89	0.71

表 5.26　不同遗传代数优化条件下 SBR 工艺 CO_2 排放预测模型的效能测试结果

神经元个数	1 000	2 000	3 000	4 000	5 000	6 000
r	0.86	0.85	0.87	0.88	0.90	0.91
MSE	6 989.77	7 304.32	6 312.89	5 735.23	4 881.66	4 434.59
神经元个数	7 000	8 000	9 000	10 000	11 000	12 000
r	0.92	0.94	0.96	0.94	0.95	0.93
MSE	4 035.88	3 202.32	2 898.44	3 082.98	2 994.95	3 689.76

5.2.5.2 遗传算法优化典型工艺温室气体排放 BP 模型的效果分析

1. 最优遗传代数优化 A²/O 工艺温室气体排放预测模型的效果显示

表 5.27 给出了未经遗传算法优化的 A²/O 工艺 3 种温室气体排放量 BP 模型预测效能与经过最优遗传代数优化的 A²/O 工艺 3 种温室气体排放量 BP 模型预测效能之间的对比结果。

表 5.27 遗传算法对 A²/O 工艺温室气体排放 BP 模型优化的效果

温室气体	预测模型	评价指标	
		r	MSE
N_2O	BP	0.85	0.03
	GA-BP	0.91	0.02
CH_4	BP	0.97	0.19
	GA-BP	0.99	0.13
CO_2	BP	0.96	532.87
	GA-BP	0.97	517.21

由表 5.27 可以看出，对于 A²/O 工艺 3 种温室气体排放量的预测，使用最优遗传代数对 BP 人工神经网络模型进行优化，能够明显提高模型的预测效能。

图 5.6～图 5.8 分别对比了 A²/O 工艺 3 种温室气体排放量检验数据的 GA-BP 预测值、BP 预测值和现场监测的实测值。

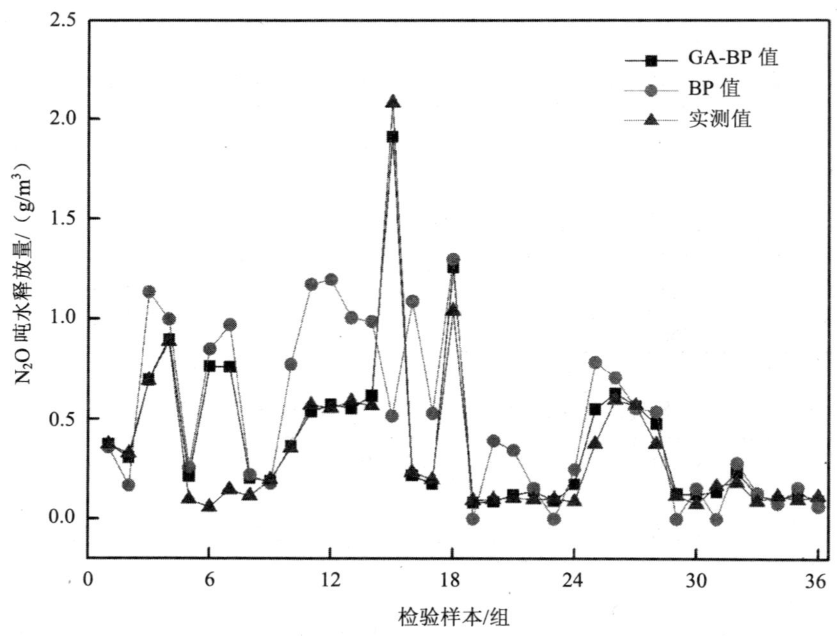

图 5.6 A²/O 工艺 N_2O 排放的实测值与 GA-BP 和 BP 预测值的对比

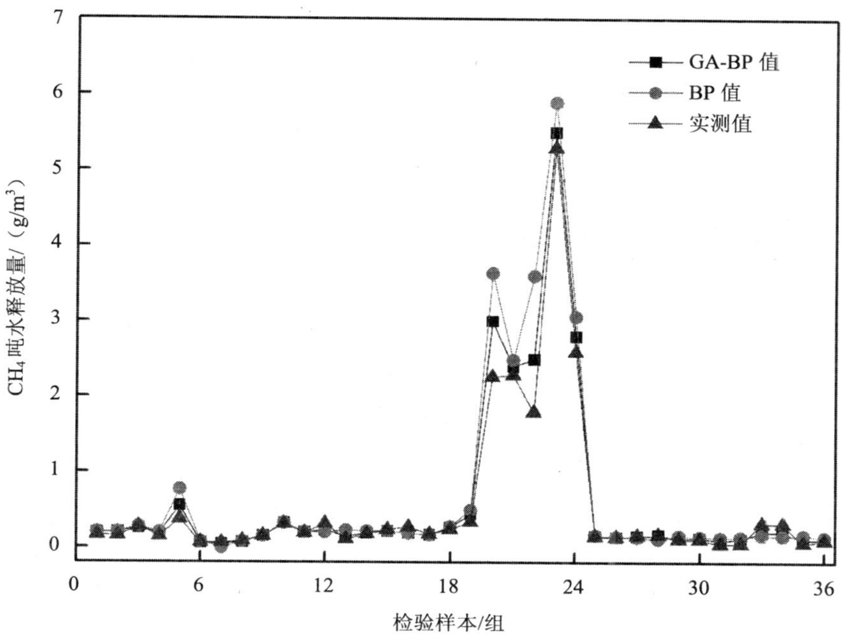

图 5.7 A^2/O 工艺 CH_4 排放的实测值与 GA-BP 和 BP 预测值的对比

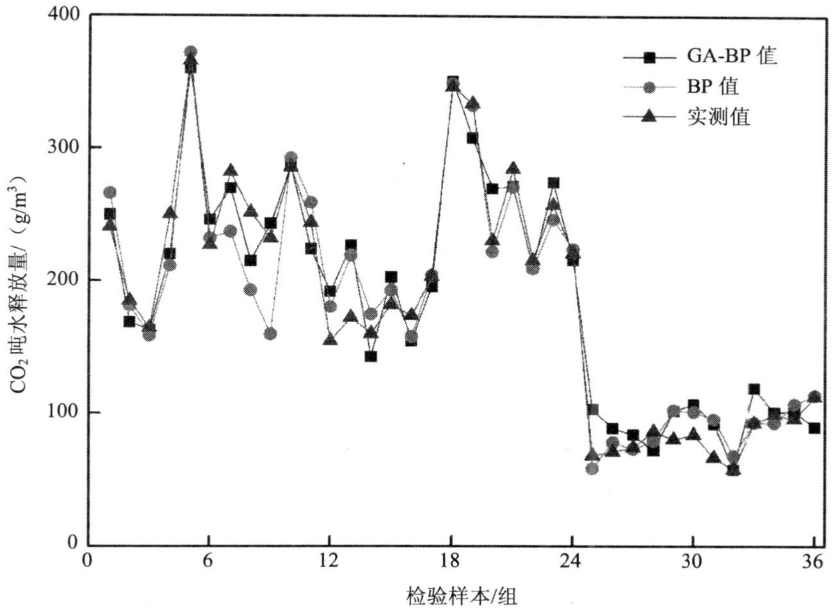

图 5.8 A^2/O 工艺 CO_2 排放的实测值与 GA-BP 和 BP 预测值的对比

由图 5.6～图 5.8 可以看出，使用最优遗传代数优化 BP 人工神经网络，A^2/O 工艺 3 种温室气体排放量预测模型对检验数据的输出较未经优化的模型输出与温室气体现场监测的实测值更加接近，能够更加准确地预测 A^2/O 工艺温室气体的排放量。

2. 遗传算法优化 A/O 工艺温室气体排放 BP 模型的效果分析

表 5.28 给出了未经遗传算法优化的 A/O 工艺 3 种温室气体排放量 BP 模型预测效能与经过最优遗传代数优化的 A/O 工艺 3 种温室气体排放量 BP 模型预测效能之间的对比结果。

表 5.28 遗传算法对 A/O 工艺温室气体排放 BP 模型优化的效果

温室气体	预测模型	评价指标	
		r	MSE
N_2O	BP	0.89	0.03
	GA-BP	0.95	0.01
CH_4	BP	0.85	0.56
	GA-BP	0.86	0.53
CO_2	BP	0.86	1 658.57
	GA-BP	0.88	1 328.65

由表 5.28 可以看出，对于 A/O 工艺 3 种温室气体排放量的预测，使用最优遗传代数对 BP 人工神经网络模型进行优化，能够明显提高模型的预测效能。

图 5.9～图 5.11 分别对比了 A/O 工艺 3 种温室气体排放量检验数据的 GA-BP 预测值、BP 预测值和现场监测的实测值。

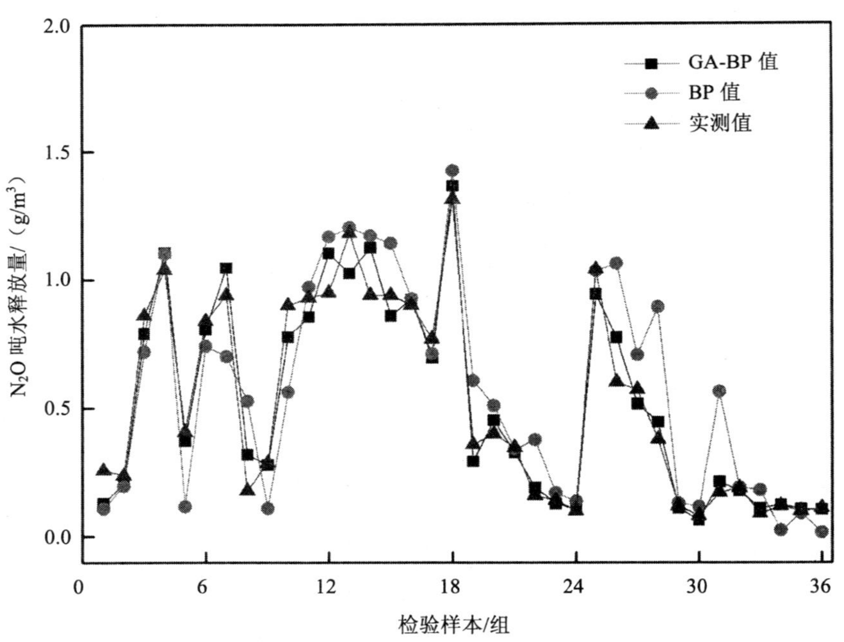

图 5.9 A/O 工艺 N_2O 排放的实测值与 GA-BP 和 BP 预测值的对比

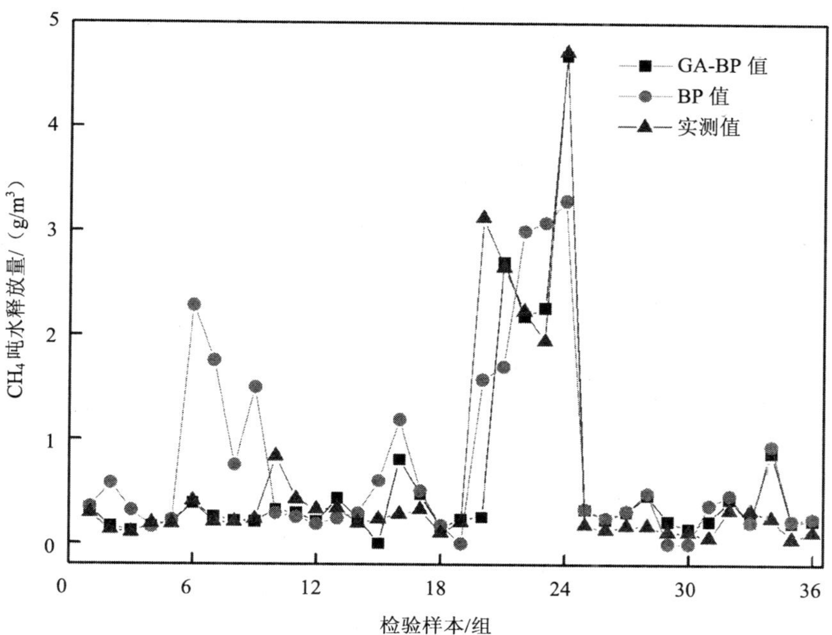

图 5.10　A/O 工艺 CH_4 排放的实测值与 GA-BP 和 BP 预测值的对比

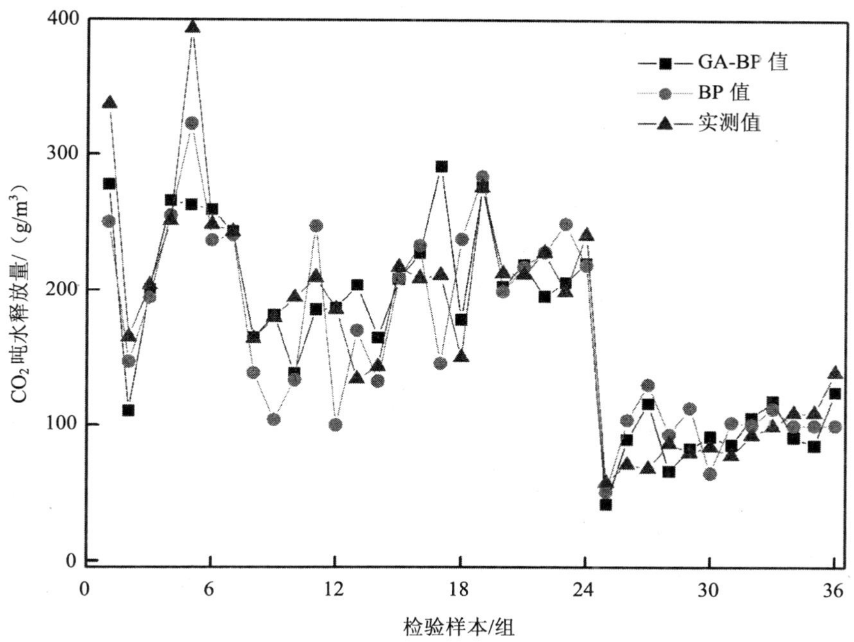

图 5.11　A/O 工艺 CO_2 排放的实测值与 GA-BP 和 BP 预测值的对比

由图 5.9～图 5.11 可以看出，通过使用最优遗传代数优化 BP 人工神经网络，A/O 工艺 3 种温室气体排放量预测模型的预测效能均得到提高，模型对检验数据的输出较未经优化的模型输出与温室气体现场监测的实测值更加接近，能够更加准确地预测 A/O 工艺温室气体的排放量。

3. 遗传算法优化氧化沟工艺温室气体排放 BP 模型的效果分析

表 5.29 给出了未经遗传算法优化的氧化沟工艺 3 种温室气体排放量 BP 模型预测效能与经过最优遗传代数优化的氧化沟工艺 3 种温室气体排放量 BP 模型预测效能之间的对比结果。

表 5.29 遗传算法对氧化沟工艺温室气体排放 BP 模型优化的效果

温室气体	预测模型	评价指标	
		r	MSE
N_2O	BP	0.92	0.00
	GA-BP	0.98	0.00
CH_4	BP	0.83	0.07
	GA-BP	0.88	0.04
CO_2	BP	0.96	1 468.38
	GA-BP	0.98	1 366.26

由表 5.29 可以看出，对于氧化沟工艺 3 种温室气体排放量的预测，使用最优遗传代数对 BP 人工神经网络模型进行优化，能够明显提高模型的预测效能。

图 5.12～图 5.14 分别对比了氧化沟工艺 3 种温室气体排放量检验数据的 GA-BP 预测值、BP 预测值和现场监测的实测值。

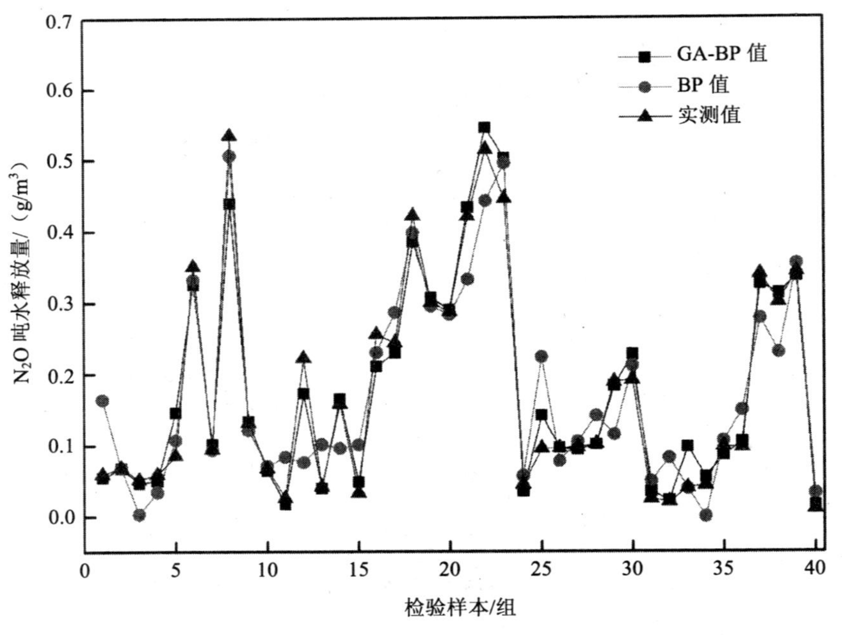

图 5.12 氧化沟工艺 N_2O 排放的实测值与 GA-BP 和 BP 预测值的对比

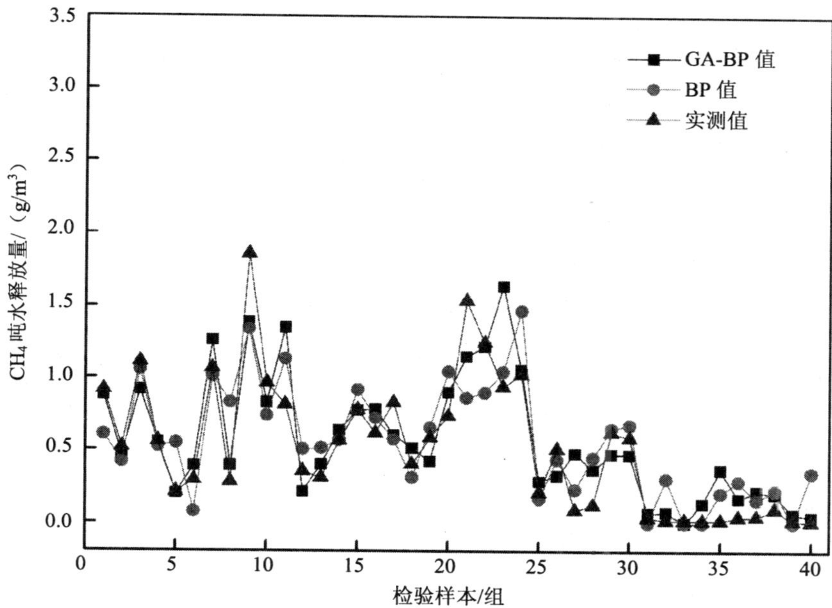

图 5.13　氧化沟工艺 CH_4 排放的实测值与 GA-BP 和 BP 预测值的对比

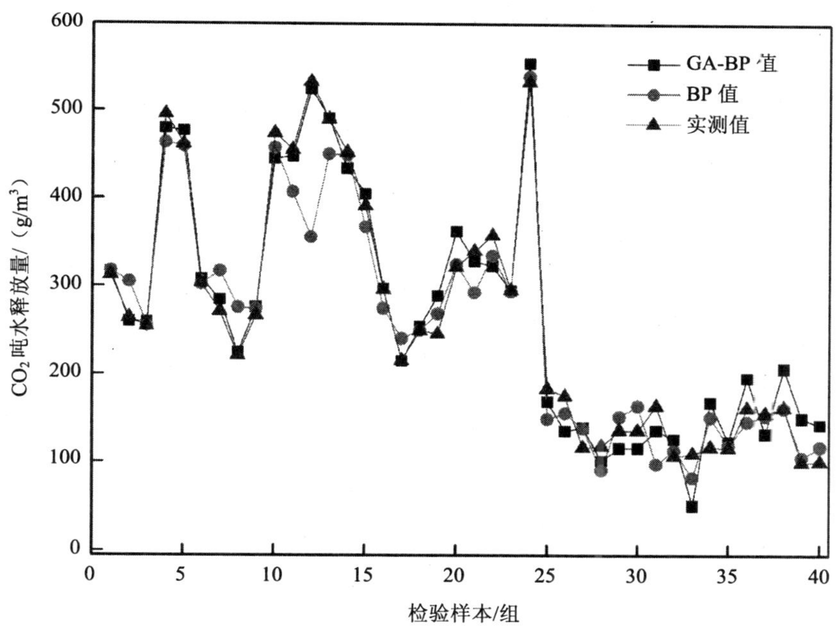

图 5.14　氧化沟工艺 CO_2 排放的实测值与 GA-BP 和 BP 预测值的对比

由图 5.12～图 5.14 可以看出，通过使用最优遗传代数优化 BP 人工神经网络，氧化沟工艺 3 种温室气体排放量预测模型的预测效能均得到提高，模型对检验数据的输出较未经优化的模型输出与温室气体现场监测的实测值更加接近，能够更加准确地预测氧化沟工艺温室气体的排放量。

4. 遗传算法优化 SBR 工艺温室气体排放 BP 模型的效果分析

表 5.30 给出了未经遗传算法优化的 SBR 工艺 3 种温室气体排放量 BP 模型预测效能与经过最优遗传算法优化的 SBR 工艺 3 种温室气体排放量 BP 模型预测效能之间的对比结果。

表 5.30 遗传算法对 SBR 工艺温室气体排放 BP 模型优化的效果

温室气体	预测模型	评价指标	
		r	MSE
N_2O	BP	0.98	0.29
	GA-BP	0.99	0.27
CH_4	BP	0.89	1.02
	GA-BP	0.96	0.44
CO_2	BP	0.93	3 594.72
	GA-BP	0.96	2 898.44

由表 5.30 可以看出，对于 SBR 工艺 3 种温室气体排放量的预测，使用最优遗传算法对 BP 人工神经网络模型进行优化，能够明显提高模型的预测效能。

图 5.15～图 5.17 分别对比了 SBR 工艺 3 种温室气体排放量检验数据的 GA-BP 预测值、BP 预测值和现场监测的实测值。

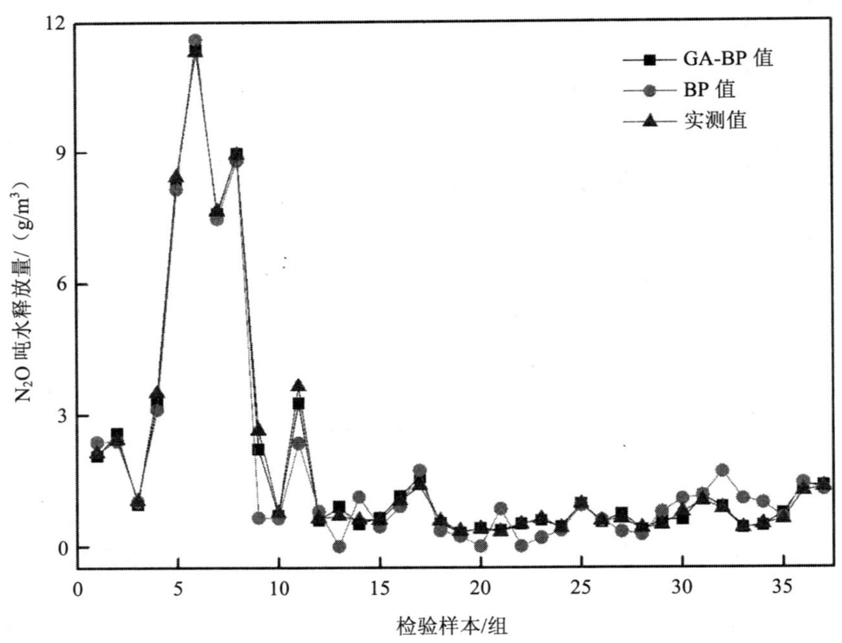

图 5.15 SBR 工艺 N_2O 排放的实测值与 GA-BP 和 BP 预测值的对比

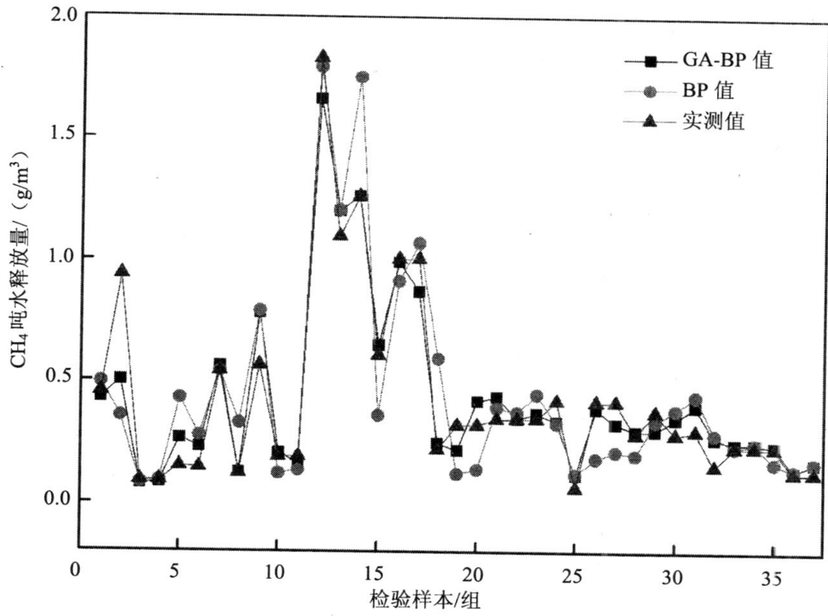

图 5.16 SBR 工艺 CH_4 排放的实测值与 GA-BP 和 BP 预测值的对比

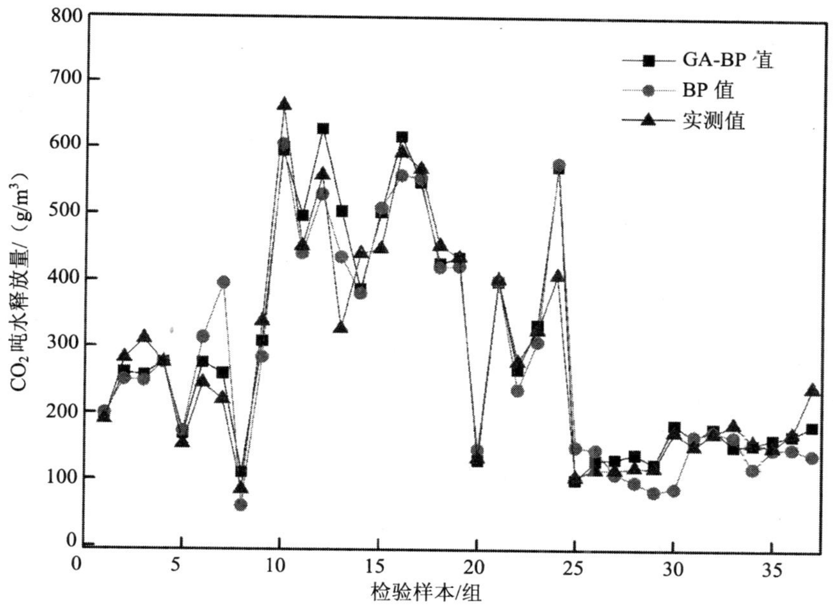

图 5.17 SBR 工艺 CO_2 排放的实测值与 GA-BP 和 BP 预测值的对比

由图 5.15～图 5.17 可以看出，通过使用最优遗传算法优化 BP 人工神经网络，SBR 工艺 3 种温室气体排放量预测模型的预测效能均得到提高，模型对检验数据的输出较未经优化的模型输出与温室气体现场监测的实测值更加接近，能够更加准确地预测 SBR 工艺温室气体的排放量。

综上所述，可以看出，对于 4 种典型工艺 3 种温室气体的排放量，GA-BP 模型都比 BP 模型具有更好的预测能力，能够更加准确地预测我国典型工艺城市污水处理厂温室气体的排放量。

5.2.6 城市污水处理厂温室气体排放量的预测

为了预测未来 10 年我国城市污水处理厂温室气体的排放量，一方面需要通过基于遗传算法优化的 GA-BP 人工神经网络计算典型工艺污水处理厂 3 种温室气体的吨水释放量；另一方面需要计算出未来 10 年我国各典型污水处理工艺污水处理总量的变化情况。

5.2.6.1 各工艺温室气体吨水释放量的计算

为预测至 2023 年我国典型工艺城市污水处理厂 3 种温室气体（N_2O、CH_4和 CO_2）的排放总量，需要确定未来我国典型工艺城市污水处理厂 3 种温室气体（N_2O、CH_4和 CO_2）的吨水释放量，而这些数据可以通过所建立的城市污水处理厂温室气体排放预测模型计算得到。

对于典型工艺温室气体排放预测模型的输入因子中的进水水质与水温等数据，本章综合考虑了我国不同地域、不同季节城市污水水质及温度的差异，分别调研了我国南北方、冬夏季城市污水中进水 NH_4^+-N、进水 COD、进水 TN 和水温的水平，使其尽可能地体现我国不同地域、不同季节城市污水水质与水温的总体差异。对于输入因子中的出水水质数据，本章采用了《城镇污水处理厂污染物排放标准》(18918—2002）一级 A 标准的相关参考值，出水 TN 和出水 COD 质量浓度分别为 15 mg/L 和 50 mg/L。为了对比分析未来 10 年 4 种典型工艺 3 种温室气体的排放量，本章对于同一种温室气体采用相同的输入因子，来预测 4 种污水处理工艺温室气体的吨水释放量。

如表 5.31、表 5.32 所示，输入 N_1～N_4分别代表 4 种情况下（2 个地域和 2 个季节）典型工艺 N_2O 排放预测模型的输入因子；输入 C_1～C_4分别代表 4 种情况下（2 个地域和 2 个季节）典型工艺 CH_4 与 CO_2 排放预测模型的输入因子。

表 5.31 典型工艺 N_2O 排放预测模型的输入因子

输入	适用情况	进水 NH_4^+-N/(mg/L)	进水 COD/N	出水 TN/(mg/L)	水温/℃
N_1	北方夏季	40	7	15	25
N_2	北方冬季	50	7	15	15
N_3	南方夏季	25	7	15	25
N_4	南方冬季	25	7	15	20

表 5.32 典型工艺 CH_4 与 CO_2 排放预测模型的输入因子

输入	适用情况	进水 COD/（mg/L）	进水 TN/（mg/L）	出水 COD/（mg/L）	水温/℃
C_1	北方夏季	280	40	50	25
C_2	北方冬季	350	50	50	15
C_3	南方夏季	180	25	50	25
C_4	南方冬季	210	25	50	20

分别将表 5.31 与表 5.32 中的输入因子应用于 4 种典型工艺温室气体排放量 GA-BP 模型中，计算得到了未来 10 年我国 4 种典型工艺城市污水处理厂 3 种温室气体的吨水释放量，如表 5.33～表 5.35 所示。

表 5.33　典型工艺 N_2O 吨水释放量的预测结果　　单位：g/m^3

工艺类型	适用情况			
	N_1	N_2	N_3	N_4
A^2/O	0.67	0.56	0.37	0.15
A/O	0.85	0.77	0.58	0.33
氧化沟	0.30	0.22	0.09	0.02
SBR	2.33	2.12	1.26	0.92

表 5.34　典型工艺 CH_4 吨水释放量的预测结果　　单位：g/m^3

工艺类型	适用情况			
	C_1	C_2	C_3	C_4
A^2/O	0.35	0.30	0.23	0.14
A/O	0.38	0.28	0.17	0.12
氧化沟	1.02	0.91	0.77	0.63
SBR	0.52	0.46	0.36	0.29

表 5.35　典型工艺 CO_2 吨水释放量的预测结果　　单位：g/m^3

工艺类型	适用情况			
	C_1	C_2	C_3	C_4
A^2/O	190.76	180.28	130.34	108.14
A/O	196.18	179.34	129.42	115.42
氧化沟	356.43	350.07	218.13	204.77
SBR	360.61	355.12	236.30	224.64

5.2.6.2　各工艺污水处理总量的估算

环境保护部 2013 年 4 月公布的《关于公布 2012 年全国城镇污水处理设施名单的公告》[25]中附件“全国投运城镇污水处理设施清单”中指出：截止到 2012 年，全国投运的城镇污水处理设施共 3 836 座，总设计处理能力 1.49 亿 m^3/d（见表 5.36），其中 A^2/O 工艺污水处理厂的污水处理总量为 4 592.62 万 m^3/d，占我国污水处理总量的 30.82%；A/O 工艺污水处理厂的污水处理总量为 1 169.48 万 m^3/d，占我国污水处理总量的 7.85%；氧化沟工艺污水处理厂的污水处理总量为 2 539.07 万 m^3/d，占我国污水处理总量的 17.04%；SBR 工艺污水处理厂的污水处理总量为 947.32 万 m^3/d，占我国污水处理总量的 6.36%；其他所有污水处理工艺的污水处理总量为 5 651.51 万 m^3/d，占我国污水处理总量的 37.93%。

表 5.36 2012 年我国污水典型处理工艺污水的日处理总量

工艺类型	污水处理总量/（万 m^3/d）	比例/%
A^2/O	4 592.62	30.82
A/O	1 169.48	7.85
氧化沟	2 539.07	17.04
SBR	947.32	6.36
其他	5 651.51	37.93
总计	14 900	100

对表 5.36 中污水处理总量进行线性回归并外延显示，2014—2023 年我国的污水处理总量将从 1.68 亿 m^3/d 增加到 2.75 亿 m^3/d。假设至 2023 年我国 4 种典型污水处理工艺污水处理厂占我国污水处理厂总量的比例与 2012 年各工艺所占比例相同，可以计算出 2014—2023 年我国各典型处理工艺的污水处理总量，如表 5.37 所示。

表 5.37 2014—2023 年我国城镇污水典型处理工艺日处理量及处理总量预测结果 单位：万 m^3/d

年份	A^2/O	A/O	氧化沟	SBR	其他	处理总量
2014	5 183	1 320	2 865	1 069	6 378	16 815
2015	5 548	1 413	3 067	1 144	6 828	18 000
2016	5 914	1 506	3 269	1 220	7 277	19 186
2017	6 279	1 599	3 471	1 295	7 727	20 371
2018	6 644	1 692	3 673	1 370	8 176	21 555
2019	7 009	1 785	3 875	1 446	8 626	22 741
2020	7 375	1 878	4 077	1 521	9 075	23 926
2021	7 740	1 971	4 279	1 597	9 525	25 112
2022	8 105	2 064	4 481	1 672	9 974	26 296
2023	8 471	2 157	4 683	1 747	10 424	27 482

5.2.6.3 未来 10 年我国城市污水处理厂温室气体排放总量的计算

国内外在对城市污水处理过程中 CO_2 排放的估算研究中，一般都参考 IPCC 的相关标准，将生物分解产生的 CO_2 归于生源碳，不将其含碳排放的总量计算中，而只考虑污水处理过程中消耗的化石燃料所导致的间接 CO_2 当量排放，这显然是不合理的。因为城市生活污水中除了含有人类生活消耗的来源于非化石燃料的有机物质外，还含有化石燃料产品，包括洗涤用品、化妆品以及药物等，它们在废水的生化处理过程中会被矿化为 CO_2 并被直接排放，这部分 CO_2 应当被计入污水处理厂温室气体的排放量之中。鉴于目前还有形成一致的意见和统一的计算方法，本章中分别计算考虑污水处理过程中 CO_2 的排放和不考虑污水处理过程中 CO_2 的排放两种情况下的典型工艺城市污水处理厂温室气体的排放量。

按照目前我国污水处理厂温室气体的排放强度，预测未来 10 年（2014—2023 年）我国污水处理厂各种处理工艺 3 种温室气体的日排放量及其总量（含 CO_2 和不含 CO_2 两种情况，以 CO_2 当量计），其结果如表 5.38～表 5.41 所示。

表 5.38　2014—2023 年我国污水处理厂在 N_1、C_1 条件下温室气体日排放量　单位：t/d

年份	工艺类型	N_2O	CH_4	$CO_2/10^3$	GHG 总排放量/10^3 CO_2 当量	
					含 CO_2	不含 CO_2
2014	A^2/O	34.73	18.14	9.89	20.76	10.87
	A/O	11.22	5.02	2.59	6.08	3.49
	氧化沟	8.60	29.22	10.21	13.52	3.31
	SBR	24.91	5.56	3.85	11.46	7.61
2015	A^2/O	37.17	19.42	10.58	22.22	11.64
	A/O	12.01	5.37	2.77	6.51	3.74
	氧化沟	9.20	31.28	10.93	14.47	3.54
	SBR	26.66	5.95	4.13	12.28	8.15
2016	A^2/O	39.62	20.70	11.28	23.68	12.40
	A/O	12.80	5.72	2.95	6.93	3.98
	氧化沟	9.81	33.34	11.65	15.43	3.78
	SBR	28.43	6.34	4.40	13.09	8.69
2017	A^2/O	42.07	21.98	11.98	25.15	13.17
	A/O	13.59	6.08	3.14	7.37	4.23
	氧化沟	10.41	35.40	12.37	16.38	4.01
	SBR	30.17	6.73	4.67	13.89	9.22
2018	A^2/O	44.51	23.25	12.67	26.60	13.93
	A/O	14.38	6.43	3.32	7.79	4.47
	氧化沟	11.02	37.46	13.09	17.33	4.24
	SBR	31.92	7.12	4.94	14.69	9.75
2019	A^2/O	46.96	24.53	13.37	28.07	14.70
	A/O	15.17	6.78	3.50	8.22	4.72
	氧化沟	11.63	39.53	13.81	18.29	4.48
	SBR	33.69	7.52	5.21	15.51	10.30
2020	A^2/O	49.41	25.81	14.07	29.54	15.47
	A/O	15.96	7.14	3.68	8.65	4.97
	氧化沟	12.23	41.59	14.53	19.24	4.71
	SBR	35.44	7.91	5.48	16.31	10.83
2021	A^2/O	51.86	27.09	14.76	31.00	16.24
	A/O	16.75	7.49	3.87	9.08	5.21
	氧化沟	12.84	43.65	15.25	20.19	4.94
	SBR	37.21	8.30	5.76	17.13	11.37
2022	A^2/O	54.30	28.37	15.46	32.46	17.00
	A/O	17.54	7.84	4.05	9.51	5.46
	氧化沟	13.44	45.71	15.97	21.14	5.17
	SBR	38.96	8.69	6.03	17.94	11.91
2023	A^2/O	56.76	29.65	16.16	33.93	17.77
	A/O	18.33	8.20	4.23	9.93	5.70
	氧化沟	14.05	47.77	16.69	22.10	5.41
	SBR	40.71	9.08	6.30	18.74	12.44

表 5.39 2014—2023 年我国污水处理厂在 N_2、C_2 条件下温室气体日排放量 单位：t/d

年份	工艺类型	N_2O	CH_4	$CO_2/10^3$	GHG 总排放量/10^3 CO_2 当量	
					含 CO_2	不含 CO_2
2014	A^2/O	29.02	15.55	9.34	18.43	9.09
	A/O	10.16	3.70	2.37	5.51	3.14
	氧化沟	6.30	26.07	10.03	12.57	2.54
	SBR	22.66	4.92	3.80	10.72	6.92
2015	A^2/O	31.07	16.64	10.00	19.74	9.74
	A/O	10.88	3.96	2.53	5.89	3.36
	氧化沟	6.75	27.91	10.74	13.46	2.72
	SBR	24.25	5.26	4.06	11.47	7.41
2016	A^2/O	33.12	17.74	10.66	21.04	10.38
	A/O	11.60	4.22	2.70	6.29	3.59
	氧化沟	7.19	29.75	11.44	14.34	2.90
	SBR	25.86	5.61	4.33	12.23	7.90
2017	A^2/O	35.16	18.84	11.32	22.34	11.02
	A/O	12.31	4.48	2.87	6.68	3.81
	氧化沟	7.64	31.59	12.15	15.23	3.08
	SBR	27.45	5.96	4.60	12.98	8.38
2018	A^2/O	37.21	19.93	11.98	23.64	11.66
	A/O	13.03	4.74	3.03	7.06	4.03
	氧化沟	8.08	33.42	12.86	16.12	3.26
	SBR	29.04	6.30	4.87	13.74	8.87
2019	A^2/O	39.25	21.03	12.64	24.94	12.30
	A/O	13.74	5.00	3.20	7.45	4.25
	氧化沟	8.53	35.26	13.57	17.01	3.44
	SBR	30.66	6.65	5.14	14.50	9.36
2020	A^2/O	41.30	22.13	13.30	26.24	12.94
	A/O	14.46	5.26	3.37	7.84	4.47
	氧化沟	8.97	37.10	14.27	17.89	3.62
	SBR	32.25	7.00	5.40	15.25	9.85
2021	A^2/O	43.34	23.22	13.95	27.53	13.58
	A/O	15.18	5.52	3.53	8.22	4.69
	氧化沟	9.41	38.94	14.98	18.78	3.80
	SBR	33.86	7.35	5.67	16.01	10.34
2022	A^2/O	45.39	24.32	14.61	28.84	14.23
	A/O	15.89	5.78	3.70	8.61	4.91
	氧化沟	9.86	40.78	15.69	19.67	3.98
	SBR	35.45	7.69	5.94	16.77	10.83
2023	A^2/O	47.44	25.41	15.27	30.14	14.87
	A/O	16.61	6.04	3.87	9.00	5.13
	氧化沟	10.30	42.62	16.39	20.55	4.16
	SBR	37.04	8.04	6.20	17.51	11.31

表 5.40　2014—2023 年我国污水处理厂在 N_3、C_3 条件下温室气体日排放量　单位：t/d

年份	工艺类型	N_2O	CH_4	$CO_2/10^3$	GHG 总排放量/10^3 CO_2 当量	
					含 CO_2	不含 CO_2
2014	A^2/O	19.18	11.92	6.76	12.81	6.05
	A/O	7.66	2.24	1.71	4.06	2.35
	氧化沟	2.58	22.06	6.25	7.58	1.33
	SBR	13.47	3.85	2.53	6.67	4.14
2015	A^2/O	20.53	12.76	7.23	13.71	6.48
	A/O	8.20	2.40	1.83	4.35	2.52
	氧化沟	2.76	23.62	6.69	8.11	1.42
	SBR	14.41	4.12	2.70	7.13	4.43
2016	A^2/O	21.88	13.60	7.71	14.61	6.90
	A/O	8.73	2.56	1.95	4.63	2.68
	氧化沟	2.94	25.17	7.13	8.64	1.51
	SBR	15.37	4.39	2.88	7.60	4.72
2017	A^2/O	23.23	14.44	8.18	15.51	7.33
	A/O	9.27	2.72	2.07	4.92	2.85
	氧化沟	3.12	26.73	7.57	9.17	1.60
	SBR	16.32	4.66	3.06	8.07	5.01
2018	A^2/O	24.58	15.28	8.66	16.42	7.76
	A/O	9.81	2.88	2.19	5.21	3.02
	氧化沟	3.31	28.28	8.01	9.71	1.70
	SBR	17.26	4.93	3.24	8.54	5.30
2019	A^2/O	25.93	16.12	9.14	17.32	8.18
	A/O	10.35	3.03	2.31	5.49	3.18
	氧化沟	3.49	29.84	8.45	10.24	1.79
	SBR	18.22	5.21	3.42	9.02	5.60
2020	A^2/O	27.29	16.96	9.61	18.22	8.61
	A/O	10.89	3.19	2.43	5.78	3.35
	氧化沟	3.67	31.39	8.89	10.78	1.89
	SBR	19.16	5.48	3.59	9.48	5.89
2021	A^2/O	28.64	17.80	10.09	19.13	9.04
	A/O	11.43	3.35	2.55	6.06	3.51
	氧化沟	3.85	32.95	9.33	11.31	1.98
	SBR	20.12	5.75	3.77	9.95	6.18
2022	A^2/O	29.99	18.64	10.56	20.02	9.46
	A/O	11.97	3.51	2.67	6.35	3.68
	氧化沟	4.03	34.50	9.77	11.84	2.07
	SBR	21.07	6.02	3.95	10.42	6.47
2023	A^2/O	31.34	19.48	11.04	20.93	9.89
	A/O	12.51	3.67	2.79	6.63	3.84
	氧化沟	4.21	36.06	10.22	12.38	2.16
	SBR	22.01	6.29	4.13	10.89	6.76

表 5.41 2014—2023 年我国污水处理厂在 N_4、C_4 条件下温室气体日排放量 单位：t/d

年份	工艺类型	N_2O	CH_4	$CO_2/10^3$	GHG 总排放量/10^3 CO_2 当量	
					含 CO_2	不含 CO_2
2014	A^2/O	7.77	7.26	5.60	8.11	2.51
	A/O	4.36	1.58	1.52	2.87	1.35
	氧化沟	0.57	18.05	5.87	6.49	0.62
	SBR	9.83	3.10	2.40	5.43	3.03
2015	A^2/O	8.32	7.77	6.00	8.69	2.69
	A/O	4.66	1.70	1.63	3.07	1.44
	氧化沟	0.61	19.32	6.28	6.95	0.67
	SBR	10.52	3.32	2.57	5.81	3.24
2016	A^2/O	8.87	8.28	6.40	9.27	2.87
	A/O	4.97	1.81	1.74	3.28	1.54
	氧化沟	0.65	20.59	6.69	7.40	0.71
	SBR	11.22	3.54	2.74	6.19	3.45
2017	A^2/O	9.42	8.79	6.79	9.84	3.05
	A/O	5.28	1.92	1.85	3.48	1.63
	氧化沟	0.69	21.87	7.11	7.86	0.75
	SBR	11.91	3.76	2.91	6.58	3.67
2018	A^2/O	9.97	9.30	7.18	10.40	3.22
	A/O	5.58	2.03	1.95	3.67	1.72
	氧化沟	0.73	23.14	7.52	8.32	0.80
	SBR	12.60	3.97	3.08	6.96	3.88
2019	A^2/O	10.51	9.81	7.58	10.98	3.40
	A/O	5.89	2.14	2.06	3.88	1.82
	氧化沟	0.78	24.41	7.93	8.77	0.84
	SBR	13.30	4.19	3.25	7.34	4.09
2020	A^2/O	11.06	10.33	7.98	11.56	3.58
	A/O	6.20	2.25	2.17	4.09	1.92
	氧化沟	0.82	25.69	8.35	9.24	0.89
	SBR	13.99	4.41	3.42	7.73	4.31
2021	A^2/O	11.61	10.84	8.37	12.12	3.75
	A/O	6.50	2.37	2.27	4.28	2.01
	氧化沟	0.86	26.96	8.76	9.69	0.93
	SBR	14.69	4.63	3.59	8.11	4.52
2022	A^2/O	12.16	11.35	8.76	12.69	3.93
	A/O	6.81	2.48	2.38	4.49	2.11
	氧化沟	0.90	28.23	9.18	10.16	0.98
	SBR	15.38	4.85	3.76	8.50	4.74
2023	A^2/O	12.71	11.86	9.16	13.27	4.11
	A/O	7.12	2.59	2.49	4.69	2.20
	氧化沟	0.94	29.50	9.59	10.61	1.02
	SBR	16.07	5.07	3.92	8.87	4.95

在计算未来 10 年我国城市污水处理厂温室气体的年排放量时，还需要考虑除 4 种典型工艺之外其他工艺污水处理厂温室气体的排放量。从表 5.36 可以看出，4 种典型工艺的污水处理量之和占 2012 年污水处理总量的 62.07%，其中 A^2/O 工艺占 30.82%，A/O 工艺占 7.85%，氧化沟工艺占 17.04%，SBR 工艺占 6.36%。为更加准确地估算其他工艺的温室气体吨水释放量，本章中综合考虑了所研究的 4 种工艺 3 种温室气体的吨水释放量以及 4 种工艺污水处理量分别占我国所有污水处理厂污水处理总量的比例，计算得到了其他工艺温室气体吨水释放量的大小，并据此计算出了未来 10 年其他工艺污水处理厂温室气体的年排放量，最后给出了未来 10 年我国所有工艺城市污水处理厂温室气体的年排放量。表 5.42～表 5.45 给出了 4 种情况（(N_1、C_1)、(N_2、C_2)、(N_3、C_3)、(N_4、C_4)）下未来 10 年我国城市污水处理厂 3 种温室气体年排放量及其年排放总量（以 CO_2 当量计）。

表 5.42 2014—2023 年我国城市污水处理厂温室气体年排放量（N_1、C_1 情况） 单位：t/a

年份	污水处理总量/(10^6 万 m^3/a)	N_2O 排放量/10^6 CO_2 当量	CH_4 排放量/10^6 CO_2 当量	CO_2 排放量/10^6 CO_2 当量	GHG 排放总量/10^6 CO_2 当量	
					含 CO_2	不含 CO_2
2014	6.14	14.02	0.85	15.61	30.47	14.87
2015	6.57	15.00	0.91	16.71	32.62	15.92
2016	7.00	15.99	0.97	17.81	34.77	16.97
2017	7.44	16.98	1.03	18.91	36.92	18.01
2018	7.87	17.96	1.09	20.01	39.05	19.05
2019	8.30	18.96	1.15	21.10	41.22	20.11
2020	8.73	19.94	1.21	22.20	43.36	21.16
2021	9.17	20.93	1.27	23.31	45.51	22.20
2022	9.60	21.92	1.33	24.41	47.66	23.25
2023	10.03	22.91	1.39	25.51	49.81	24.30

表 5.43 2014—2023 年我国城市污水处理厂温室气体年排放量（N_2、C_2 情况） 单位：t/a

年份	污水处理总量/(10^6 万 m^3/a)	N_2O 排放量/10^6 CO_2 当量	CH_4 排放量/10^6 CO_2 当量	CO_2 排放量/10^6 CO_2 当量	GHG 排放总量/10^6 CO_2 当量	
					含 CO_2	不含 CO_2
2014	6.14	12.02	0.74	15.02	27.77	12.75
2015	6.57	12.87	0.79	16.07	29.73	13.66
2016	7.00	13.72	0.84	17.13	31.70	14.57
2017	7.44	14.56	0.89	18.19	33.65	15.46
2018	7.87	15.41	0.95	19.25	35.61	16.36
2019	8.30	16.26	1.00	20.32	37.58	17.26
2020	8.73	17.11	1.05	21.37	39.53	18.16
2021	9.17	17.96	1.10	22.42	41.48	19.06
2022	9.60	18.80	1.16	23.49	43.45	19.96
2023	10.03	19.65	1.21	24.54	45.40	20.86

表 5.44 2014—2023 年我国城市污水处理厂温室气体年排放量（N_3、C_3 情况） 单位：t/a

年份	污水处理总量/（10^6万 m^3/a）	N_2O 排放量/10^6 CO_2 当量	CH_4 排放量/10^6 CO_2 当量	CO_2 排放量/10^6 CO_2 当量	GHG 排放总量/10^6 CO_2 当量	
					含 CO_2	不含 CO_2
2014	6.14	7.57	0.59	10.14	18.30	8.16
2015	6.57	8.10	0.63	10.85	19.58	8.73
2016	7.00	8.63	0.67	11.57	20.86	9.30
2017	7.44	9.16	0.71	12.28	22.15	9.87
2018	7.87	9.70	0.76	13.00	23.45	10.46
2019	8.30	10.23	0.80	13.71	24.74	11.03
2020	8.73	10.76	0.84	14.42	26.03	11.61
2021	9.17	11.30	0.88	15.14	27.31	12.18
2022	9.60	11.83	0.92	15.85	28.60	12.75
2023	10.03	12.36	0.96	16.57	29.89	13.32

表 5.45 2014—2023 年我国城市污水处理厂温室气体年排放量（N_4、C_4 情况） 单位：t/a

年份	污水处理总量/（10^6万 m^3/a）	N_2O 排放量/10^6 CO_2 当量	CH_4 排放量/10^6 CO_2 当量	CO_2 排放量/10^6 CO_2 当量	GHG 排放总量/10^6 CO_2 当量	
					含 CO_2	不含 CO_2
2014	6.14	3.97	0.44	9.05	13.47	4.42
2015	6.57	4.25	0.47	9.69	14.42	4.73
2016	7.00	4.54	0.50	10.33	15.37	5.04
2017	7.44	4.82	0.53	10.97	16.32	5.35
2018	7.87	5.09	0.57	11.60	17.26	5.66
2019	8.30	5.38	0.60	12.24	18.21	5.97
2020	8.73	5.66	0.63	12.89	19.18	6.29
2021	9.17	5.94	0.66	13.52	20.11	6.59
2022	9.60	6.22	0.69	14.16	21.08	6.92
2023	10.03	6.50	0.72	14.80	22.02	7.22

由表 5.42～表 5.45 可以看出，考虑到我国南、北方和冬夏季水质差异，至 2023 年，我国城市污水处理厂 N_2O 的年排放量将会达到（6.50～22.91）×10^6t CO_2 当量；CH_4 的年排放量将会达到（0.72～1.39）×10^6t CO_2 当量；CO_2 的年排放量将会达到（14.80～25.51）×10^6t CO_2 当量；考虑 CO_2 排放时，温室气体的年排放总量将会达到（22.02～49.81）×10^6t CO_2 当量；不考虑 CO_2 排放时，温室气体的年排放总量将会达到（7.22～24.30）×10^6t CO_2 当量。因此，是否将 CO_2 的直接排放纳入我国城市污水处理厂温室气体的排放对于我国城市污水处理厂温室气体的排放量有着重要的影响。

未来 10 年随着我国城市污水处理规模的不断增加，温室气体的年排放量将会不断增大，这将会对我国温室气体的排放造成不可忽视的影响。因此，必须采取减排措施，制定相关的减排技术策略，减少污水处理过程中温室气体的排放量。

表 5.42～表 5.45 给出的温室气体排放的预测结果是基于我国城市污水处理目前的技

术现状和各类工艺的比例。削减和控制我国城市污水处理温室气体的排放量，可以通过技术革新等措施，例如可以通过优选污水处理工艺来实现。由第 3 章对各典型处理工艺所排温室气体监测结果可以看到，4 种典型处理工艺中，氧化沟工艺排放 N_2O 最少，A/O 工艺排放 CH_4 和 CO_2 最少。如果根据需要控制某种温室气体，可优先选择相应温室气体排放量小的处理工艺，如控制 N_2O 排放量可以全部选择氧化沟工艺。

据此，本章中计算了基于工艺优化的 2023 年我国城市污水处理厂温室气体的排放量，见表 5.46～表 5.49。

表 5.46　基于工艺优化 2023 年我国城市污水处理厂温室气体排放量（N_1、C_1 情况）　单位：t/a

温室气体	最优工艺类型	温室气体排放量/10^6 CO_2 当量
N_2O	氧化沟	9.03
CH_4	A/O	0.95
CO_2	A/O	19.67
GHG（含 CO_2）	A^2/O	40.18
GHG（不含 CO_2）	氧化沟	11.59

表 5.47　基于工艺优化 2023 年我国城市污水处理厂温室气体排放量（N_2、C_2 情况）　单位：t/a

温室气体	最优工艺类型	温室气体排放量/10^6 CO_2 当量
N_2O	氧化沟	7.60
CH_4	A/O	0.70
CO_2	A/O	17.99
GHG（含 CO_2）	A^2/O	22.66
GHG（不含 CO_2）	氧化沟	9.87

表 5.48　基于工艺优化 2023 年我国城市污水处理厂温室气体排放量（N_3、C_3 情况）　单位：t/a

温室气体	最优工艺类型	温室气体排放量/10^6 CO_2 当量
N_2O	氧化沟	2.71
CH_4	A/O	0.43
CO_2	A/O	12.97
GHG（含 CO_2）	A^2/O	24.79
GHG（不含 CO_2）	氧化沟工艺	4.63

表 5.49　基于工艺优化 2023 年我国污水处理厂温室气体排放总量预测结果（N_4、C_4 情况）　单位：t/a

温室气体	最优工艺类型	温室气体排放量/10^6 CO_2 当量
N_2O	氧化沟	0.60
CH_4	A/O	0.30
CO_2	A/O	11.58
GHG（含 CO_2）	A^2/O	15.72
GHG（不含 CO_2）	氧化沟工艺	2.18

对比表 5.42～表 5.45 和表 5.46～表 5.49 的结果，可以发现，当进行工艺优化之后，我国城市污水处理厂 N_2O 的年排放量可以削减（5.90～13.88）$\times10^6$ t CO_2 当量；CH_4 的年排放量可以削减（0.42～0.53）$\times10^6$ t CO_2 当量；CO_2 的年排放量可以削减（3.22～6.55）$\times10^6$ t CO_2 当量；考虑 CO_2 排放时，温室气体的年排放总量可以削减（5.1～22.24）$\times10^6$ t CO_2 当量；不考虑 CO_2 排放时，温室气体的年排放总量可以削减（5.04～12.71）$\times10^6$ t CO_2 当量。

表 5.50 对比了由 GA-BP 人工神经网络和 IPCC 排放清单（IPCC，2006）计算得到的 2023 年我国城市污水处理厂温室气体的排放总量。在采用 IPCC（2006）温室气体排放清单计算温室气体排放量时，N_2O 的默认排放因子（N_2O/TN）取 0.005 kg/kg，进水 TN 质量浓度分别取 25 mg/L 和 50 mg/L，CH_4 的默认排放因子（CH_4/COD）取 0.25 kg/kg，进水 COD 质量浓度分别取 180 mg/L 和 350 mg/L。

表 5.50 基于 GA-BP 模型和 IPCC 排放清单的温室气体排放总量的对比 单位：t/a

预测方法	N_2O /10^6 CO_2 当量	CH_4 /10^6 CO_2 当量
GA-BP 预测模型	6.50～22.91	0.72～1.39
IPCC 排放清单	3.76～7.52	43.08～87.66

由表 5.50 可以看出，对于 N_2O 的排放量，GA-BP 预测模型的预测结果明显高于 IPCC 排放清单的预测结果，这反映出 IPCC 给定的 N_2O 释放因子建议值与我国污水处理厂 N_2O 排放的实际差异较大；对于 CH_4 的排放量，IPCC 的预测结果要远远大于 GA-BP 预测模型的预测结果，这是因为本书只计算了污水处理单元 CH_4 的排放，不包括污泥处理单元 CH_4 的排放，这就导致 CH_4 排放的监测结果与实际排放量存在一定的差异。另外，IPCC 所给出的污水处理过程中 CH_4 默认排放因子的准确性尚需进一步验证。

参考文献

[1] 郭运功. 特大城市温室气体排放总量测算与排放特征分析——以上海市为例[D]. 华东师范大学，2009.

[2] 马欣. 中国污水处理厂温室气体排放研究[D]. 北京林业大学，2011.

[3] 国务院办公厅. “十二五”全国城镇污水处理及再生利用设施建设规划. 2012.

[4] IPCC. Climate change 2001：the scientific basis[R]. Cambridge University Press，Cambridge，2001.

[5] IPCC. 2006 IPCC guidelines for national greenhouse gas inventories[R]. Kanagawa，JP：Institute for Global Environmental Strategies，2006.

[6] IPCC. Summary for Policymakers[M]. Cambridge University Press，2007.

[7] Local Government Operations Protocol for the Quantification And Reporting of Greenhouse Gas Emissions Inventories. http：//www. arb. ca. gov/cc/protocols/localgov/archive/final_lgo_protocol_2008-09-25. pdf. 2008.

[8] CDM Methodology Booklet. http：//cdm. unfccc. int/methodologies/documentation/index. html.

[9] 世界资源研究所与世界可持续发展商业理事会. 温室气体核算体系企业核算和报告标准. 2010.

[10] http：//www. wbcsd. org/Pages/Adm/ErrorPage. aspx？aspxerrorpath=～/pages/EDocument/EDocumentDetails. aspx.

[11] EU emission inventory report under the UNECE Convention on LRTAP. http：//www.eea.europa. eu/publications/eu-emission-inventory-report-lrtap. 2013.

[12] National Greenhouse and Energy Reporting Technical guidelines. http：//www.climatechange.gov.au/climate-change/greenhouse-gas-measurement-and-reporting/company-emissions-measurement/technical. 2008.

[13] Foley J，de Haas D，Hartley K，et al. Comprehensive life cycle inventories of alternative wastewater treatment systems[J]. Water Research，2010，44（5）：1654-1666.

[14] Henze M，Grady C，Gujer W，et al. Activated Sludge Model No. 1：IAWPRC Scientific and Technical Report No. 1[R]. London，IAWPRC，1987.

[15] Gujer W，Henze M，Mino T，et al. Activated sludge model No. 3[J]. Water Science and Technology，1999，39（1）：183-193.

[16] Schulthess R，Gujer W. Release of nitrous oxide（N_2O） from denitrifying activated sludge：Verification and application of a mathematical model[J]. Water Research，1996，30（3）：521-530.

[17] Hiatt W C，Grady C. An updated process model for carbon oxidation，nitrification，and denitrification[J]. Water Environment Research，2008，80（11）：2145-2156.

[18] Corominas L，Flores-Alsina X，Snip L，et al. Comparison of different modeling approaches to better evaluate greenhouse gas emissions from whole wastewater treatment plants[J]. Biotechnology and Bioengineering，2012，109（11）：2854-2863.

[19] Batstone D J，Keller J，Angelidaki I，et al. The IWA Anaerobic Digestion Model No. 1（ADM1）[J]. Water Science and Technology，2002，45（10）：65-73.

[20] Snowling S，Montieth H，Schraa O，et al. Modeling Greenhouse Gas Emissions from Activated Sludge Processes[J]. Proceedings of the Water Environment Federation，WEFTEC，2006：Session 81 through Session 94：7206-7212.

[21] Hamed M M，Khalafallah M G，Hassanien E A. Prediction of wastewater treatment plant performance using artificial neural networks[J]. Environmental Modelling and Software，2004，19（10）：919-928.

[22] Mjalli F S，Al-Asheh S，Alfadala H. Use of artificial neural network black-box modeling for the prediction of wastewater treatment plants performance[J]. Journal of Environmental Management，2007，83（3）：329-338.

[23] 易赛莉，雒文生. 人工神经网络在 UASB 反应器处理生活污水中的模拟预测与应用[J]. 武汉大学学报（工学版），2004，37（1）：46-50.

[24] 高平平. 基于神经网络的污水处理水质预测研究[D]. 西南交通大学，2004.

[25] 中华人民共和国环境保护部. 关于公布 2012 年全国城镇污水处理设施名单的公告. 2013.

第6章　城市污水处理典型工艺温室气体减排策略研究

温室气体排放导致的全球气候变化已经成为21世纪全球范围内共同关注的热点问题。《斯特恩报告》指出："减缓温室气体排放影响的成本，每年至多相当于全球GDP的1%，而如果不采取任何措施，全球气温不受控制地上升所导致的损失，可能达到全球GDP的5%～10%。"2009年哥本哈根世界气候大会已将"像中国、印度这样的主要发展中国家应如何控制温室气体的排放"列为主要议题之一。作为负责任的大国，我国郑重承诺要采取相应措施来控制和减少温室气体的排放。

污水处理厂是温室气体产生的大户之一。随着我国污水排放总量的不断增加和污水处理率的不断提高，污水处理过程中产生的温室气体量必将会随之增加，在我国各行业温室气体排放中所占的份额也会越来越大。因此，研究城市污水处理厂温室气体的减排策略，对于降低我国温室气体的排放总量具有重要的意义。

对于我国而言，城市污水处理厂温室气体的产生与排放研究基本上处于空白阶段，既没有相关的减排技术策略，也没有合理的监管技术措施和国家鼓励性政策，这将对合理控制和削减我国城市污水处理厂温室气体的排放量带来不可忽视的影响。因此，为提出适合我国城市污水处理厂温室气体排放的减排技术策略，需要通过大量的现场监测及中试、小试研究，优选污水处理工艺、优化工艺参数，并结合我国城市污水处理厂温室气体减排监管技术的需要，分别从国家层面和污水处理厂层面提出适合我国国情的城市污水处理典型工艺温室气体的减排技术策略和管理策略。而且，还需要综合考虑我国的基本国情和污水处理行业的现状，提出促进我国城市污水处理厂温室气体减排的政策策略，为我国城市污水处理厂温室气体的减排提供技术服务、监管措施和政策导向多方面的支持，切实推进并保障温室气体减排的顺利进行。

6.1　城市污水处理温室气体减排技术策略研究

为实现我国城市污水处理厂温室气体排放的削减，需要综合考虑污水处理工艺、污水处理工况运行参数、污水处理厂运行管理以及国家政策导向等多方面技术措施的综合集成，既可实现对某一种温室气体的减排，也可实现对温室气体整体减排。本节根据城市污水处理厂温室气体排放研究的主要结果，在对比分析我国城市污水处理厂温室气体减排适宜工艺和工况参数的基础上，分别从国家层面和污水处理厂层面提出城市污水处理厂温室气体减排技术方案。

6.1.1 城市污水处理厂温室气体减排的适宜工艺分析

基于典型工艺城市污水处理厂温室气体的排放特征，对比分析 4 种典型工艺 3 种温室气体的排放量，提出 3 种温室气体减排的适宜工艺。在此基础上，汇总 4 种典型工艺温室气体的吨水排放总量（以 CO_2 当量计），得到我国城市污水处理厂温室气体整体减排的适宜工艺。

6.1.1.1 城市污水处理厂 N_2O 减排的适宜工艺分析

表 6.1 给出北京市污水处理厂 4 种典型处理工艺 N_2O 吨水排放量的对比结果。可以看出，SBR 工艺 N_2O 的吨水排放量最大，其次是 A/O 工艺、A^2/O 工艺与氧化沟工艺。氧化沟工艺 N_2O 的吨水排放量与其他 3 种工艺相比，仅为 A^2/O 工艺的 35.4%、A/O 工艺的 26.2%、SBR 工艺的 9.3%。因此，从 N_2O 减排角度来说，氧化沟工艺是我国城市污水处理厂 N_2O 减排的适宜工艺。

表 6.1　典型工艺 N_2O 的吨水排放量对比

工艺类型	进水 NH_4^+-N/（mg/L）	进水 COD/（mg/L）	N_2O 吨水排放量/（g/m^3 ）
A^2/O	36.5	367.2	0.47
A/O	37.9	385.8	0.64
氧化沟	51.2	531.7	0.15
SBR	59.9	457	1.78

6.1.1.2 城市污水处理厂 CH_4 减排的适宜工艺分析

表 6.2 给出典型工艺城市污水处理厂 CH_4 吨水排放量的对比结果。各工艺 CH_4 吨水排放量大小依次为氧化沟工艺＞SBR 工艺＞A^2/O 工艺＞A/O 工艺。A/O 工艺 CH_4 的吨水排放量与其他 3 种工艺相比，仅为氧化沟工艺的 29.3%、SBR 工艺的 63.2%、A^2/O 工艺的 88.9%。因此，从温室气体 CH_4 减排的角度，A/O 工艺是我国城市污水处理厂 CH_4 减排的适宜工艺。

表 6.2　典型工艺 CH_4 吨水排放量的对比　单位：g/m^3

工艺类型	CH_4 吨水排放量
A^2/O	0.27
A/O	0.24
氧化沟	0.82
SBR	0.38

6.1.1.3 城市污水处理厂 CO_2 减排的适宜工艺分析

表 6.3 给出典型工艺 CO_2 的吨水排放量的对比结果。可以看出，4 种典型工艺中，CO_2

吨水排放量从大到小依次是：SBR 工艺＞氧化沟工艺＞A^2/O 工艺＞A/O 工艺。A/O 工艺 CO_2 的吨水排放量与其他 3 种工艺相比，仅为氧化沟工艺的 50.4%、SBR 工艺的 49.9%、A^2/O 工艺的 98.7%。因此，从温室气体 CO_2 减排的角度，A/O 工艺是我国城市污水处理厂 CO_2 减排的适宜工艺。

表 6.3　典型工艺 CO_2 吨水排放量的对比　　单位：g /m³

工艺类型	CO_2 吨水排放量
A^2/O	175.68
A/O	173.37
氧化沟	343.78
SBR	347.34

6.1.1.4　城市污水处理厂温室气体总量减排的适宜工艺分析

IPCC（2006）指出，污水处理过程中非化石燃料消耗导致的 CO_2 排放不宜纳入温室气体排放总量的计算之中，且认为污水处理过程中产生的 CO_2 全部来自于非化石燃料的消耗，这显然与事实存在一定的差距。因为城市生活污水中除了含有人类生活消耗的来源于非化石燃料的有机物质外，还含有化石燃料产品，包括洗涤用品、化妆品以及药物等，它们在废水的生化处理过程中会被矿化为 CO_2，这部分 CO_2 应当被计入污水处理厂温室气体的排放量之中。但是，由化石燃料和非化石燃料消耗所产生的 CO_2 占排放总量的比重难以界定，而其总和为 CO_2 的直接排放量。因此，本小节分别计算含 CO_2 直接排放和不含 CO_2 直接排放两种情况下我国城市污水处理厂温室气体的吨水排放总量（以 CO_2 当量计），并给出两种条件下温室气体减排的适宜工艺。

1. 温室气体总量（含 CO_2 直接排放）减排的适宜工艺分析

表 6.4 给出 4 种典型处理工艺 N_2O、CH_4 与 CO_2 3 种温室气体的吨水排放量以及温室气体的吨水排放总量（按 $N_2O = 300$ CO_2 当量、$CH_4 = 25$ CO_2 当量计）。

表 6.4　典型工艺温室气体吨水排放量对比　　单位：g/m³

工艺类型	N_2O	CH_4	CO_2	GHG（CO_2 当量）
A^2/O	0.47	0.27	175.68	323.43
A/O	0.64	0.24	173.37	371.37
氧化沟	0.15	0.82	343.78	409.28
SBR	1.78	0.38	347.34	890.84

从典型工艺污水处理厂 3 种温室气体 N_2O、CH_4 与 CO_2 的吨水排放量来看，SBR 工艺温室气体 N_2O 与 CO_2 的吨水排放量均高于其他 3 种工艺；氧化沟工艺的 N_2O 吨水排放量最低，CH_4 的吨水排放量最高。A^2/O 与 A/O 工艺之间 3 种温室气体的吨水排放量相差不大。

从典型工艺污水处理厂温室气体的吨水排放总量（以 CO_2 当量计）来看，SBR 工艺的温室气体吨水排放总量要高于其他 3 种工艺，氧化沟工艺与 A/O 工艺次之，A^2/O 工艺的温室气体吨水排放总量最低。

将污水处理厂排放的温室气体 N_2O 和 CH_4 换算为 CO_2 当量排放，则这 3 种温室气体在 4 种典型处理工艺中的排放量占温室气体总量的份额见表 6.5。

表 6.5 典型处理工艺 N_2O、CH_4 和 CO_2 排放量占温室气体排放总量　单位：%

工艺类型	N_2O	CH_4	CO_2	温室气体（CO_2 当量）
A^2/O	43.60	2.09	54.31	100
A/O	51.70	1.67	46.68	100
氧化沟	10.99	5.00	84.01	100
SBR	59.94	1.07	38.99	100

由表 6.5 可以看出，当考虑 CO_2 的直接排放时，A/O 工艺与 SBR 工艺 N_2O 排放对于污水处理厂温室气体排放的贡献最大，A^2/O 工艺与氧化沟工艺 CO_2 的排放对于污水处理厂温室气体排放的贡献最大；4 种工艺 CH_4 的排放对于污水处理厂温室气体排放的贡献都最小。可以认为，N_2O 与 CO_2 对于我国城市污水处理厂污水处理过程中温室气体排放的贡献要大于 CH_4，是我国城市污水处理厂温室气体减排的主要对象。

2. 温室气体总量（不含 CO_2 直接排放）减排的适宜工艺分析

表 6.6 给出不考虑污水处理过程中 CO_2 的排放时 4 种典型工艺温室气体吨水释放总量（按 $N_2O = 300$ CO_2 当量、$CH_4 = 25$ CO_2 当量计）的对比结果。

表 6.6 典型工艺温室气体吨水排放量对比　单位：g/m^3

工艺类型	N_2O	CH_4	温室气体（CO_2 当量）
A^2/O	0.47	0.27	147.75
A/O	0.64	0.24	198.00
氧化沟	0.15	0.82	65.50
SBR	1.78	0.38	543.50

由表 6.6 可以看出，SBR 工艺温室气体（以 CO_2 当量计）的吨水释放总量要明显高于其他 4 种工艺，A/O 工艺与 A^2/O 工艺次之，氧化沟工艺的温室气体排放总量最低。

将污水处理厂排放的温室气体 N_2O 和 CH_4 换算为 CO_2 当量排放，则这 3 种温室气体在 4 种典型处理工艺中的排放量占温室气体总量的份额见表 6.7。

表 6.7 典型工艺 N_2O 和 CH_4 排放量占温室气体排放总量　单位：%

工艺类型	N_2O	CH_4	温室气体（CO_2 当量）
A^2/O	95.43	4.57	100
A/O	96.97	3.03	100
氧化沟	68.70	31.30	100
SBR	98.25	1.75	100

由表 6.7 可以看出，当不考虑 CO_2 的直接排放时，4 种工艺 N_2O 排放对于污水处理厂温室气体总量排放的贡献都最大，是我国城市污水处理厂温室气体减排的主要对象；CH_4 的排放对于污水处理厂温室气体总量排放的贡献都最小，但氧化沟工艺释放的 CH_4 占温室气体释放总量的百分比要明显高于其他工艺。

对比表 6.4 和表 6.6，可以看出，是否将 CO_2 直接排放含我国城市污水处理厂温室气体的排放总量对于选择温室气体总量减排的适宜工艺存在明显的影响。如果考虑污水处理过程中 CO_2 的直接排放，则 A^2/O 工艺 3 种温室气体的排放总量与其他工艺相比，仅为 A/O 工艺的 86.8%、氧化沟工艺的 78.4%、SBR 工艺的 36.1%，是我国城市污水处理厂温室气体总量减排的适宜工艺；如果不考虑污水处理过程中 CO_2 的直接排放，则氧化沟工艺 3 种温室气体的排放总量与其他 3 种工艺相比，仅为 A^2/O 工艺的 47.4%、A/O 工艺的 35.6%、SBR 工艺的 12.9%，是我国城市污水处理厂温室气体总量减排的适宜工艺。

对比表 6.5 和表 6.7，可以看出，是否将 CO_2 直接排放纳入我国城市污水处理厂温室气体的排放总量对于分析城市污水处理厂 3 种温室气体排放占温室气体排放总量的份额有着明显的影响。如果考虑污水处理过程中 CO_2 的直接排放，则 N_2O 和 CO_2 是我国城市污水处理厂温室气体减排的主要对象；如果不考虑污水处理过程中 CO_2 的直接排放，则 N_2O 是我国城市污水处理厂温室气体减排的最主要对象。

因此，单纯从削减城市污水处理厂 3 种温室气体排放总量的角度，如果考虑污水处理过程中 CO_2 的直接排放，可推荐采用 A^2/O 工艺；如果不考虑污水处理过程中 CO_2 的直接排放，可推荐采用氧化沟工艺。

6.1.2 城市污水处理典型工艺温室气体减排工况参数的分析

在典型工艺城市污水处理温室气体排放影响因素研究的基础上，本章进一步对比分析典型工艺不同运行参数条件下温室气体的吨水排放量，研究典型工艺运行参数的改变对温室气体吨水排放量的影响，以寻求典型工艺温室气体减排的适宜运行参数。

6.1.2.1 A/O 与 A^2/O 工艺温室气体减排工况参数的分析

表 6.8 与表 6.9 分别给出 A/O 工艺不同曝气速率与不同内回流比条件下 N_2O、CH_4 与 CO_2 的吨水排放量以及温室气体总吨水排放量的对比结果。

表 6.8 不同曝气速率条件下 GHG 吨水排放量对比 单位：g/m^3

曝气速率/（m^3/h）	N_2O	CH_4	CO_2	GHG（CO_2 当量）
3.5	0.80±0.13	0.17±0.05	63.78±4.76	308.12
4.5	0.44±0.11	0.15±0.03	78.19±7.06	213.94
5.5	0.09±0.03	0.10±0.04	87.73±7.60	117.23
6.5	0.17±0.02	0.08±0.03	83.87±6.07	136.62

表 6.9　不同内回流比条件下 GHG 吨水排放量对比　　单位：g/m^3

内回流比/%	N_2O	CH_4	CO_2	GHG（CO_2 当量）
200	0.11±0.02	0.11±0.03	89.30±5.83	125.05
300	0.09±0.03	0.10±0.04	87.73±7.60	117.23
400	0.12±0.03	0.08±0.03	84.59±4.49	122.59

由表 6.8 和表 6.9 可知，对于 A/O 工艺和 A^2/O 工艺，曝气速率对 N_2O 排放量和温室气体排放总量具有重要影响，对 CH_4 以及 CO_2 的排放影响较小；内回流比对 3 种温室气体的排放影响不大。因此，主要可以通过调整曝气速率控制 A/O 工艺和 A^2/O 工艺城市污水处理厂 N_2O 的排放量和温室气体的排放总量。

表 6.10 对比不同曝气速率条件下 A/O 和 A^2/O 工艺 N_2O 吨水排放量的现场监测结果与中试研究结果。

表 6.10　现场及中试不同曝气速率条件下 N_2O 吨水排放量对比

研究对象	曝气速率/（m^3/h）	内回流比/%	N_2O/（g/m^3）
现场	4.0 ± 0.5	300	0.47～0.64
中试	3.5	300	0.80
	4.5	300	0.44
	5.5	300	0.09
	6.5	300	0.17

可以发现，提高曝气速率能够明显降低 A/O 工艺和 A^2/O 工艺 N_2O 的排放量。当把曝气速率由(4.0 ± 0.5)m^3/h 提高至 5.5 m^3/h 时，对于 N_2O，处理每吨污水可以减少排放 0.37～0.56 g。这是因为，提高曝气速率增加硝化过程水中的 DO 质量浓度，有利于硝化过程的彻底进行，减少 N_2O 的产生与排放[1,2]。

6.1.2.2　氧化沟工艺温室气体减排工况参数的分析

表 6.11 给出氧化沟工艺不同转刷运行条件下 3 种温室气体（N_2O、CH_4 与 CO_2）的吨水排放量以及温室气体总吨水排放量的对比结果。

表 6.11　不同曝气转刷运行条件下 3 种温室气体的吨水排放量对比　　单位：g/m^3

转刷位置	转刷转速/（r/min）	N_2O	CH_4	CO_2	GHG（CO_2 当量）
只运行前端转刷	48	0.010±0.002	0.37±0.06	154.32±18.44	166.57
	60	0.051±0.010	0.43±0.05	199.63±23.19	225.68
	72	0.090±0.017	0.55±0.08	247.71±12.07	288.46
只运行后端转刷	48	0.009±0.002	0.32±0.02	156.60±14.83	167.30
	60	0.039±0.005	0.42±0.02	176.01±13.76	198.21
	72	0.035±0.009	0.53±0.04	200.63±21.54	224.38
同时运行	48	0.071±0.014	0.51±0.03	193.68±21.72	227.73
	60	0.190±0.011	0.53±0.10	200.63±19.52	219.58
	72	0.268±0.008	0.66±0.08	315.97±30.43	412.87

由表 6.11 可知，对于氧化沟工艺，曝气转刷的位置与转刷速率这两项运行参数对 3 种温室气体的排放量及温室气体排放总量具有重要影响。因此，可以通过调整曝气转刷的位置与转刷速率来控制 3 种温室气体的排放量以及排放总量。

表 6.12 给出氧化沟工艺污水处理厂 3 种温室气体吨水排放量和温室气体吨水释放总量的现场监测结果。

表 6.12 氧化沟工艺污水处理厂 3 种温室气体吨水排放量的监测结果 单价：g/m^3

温室气体	吨水排放量
N_2O	0.15
CH_4	0.82
CO_2	343.78
GHG（CO_2 当量）	409.28

对比表 6.11 和表 6.12，可以看出氧化沟工艺污水处理厂 N_2O 的排放量处于较高水平，与中试研究中同时开启前后端 2 座曝气转刷时的对应值较为接近。这是因为，污水处理厂 12 座曝气转刷一直处于稳定运行状态，进水中的 COD 被大量地好氧氧化，使得缺氧反硝化过程中碳源不足，导致 N_2O 的大量排放。而中试研究中只运行后端转刷可以提高碳源的利用率，有利于反硝化过程的彻底进行，从而减少 N_2O 的排放。在反硝化过程中碳源充足的前提下，提高曝气速率有利于硝化过程的彻底进行，从而减少 N_2O 的排放量[3,4]。

6.1.2.3 SBR 工艺温室气体减排工况参数的分析

表 6.13 给出 SBR 工艺不同进水曝气时间组合以及曝气速率条件下 3 种温室气体 N_2O、CH_4 与 CO_2 的吨水排放量以及温室气体吨水释放总量的对比结果。

表 6.13 不同进水/曝气时间组合及曝气速率条件下 GHG 吨水排放量对比 单位：g/m^3

SBR 运行模式	曝气速率/（m^3/h）	N_2O	CH_4	CO_2	GHG（CO_2 当量）
60 min 进水与 60 min 曝气	0.3	0.16±0.04	0.28±0.05	183.84±27.12	238.84
	0.6	0.75±0.13	0.31±0.05	159.65±25.20	392.4
	0.9	0.68±0.11	0.59±0.05	205.42±35.19	424.17
	1.2	0.42±0.09	0.91±0.10	236.47±41.37	385.22
30 min 进水与 90 min 曝气	0.3	0.28±0.05	0.35±0.05	201.20±24.32	293.95
	0.6	1.57±0.29	0.44±0.07	236.21±22.90	718.21
	0.9	1.25±0.21	0.57±0.03	275.82±30.25	665.07
	1.2	0.61±0.10	1.00±0.14	340.83±50.72	548.83
瞬间进水与 120 min 曝气	0.3	1.20±0.21	0.22±0.03	209.14±33.42	574.64
	0.6	2.59±0.44	0.82±0.05	253.93±29.85	1 051.43
	0.9	2.42±0.39	1.00±0.15	345.17±31.43	1 096.17
	1.2	2.06±0.52	1.35±0.18	369.95±40.59	1 021.7

由表 6.13 可知，对于 SBR 工艺，进水曝气时间组合与曝气速率两项运行参数对 3 种温室气体的排放量以及温室气体排放总量都具有重要影响。因此，可以通过调整进水曝气时间组合与曝气速率来控制 SBR 工艺 3 种温室气体的排放量及温室气体的排放总量。

表 6.14 给出进水曝气时间组合为 120 min 曝气（包含 60 min 进水）、曝气速率为（0.6±0.1）m^3/h 的 SBR 工艺污水处理厂 3 种温室气体吨水排放量和温室气体吨水释放总量的监测结果。

表 6.14 SBR 工艺污水处理厂温室气体吨水排放量的监测结果 单位：g/m^3

温室气体	吨水排放量
N_2O	1.78
CH_4	0.38
CO_2	347.34
GHG	890.84

对比表 6.13 和表 6.14，可以发现延长进水缺氧搅拌时间有利于降低 N_2O 的排放，这是因为，增加缺氧反硝化时间，可以提高进水中碳源的利用率，使反硝化过程进行得更加彻底，从而减少 N_2O 的排放量[5,6]。当进水缺氧搅拌由污水处理厂的 0 min 延长至中试 SBR 的 60 min 时，相同曝气速率条件下，N_2O 的吨污水排放量减少 1.07 g/m^3。提高曝气速率，有利于硝化过程的彻底进行，从而降低 N_2O 的排放量，将曝气速率由 0.6 m^3/h 提高至 1.2 m^3/h 时，N_2O 的吨水排放量降低 0.33 g/m^3[1–4]。

6.1.2.4 城市污水处理厂温室气体减排的工况参数分析

1. N_2O 减排的工况参数分析

城市污水处理厂 N_2O 的减排可以通过提高曝气速率或调控缺氧反硝化作用时间的方式来实现。这是因为曝气速率越高，曝气系统的充氧能力越强，水中 DO 质量浓度越高，越有利于硝化过程的彻底进行，避免污水中 NO_2^--N 的积累，从而减少硝化过程中 N_2O 的排放量；合理地调控缺氧反硝化作用时间，有利于进水中的碳源参与反硝化过程，提高反硝化过程中碳源的利用率，有利于反硝化过程的彻底进行，降低反硝化过程中 N_2O 的产生量，从而减少 N_2O 的排放量。然而，提高曝气速率会造成大量的能源消耗，这就需要通过技术进步，提高相同曝气水平条件下水中的 DO 质量浓度，使硝化过程进行得更加彻底，降低污水处理过程中 N_2O 的排放量，而不增加污水处理厂的运行成本。

2. CH_4 和 CO_2 减排的工况参数分析

在保证出水水质达标的前提下，城市污水处理厂 CH_4 和 CO_2 的减排可以通过减少曝气时长和降低曝气速率的方式来实现。这是因为减少曝气，就可以降低曝气过程对水中溶解态 CH_4 和 CO_2 的吹脱作用，使 CH_4 和 CO_2 更多地溶解在水中而不直接被释放到空气中，从而减少其排放量。

3. 温室气体总量减排的工况参数分析

城市污水处理厂温室气体总量的减排需要在保证出水水质达标的前提下，综合考虑工况参数的改变对 3 种温室气体排放的影响。对于典型处理工艺，某种温室气体排放量的改变对温室气体总排放量改变的影响最大，则该温室气体就是典型工艺温室气体总量减排的主要对象，则可相应地调节该工艺的主要工况参数，使其有利于温室气体的总量减排。

6.1.3 国家控制城市污水处理厂温室气体排放的技术策略

6.1.3.1 城市污水处理厂温室气体减排工艺的方案选择

1. N_2O 减排污水处理工艺的方案选择

从目前我国典型工艺城市污水处理厂 N_2O 排放的监测结果来看，氧化沟工艺 N_2O 的吨水排放量为 0.15 g/m^3，明显低于 A^2/O 工艺的 0.47 g/m^3、A/O 工艺的 0.64 g/m^3 和 SBR 工艺的 1.78 g/m^3。因此，从优选城市污水处理工艺的角度，不考虑污水处理厂的基建和运行成本，在出水水质达《城镇污水处理厂污染物排放标准》(18918—2002) 一级 A 标准的前提下，对于未来 10 年投建的城市污水处理厂，推荐使用氧化沟工艺来削减污水处理过程中 N_2O 的排放量。

2. CH_4 与 CO_2 减排污水处理工艺的方案选择

从目前我国典型工艺城市污水处理厂 CH_4 和 CO_2 排放的监测结果来看，A/O 工艺 CH_4 和 CO_2 的吨水排放量分别为 0.24 g/m^3 和 173.37 g/m^3，明显低于 A^2/O 工艺的 0.27 g /m^3 和 175.68 g/m^3、氧化沟工艺的 0.82 g/m^3 和 343.78 g/m^3 以及 SBR 工艺的 0.38 g/m^3 和 347.34 g/m^3。因此，从优选城市污水处理工艺的角度，不考虑污水处理厂的基建和运行成本，在出水水质达《城镇污水处理厂污染物排放标准》(18918—2002) 一级 A 标准的前提下，对于未来 10 年投建的城市污水处理厂，推荐使用 A/O 工艺来削减污水处理过程中 CH_4 和 CO_2 的排放量。

3. 温室气体减排污水处理工艺的方案选择

从目前我国典型工艺城市污水处理厂温室气体排放的计算结果来看，若考虑污水处理过程中 CO_2 的排放，则 A^2/O 工艺的温室气体吨水释放总量为 323.43 g/m^3，明显低于 A/O 工艺的 371.37 g/m^3、氧化沟工艺的 409.28 g/m^3 以及 SBR 工艺的 890.84 g/m^3。因此，从优选城市污水处理工艺的角度，不考虑污水处理厂的基建和运行成本，在出水水质达《城镇污水处理厂污染物排放标准》(18918—2002) 一级 A 标准的前提下，对于未来 10 年投建的城市污水处理厂，推荐使用 A^2/O 工艺来削减污水处理过程中温室气体的排放总量。

若不考虑污水处理过程中 CO_2 的排放，则氧化沟工艺的温室气体吨水释放总量为 71.50 g/m^3，明显低于 A^2/O 工艺的 150.75 g/m^3、A/O 工艺的 201.00 g/m^3 以及 SBR 工艺的 555.50 g/m^3。因此，从优选城市污水处理工艺的角度，不考虑污水处理厂的基建和运行成本，在出水水质达《城镇污水处理厂污染物排放标准》(18918—2002) 一级 A 标准的前提下，对于未来 10 年投建的城市污水处理厂，推荐使用氧化沟工艺来削减污水处理过程中温室气体的排放总量。

6.1.3.2 城市污水处理温室气体排放控制新技术推荐

研究表明，一些新的污水处理技术较我国目前常用的污水处理工艺能够明显降低污水处理过程中 N_2O 的排放量。例如：

（1）同步硝化反硝化工艺（Simultaneous nitrification and denitrification，SND）。该工艺已经在国外相关学者对于污水处理厂温室气体排放的研究中被证实既可以实现高效脱氮，又可以减少 N_2O 的排放量[7,8]。

（2）短程硝化-反硝化工艺（Shortcut nitrification and denitification）和厌氧氨氧化工艺（Anaerobic ammonia oxidation，简称 Anammox）。这两种污水处理工艺温室气体 N_2O 的排放目前大多局限于实验室研究的规模，但已被证明能显著减少 N_2O 的排放。未来我国还需要投入资金来研究与推广这两种工艺，进一步考察它们在生物脱氮能力和温室气体 N_2O 减排方面的潜能。

6.1.3.3 城市污水处理温室气体排放控制与资源化技术方案

通过资源化利用技术削减城市污水处理过程中温室气体 CH_4 与 CO_2 的排放，目前有以下几种改变处理工艺技术可供参考[9]。

1. *废水产沼气*

该技术是利用废水中的高浓度有机物经厌氧发酵产生沼气，沼气可用来发电和余热利用，抵消一部分污水处理厂的电力消耗，这是 CH_4 减排的一项重要措施。该技术主要用于处理畜禽粪便和高浓度工业有机废水。对于城市污水处理厂，厌氧消化气中的 CH_4 的含量为 60%～65%，燃烧热值为 21～23 MJ/m^3，可用于锅炉燃烧、取暖等。

2. *废水产酸*

该技术是利用产氢产酸微生物对废水进行厌氧发酵，将废水中的有机物转化成乙酸，在控制污染物排放的同时，为生产高附加值生化产品提供可溶性碳源。影响该技术产酸的因素较多，目前存在的问题是乙酸产率低。

3. *废水产氢*

该技术是利用产氢微生物对废水进行厌氧发酵，将废水中的有机物转化成氢气。目前，国内外在产氢污泥驯化、基质的产氢潜能以及厌氧发酵产氢数学模式等方面已开展相关研究。影响该技术产酸的因素也较多，目前存在的问题也是氢气产率低，而且实现产业化还有一些关键问题没有彻底解决。

综上所述，对于城市污水处理温室气体的削减，通过改变处理工艺来实现还存在许多困难，不会在短时间内实现产业化。在目前现有技术水平的条件下，控制污水处理中温室气体排放的技术方案主要是在现有污水处理工艺不发生大的调整的前提下，对于污水处理过程中产生排放的温室气体可以考虑进行末端处理和实现资源化利用，特别是对于 CH_4 和 CO_2 有多种资源化利用技术方案。为此，建议首先要构建城市污水处理温室气体控制技术筛选的评估框架，并结合现有的温室气体处理技术与资源化技术的效能进行调查与评估，筛选并提出适合我国的城市污水处理温室气体排放控制与资源化技术方案，并加以推广应用。

6.1.4 城市污水处理厂温室气体减排的技术策略

影响城市污水生物处理过程中温室气体产生的因素很多，而且影响 3 种温室气体产生与排放的因素也不相同。

6.1.4.1 N_2O 减排工况参数的优化

对于温室气体 N_2O，总体上，废水生物处理过程中影响硝化与反硝化的因素都有可能影响 N_2O 的产生和排放，这些影响因素既包括污水处理过程的工况运行参数，也包括活性污泥中的微生物种群结构。从理论上讲，污水硝化过程只能产生 N_2O，不能消耗 N_2O；反硝化过程既能产生 N_2O 也能消耗 N_2O。因此，要减少污水处理过程中 N_2O 的排放，一方面要减少硝化过程中 N_2O 的产生和排放量，另一方面需要减少反硝化过程中 N_2O 的产生量或增加反硝化过程中 N_2O 的消耗量，具体措施如表 6.15 所示。

表 6.15 污水处理过程中 N_2O 减排途径与方法

途径	方法	目的
减少硝化过程中 N_2O 产生量	①保证硝化过程 DO 充足[10] [11,12] ②避免亚硝酸的积累[13] ③采用长的 SRT[14,15] ④加强搅拌[16]	①抑制羟氨与亚硝酸盐的积累 ②减少对 NOB 活性的抑制 ③维持微生物群落中 AOB 与 NOB 的数量 ④维持进水污染物负荷的相对稳定，避免出现较大波动
减少反硝化过程中 N_2O 产生量	①采用前置反硝化处理模式 ②控制硝化过程合适的 DO 质量浓度，减少反硝化过程 DO 质量浓度[17] ③投加碳源[10,18]	①提高进水 COD 的利用效率 ②降低 DO 与 Nos 酶的抑制 ③避免亚硝酸盐的积累
减少曝气过程中 N_2O 排放量	①当曝气充足时，应控制合适的曝气速率[10,19] ②当曝气不足时，保证进水均匀稳定[20]	①减少由曝气吹脱作用导致的 N_2O 排放 ②尽量降低 DO 不足对硝化作用酶活性的抑制

从表 6.15 中可以看出，污水处理过程中主要可以通过以下两种途径来减少 N_2O 的产生和排放：

（1）硝化过程中的 DO 质量浓度　从城市污水处理典型工艺温室气体排放的现场监测与中试研究结果来看，对于未来 10 年投建的城市污水处理厂，在出水水质达《城镇污水处理厂污染物排放标准》（18918—2002）一级 A 标准的前提下，通过技术革新，提高相同曝气水平条件下水中的 DO 质量浓度至合适水平，使硝化和反硝化过程进行得更加彻底，降低污水处理过程中 N_2O 的排放量，而不增加污水处理厂的运行成本。

工程上的技术革新包括对好氧池进行分段曝气、微孔曝气，或是通过 DO 在线监测对曝气量进行智能控制等。

（2）缺氧工段碳源利用效率　国外大量研究结果[7,8]及典型工艺温室气体排放的现场监测结果表明，污水生物处理过程中，TN 的去除率越高，N_2O 的排放量越低。这是因为降

低污水中 NO_2^-和 NO_3^-的浓度有利于减少硝化过程中 N_2O 的产生。因此，通过工艺优化，提高反硝化过程对进水中有机物的利用效率，这样既可以降低出水中 TN 的浓度，又可以减少污水处理过程中温室气体的排放量。

对于目前正在运行的和未来 10 年即将投建的具有生物脱氮功能的城市污水处理厂，在出水水质达《城镇污水处理厂污染物排放标准》（18918—2002）一级 A 标准的前提下，通过改造，合理地调控各工段、特别是前置缺氧反硝化工段的 HRT，可以提高进水中碳源的利用率，有利于反硝化过程的彻底进行，降低反硝化过程中 N_2O 的产生量，从而降低污水处理厂 N_2O 的排放量。

对于我国早期建成的只具有有机物去除和生物硝化功能的污水处理厂，应该对其进行改造或扩建，增加生物反硝化处理工段。利用进水中的有机碳源将 NO_2^-和 NO_3^-还原，降低其在污水中的浓度，从而减少硝化过程中 N_2O 的产生。因此，增加反硝化过程既有利于降低出水中的 TN 浓度，减少对受纳水体的污染，又有利于削减污水处理厂温室气体 N_2O 和 CO_2 当量排放。

除需控制上述两个主要的工况参数之外，还可以通过优化其他一些工况参数来实现 N_2O 的减排。例如，控制污水处理厂进水中的 COD/N 值在 3.5 以上，控制活性污泥的 SRT 值在 10 d 以上，对好氧及缺氧体系中的亚硝酸盐浓度进行跟踪监测并避免其积累，控制污水的 pH 值在 6.8～8 之间，降低污水中毒性物质（包括重金属离子、H_2S 及甲醛等）对硝化细菌和反硝化细菌作用酶的致毒作用等。这些措施均已被证明可以有效降低污水处理过程中 N_2O 的排放。

污水生物处理过程中，微生物种群结构、硝化细菌和反硝化细菌关键作用酶的活性也会影响 N_2O 的产生与排放。在采用分子生物学技术确定典型污水处理工艺活性污泥系统中硝化细菌和反硝化细菌种群结构及其关键作用酶的基础上，在不影响污水处理过程及出水水质的前提下，通过向活性污泥中投加低 N_2O 释放菌种或直接对该菌种进行固定、富集等方式对微生物种群结构进行优化，可以有效控制污水处理过程中 N_2O 的产生与排放。

6.1.4.2 CH_4 减排工况参数的优化

对于温室气体 CH_4，通常地，污水的厌氧生物处理过程就会产生 CH_4，厌氧过程是废水生物深度处理必要阶段。因此，对于 CH_4 的产生不用进行控制，需要解决的问题是实现 CH_4 气体的资源化利用。另外，对于污水管道输送过程中产生的 CH_4，主要是通过减少污水在管道中的停留时间来削减，还可以通过添加产甲烷菌的抑制剂来削减产甲烷菌的活性，从而减少污水管道运输过程中 CH_4 的产生。

6.1.4.3 CO_2 减排工况参数的优化

对于温室气体 CO_2，在废水生物处理中主要产生于污水厌氧和好氧生物处理中有机物的矿化过程。对于污水厌氧和好氧生物处理过程中产生的 CO_2，主要控制合适的曝气量和曝气反应时间来控制 CO_2 的释放。

6.2 城市污水处理温室气体减排管理策略研究

为减少未来城市污水处理厂温室气体的排放量，需要构建为我国环境管理部门和城市污水处理厂服务的管理体系。根据国内外相关经验，从我国城市污水处理领域的客观实际出发，本节分别从国家层面和污水处理厂层面提出我国城市污水处理厂温室气体减排的管理策略。

6.2.1 国家层面温室气体减排监管策略研究

建议结合城市污水处理厂运行管理的规程，根据技术可行性、经济合理性以及我国现有的温室气体的控制技术水平，制定城市污水处理温室气体排放控制技术规范或指南。规范或指南应包括适用范围、工艺路线、工艺运行参数、监测方案、管理措施等内容。这将有利于城市污水处理厂根据污水处理过程中不同种温室气体的排放控制需要及时地调整污水处理厂的运行控制参数。

建议适时建立我国《城市污水处理厂温室气体排放标准》，并提出相应的监管程序和管理框图，编制环境监察技术手册，包括监管程序、监管标准体系、监管方法体系，建立国家污水处理厂温室气体排放的预测平台及数据库，及时掌握我国城市污水处理厂温室气体的总体排放情况。这些可为我国环境管理部门为城市污水处理厂温室气体的减排与控制方面的环境管理工作提供技术支撑。

6.2.2 污水处理厂温室气体减排管理策略研究

建议建立城市污水处理厂厂内温室气体监测体系和管理体系，建立适合我国城市污水处理厂的温室气体排放控制与资源化技术方案，从而减少城市污水处理厂温室气体的排放量。

建议水厂工作人员加强对水质指标及温室气体排放情况进行监测，及时地了解水厂的运行状况，掌握控制关键点位的温室气体排放的措施。

建议将合流制排水系统向分流制排水系统改造，从而减少来水水量波动对污水处理厂的冲击。另外，需要加强水厂工作人员的专业知识培养，使其在进水水量和水质发生剧烈变化时，能够及时、恰当地应对和处理紧急情况，合理地调节工况参数，保证城市污水处理厂污水处理过程的正常稳定运行，从而有效地控制水质参数的明显波动对温室气体排放造成的影响。

6.3 城市污水处理温室气体减排政策策略研究

大量研究已经表明，提高城市污水处理厂的生物脱氮能力，降低出水中的TN含量，有利于降低污水处理过程中温室气体 N_2O 的排放量，进而有利于减少污水处理厂温室气体的排放总量。因此，从温室气体减排的角度来看，国家的政策导向应立足于鼓励提高城市污水处理厂的脱氮能力。

6.3.1　提高城市污水处理厂的脱氮效率

对城市污水处理厂的升级改造，提高污水处理过程的生物脱氮效率。一方面，要对目前只能进行有机物降解的硝化过程的污水处理厂进行改造，增加反硝化处理过程；另一方面，要对目前能够进行脱氮的污水处理工艺进行升级，提高其脱氮效率。这两方面措施在有利于减少污水处理过程中温室气体 N_2O 排放的同时，还可以减少电能和化石燃料的消耗，这是因为增加反硝化过程会有利于消耗污水中的有机物质，降低好氧降解有机物时所需要的氧的量，从而减少曝气所导致的能源消耗；反硝化过程能够部分弥补硝化过程所导致的碱度损失，从而减少化学物质的投加量。

6.3.2　加大提标改造和技术研发的资金投入

截至 2012 年底，我国已建成并在运行的城市污水处理厂共计 3 836 座，在这些污水处理厂之中，有一部分（约 40%）只能用于有机物去除和氨氮转化，并不具备脱氮功能；另外，已具备脱氮功能的污水处理厂也存在着脱氮效率低的问题。因此，不论是从提高我国城市污水处理厂脱氮能力的角度还是从削减我国城市污水处理厂温室气体排放的角度，国家都应鼓励对城市污水处理厂的提标改造。然而，污水处理厂的提标改造过程会导致一些能源与资金消耗，包括对缺氧反硝化搅拌过程所导致的电能消耗、硝化液内循环所导致的电能消耗、投加碳源导致的化石燃料消耗等。这些因素是导致目前我国污水处理能力和处理效果相对较低的直接原因，会对提标改造过程产生直接影响。因此，国家需要加大对污水处理领域的资金投入，支持我国城市污水处理厂的提标改造，使其在提高脱氮能力的同时削减温室气体的排放，进而保护我国的大气环境和水环境。

另外，与发达国家相比，相对落后的污水处理技术也是导致我国城市污水处理厂脱氮能力不足的主要原因之一，排出水厂的 TN 进入受纳水体之后，会对河流或湖泊等水环境造成污染，且会导致温室气体的二次排放。因此，国家应加大对污水处理过程中温室气体产生与排放研究以及新技术（例如同步硝化反硝化、短程硝化反硝化，厌氧氨氧化等）研发的资金投入，并进一步实现推广应用，真正地实现我国城市污水处理厂高效脱氮和温室气体减排的双赢。

以美国为例，有研究指出[21]，如果美国为其污水处理部门提供 1 000 万～60 000 万美元/a 的资金支持，用于对污水处理厂进行提标改造或升级，那么，既能够显著减少污水处理厂温室气体 N_2O 的排放量，又能减少 3 000 万～10 000 万美元/a 的电力消耗。虽然该过程所需的资金投入要远大于产出，但不可否认的是，降低污水处理厂出水中的 TN 浓度和温室气体 N_2O 的排放量对于减少受纳水体污染、保护水环境和大气环境具有重要而长远的意义。

6.3.3 碳排放交易

国家发改委于 2013 年 6 月颁布实施了《温室气体自愿减排交易管理暂行办法》，通过备案管理的方式来推出经国家认可的自愿减排的项目、交易产品、交易平台和第三方审核认定机构，促进市场公开、公正和公平。此外，还出台了《温室气体自愿减排交易审定与核证指南》，主要是规范审定与核证工作，保证管理办法的顺利实施。有研究指出，如果能合理地回收和利用城市污水处理厂厌氧消化有机物质产生的 CH_4，抵消一部分能源消耗，则污水处理厂的 CO_2 当量的净排放可为负值[22]。这就说明，可以通过污水处理过程减少我国温室气体 CO_2 当量的排放量。因此，将我国城市污水处理厂温室气体的排放含全国的碳排放交易，通过转让碳排放权，获得一定的资金收入或者等量当地能源，用于我国污水处理厂的提标改造，从而提高城市污水处理厂的脱氮能力并削减温室气体的排放量。

6.3.4 制定排放标准，鼓励达标排放

通过制定相关导则，对污水处理厂温室气体 N_2O 和出水中的 TN 设置相应的排放标准，对超出部分的排放设置一定的收费标准，监督并鼓励我国城市污水处理厂温室气体和氮类污染物的达标排放。

6.4 城市污水处理厂温室气体减排的情景分析

6.4.1 特大城市污水处理厂温室气体的减排策略

对于特大型城市，如北京市（2012 年底常住人口 2 069.3 万；2012 年地区生产总值 17 801 亿元）和上海市（2012 年底常住人口 2 380 万；2012 年地区生产总值 20 101 亿元），能源需求和消耗量巨大，但同时其资源非常匮乏，经济发展对外部能源输入的外依存度很高。持续增长的能源消费尤其是传统能源消费，使得城市地区温室气体排放量不断攀升。据统计，2008 年北京人均 CO_2 排放量达到 6.91 t，为全国人均排放量（5.3 t）的 1.3 倍多。如果这些特大型城市未来的经济社会发展依惯性推进，则人均碳排放量将达到全球其他城市所未曾有过的规模。因此，“低碳化的发展道路”是我国特大型城市必须面对的一个严肃问题，建设低碳型世界城市是它们未来发展的战略方向。

低碳情景是一个综合调控的情景，是从产业结构到能源结构的全面优化，以及从生产方式到生活方式的全面变革。该情景设想进一步加大对低碳经济的投入，更好地利用低碳经济提供的机会促进经济社会发展。在低碳情景下，经济发展模式和居民消费方式得到巨大改善；能源多元化发展方面进展顺利，能源结构优化效果明显。这个情景的实现要求在提高能效、调整经济和能源结构，以及环保政策和经济技术措施方面有重大举措。

低碳情景下，北京市城市污水处理厂将大力推进污水处理新技术和理论的研究和开发

工作，进一步对现有城市污水处理厂进行提标改造，大量采用节能降耗、减缓温室气体排放的新工艺、新技术和新设备，从直接排放和间接排放两个方面减少城市污水处理厂的 N_2O、CH_4 和 CO_2 等温室气体的排放因子和排放水平，努力建设资源高效利用和环境友好的高科技型城市污水处理厂。在该情景下，北京市城市污水处理厂可以采取的温室气体减排战略与措施有：

（1）总体上说，将加大对高效、节能、低碳型城市污水处理新技术的研究与开发工作。在城市发展中，将加大对高效集约、节能降耗、环境友好型城市污水处理工艺研究的资助力度。

（2）城市污水处理厂脱氮工艺。要努力突破对污水脱氮各个过程中 N_2O 产生途径的解析及控制技术研究。加强同步硝化反硝化技术、厌氧氨氧化技术等温室气体低排放污水处理技术与工艺在城市污水处理厂的应用配套研究，加快突破这些新技术在城市污水处理厂推广应用的技术“瓶颈”。

（3）城市污水处理厂温室气体的捕集与利用。要加大研发城市污水处理厂温室气体的捕集方法与技术研究，建设封闭式城市污水处理设施，并对产生的 CH_4 等气体进行应用途径和技术研究，减少温室气体的外排比例。

（4）城市污水处理厂温室气体间接排放的控制。加大高效节能型污水处理厂工艺、配套设备与技术研究，降低污水处理的能耗与药剂消耗，从而减少温室气体的间接排放。

（5）城市污水处理厂出水中温室气体的控制。降低城市污水处理厂处理出水中 TN 的浓度，尽量避免进入受纳水体后发生二次硝化和反硝化作用，而进一步产生和排放温室气体。

（6）城市污水处理厂温室气体实时监测与智能控制。加大城市污水处理厂各处理单元气态和溶解态温室气体浓度的实时监测技术研究与应用，加强污水处理过程中温室气体排放的测算与智能控制技术研究，通过人工智能仿真技术与预测技术，对城市污水处理厂的温室气体排放进行实时优化调控，达到将温室气体产生与排放最小化的目的。

6.4.2 大型城市污水处理厂温室气体的减排策略

对于大型城市，如大连市（2012 年底常住人口 590 万；2012 年地区生产总值 7 003 亿元）和厦门市（2012 年底常住人口 367 万；2012 年地区生产总值 2 817 亿元），伴随着经济的快速增长，能源需求总量将同样保持着高速增长，为实现地区节能减排目标，通常需要制定和颁布实施一系列的节能减排政策措施。

政策情景是指在一定的政府约束条件下的能源与碳排放情景，反映的是在特定的经济、能源、环境政策干预下未来社会和环境的发展状况。在该情景下，政府可基于大型城市人口密度不太大、土地资源不太紧张，经济实力较强等特点，在近期及今后一段时间，将对城市环境及容量进行进一步的合理规划，通过政策引导和技术优化实现城市污水处理厂温室气体的减排，具体措施可包括：

（1）从总体上说，通过城市污水处理政策和标准的制定、污水处理厂发展规划与建设标准的制定、污水处理厂温室气体减排技术的采用等措施，最大可能地减少城市污水处理工程中的温室气体排放。

（2）新建污水处理厂的工艺选择。对于非城市中心区的新建污水处理厂，如厦门岛外，可考虑采用氧化沟工艺作为污水生化处理系统的主体工艺。

（3）现有污水处理厂的工艺优化与调控。对于城市中心区现有的污水处理厂，要加强污水处理厂温室气体排放的监测和测算，依靠污水处理过程 N_2O、CH_4 和 CO_2 等温室气体的产生和排放理论的进一步建立，通过污水处理过程的优化调控，减少温室气体的产生与释放。

（4）现有污水处理厂的升级改造。对于城市中心区现有的污水处理厂，还可通过工艺的升级改造，减少温室气体的产生与排放量。

6.4.3 中等城市污水处理厂温室气体的减排策略

对于中等城市，如盘锦市（2012 年底常住人口 140 万；2012 年地区生产总值 1 279 亿元）和宜兴市（2012 年底常住人口 124 万；2012 年地区生产总值 1 086 亿元），特色经济的快速发展以及由此带来的城郊接合部快速城镇化，需要这些新兴的中等城市科学合理地研讨和分析其城市定位、发展空间、生态容量、经济条件等特定问题，从而确定当地城市污水处理厂温室气体减排的最佳方案，如：

（1）城镇中心区、新区污水处理厂主体工艺的选择。在规划和建设城镇中心区、新区污水处理厂的同时，考虑城市污水处理过程中温室气体减排的可能性。在土地资源允许的情况下，可以考虑采用氧化沟作为生化处理的主体工艺。

（2）农村地区污水处理设施的建设与管理。在城乡结合地带和农村地区，要发展简便、有效和封闭式的小型市政污水处理系统，尽可能结合生态处理的理念和技术，实现有机污染物和含氮污染物的原位处理和生态循环，减少温室气体的产生与排放。比如，在土地资源允许的情况下，可采用氧化塘或人工湿地污水处理技术，减少因常规二级生物脱氮过程中的强化硝化作用和反硝化作用而产生的 N_2O 及排放。

（3）在降水丰富的南方城镇，可通过雨水对市政污水进行一定的稀释，从而减少因污水生物处理硝化过程中因亚硝酸盐积累导致大量 N_2O 的产生及排放。

6.4.4 小城镇污水处理厂温室气体的减排策略

对于一些小城镇，如黑龙江省富锦市（2012 年底常住人口 45 万；2012 年地区生产总值 170 亿元）、江西省婺源县（2012 年底常住人口 36 万；2012 年地区生产总值 64 亿元），由于区域定位和经济发展的思路与大中型中心城市存在明显差异，因此可按照各自不同的区域特色，充分利用小型城镇空间资源丰富、城镇污水量偏小且波动较大，污水来源分散等现状，研究适宜的城镇污水温室气体减排措施：

（1）污水主体处理工艺的选择。可在城镇周边土地资源丰富、生态条件良好的区域，采用氧化塘、人工湿地、土壤渗滤等生态型污水处理技术，将污水中的碳和氮源用于生态系统中的物质输入，从而减少污水处理系统中强化脱碳、硝化和反硝化作用引起的温室气体排放。

（2）脱氮方式和水平的优化与确定。对于一些水环境容量大、水生态系统平衡且稳定的小城镇，可对城镇污水处理过程中氨氮和总氮去除的水平进行科学的论证，从而确定污水生物处理是否需要实现因强化氨氮或总氮去除引起温室气体排放。

（3）污水土地处理。对于一些森林资源丰富的小城镇，可考虑在不影响土地生态安全和不污染地下水的前提下，通过污水的林地处理，一方面去除水中的碳、氮、磷等污染物，另一方面也为林地提供了有机和无机的营养物质。

参考文献

[1] Kampschreur M J，van der Star W R，Wielders H A，et al. Dynamics of nitric oxide and nitrous oxide emission during full-scale reject water treatment[J]. Water Research，2008，42（3）：812-826.

[2] Tallec G，Garnier J，Billen G，et al. Nitrous oxide emissions from secondary activated sludge in nitrifying conditions of urban wastewater treatment plants：effect of oxygenation level[J]. Water Research，2006，40（15）：2972-2980.

[3] Noda N，Kaneko N，Mikami M，et al. Effects of SRT and DO on N_2O reductase activity in an anoxic-oxic activated sludge system[J]. Water Science and Technology，2004，48（11）：363-370.

[4] Tallec G，Garnier J，Billen G，et al. Nitrous oxide emissions from denitrifying activated sludge of urban wastewater treatment plants，under anoxia and low oxygenation[J]. Bioresource Technology，2008，99（7）：2200-2209.

[5] Hanaki K，Hong Z，Matsuo T. Production of nitrous oxide gas during denitrification of wastewater[J]. Water Science and Technology，1992，26（5-6）：1027-1036.

[6] Itokawa H，Hanaki K，Matsuo T. Nitrous oxide emission during nitrification and denitrification in a full-scale night soil treatment plant[J]. Water Science and Technology，1996，34（1）：277-284.

[7] Ahn J H，Kim S，Park H，et al. N_2O emissions from activated sludge processes，2008-2009：results of a national monitoring survey in the United States[J]. Environmental Science and Technology，2010，44（12）：4505-4511.

[8] Foley J，de Haas D，Yuan Z G，et al. Nitrous oxide generation in full-scale biological nutrient removal wastewater treatment plants[J]. Water Research，2010，44（3）：831-844.

[9] 赵由才，朱青山. 城市生活垃圾卫生填埋场技术与管理手册[M]. 北京：化学工业出版社，1999.

[10] Kampschreur M J，Temmink H，Kleerebezem R，et al. Nitrous oxide emission during wastewater treatment[J]. Water Research，2009a，43（17）：4093-4103.

[11] Yu R，Kampschreur M J，van Loosdrecht M C，et al. Mechanisms and specific directionality of autotrophic nitrous oxide and nitric oxide generation during transient anoxia[J]. Environmental Science and Technology，2010，44（4）：1313-1319.

[12] Rassamee V，Sattayatewa C，Pagilla K，et al. Effect of oxic and anoxic conditions on nitrous oxide emissions from nitrification and denitrification processes[J]. Biotechnology and Bioengineering，2011，108（9）：2036-2045.

[13] Schreiber F，Loeffler B，Polerecky L，et al. Mechanisms of transient nitric oxide and nitrous oxide production in a complex biofilm[J]. The ISME Journal，2009，3（11）：1301-1313.

[14] Wittebolle L，Marzorati M，Clement L，et al. Initial community evenness favours functionality under selective stress[J]. Nature，2009，458（7238）：623-626.

[15] Ofiteru I D，Lunn M，Curtis T P，et al. Combined niche and neutral effects in a microbial wastewater treatment community[J]. Proceedings of the National Academy of Sciences，2010，107（35）：15345-15350.

[16] Ni B J，Ruscalleda M，Pellicer-Nàcher C，et al. Reply to Comment on"Modeling nitrous oxide production during biological nitrogen removal via nitrification and denitrifcation：a simple extension of the general ASM descriptive models" [J]. Environment Science and Technology，2013，47（20）：11910-11911.

[17] Zumft W G. Cell biology and molecular basis of denitrification[J]. Microbiology and Molecular Biology Reviews，1997，61（4）：533-616.

[18] Lu H，Chandran K. Factors promoting emissions of nitrous oxide and nitric oxide from denitrifying sequencing batch reactors operated with methanol and ethanol as electron donors[J]. Biotechnology and Bioengineering，2010，106（3）：390-398.

[19] Kampschreur M J，Tan N C，Kleerebezem R，et al. Effect of dynamic process conditions on nitrogen oxides emission from a nitrifying culture[J]. Environmental Science and Technology，2007，42（2）：429-435.

[20] Pellicer-Nàcher C，Sun S，Lackner S，et al. Sequential aeration of membrane-aerated biofilm reactors for high-rate autotrophic nitrogen removal：experimental demonstration[J]. Environmental Science and Technology，2010，44（19）：7628-7634.

[21] Wang J S，Hamburg S P，Pryor D E，et al. Emissions Credits：opportunity to promote integrated nitrogen management in the wastewater sector[J]. Environmental Science and Technology，2011，45：6239-6246.

[22] Roso D，Stenstrom M K. The carbon-sequestration potential of municipal wastewater treatment[J]. Chemsphere，2008，70（8）：1468-1475.